大数据与"智能+"产教融合丛书

云图·云途：
云计算技术演进及应用

汤兵勇　徐　亭　章　瑞　主编

机械工业出版社

过去十年是云计算突飞猛进的十年,我国云计算市场从最初的十几亿增长到现在的千亿规模。随着云计算在我国各行业领域的广泛推广和一系列落地应用成果,其正在成为推动数字经济发展的重要驱动力。

为了更好地推进云计算与大数据、人工智能等新兴技术的融合应用发展,满足企业数字化转型与企业上云的需求,本书以云计算技术、产业发展及各行业(领域)应用为主线,围绕云计算的主要概念、技术、应用和发展进行了较为全面的介绍。首先介绍了云计算的起源发展、基本概念及体系结构;然后介绍了云计算所涉及的主要技术,包括虚拟化技术、云存储技术、分布式计算、云计算网络技术、云计算的安全等;接着介绍了云计算数据中心的规划与建设、广泛应用的云计算平台、企业数字化转型与企业上云、云计算的典型应用场景;再阐述了云计算与大数据、人工智能、区块链等新技术的融合发展与应用;最后讲述了云计算的机遇、挑战及未来展望。

本书可以作为高等院校相关专业本科生、研究生的教学用书,也可以作为企业领导、技术管理人员、云计算爱好者的学习和参考读物。

图书在版编目(CIP)数据

云图·云途:云计算技术演进及应用/汤兵勇,徐亭,章瑞主编. —北京:机械工业出版社,2021.6

(大数据与"智能+"产教融合丛书)

ISBN 978-7-111-68601-9

Ⅰ.①云… Ⅱ.①汤… ②徐… ③章… Ⅲ.①云计算 Ⅳ.①TP393.027

中国版本图书馆 CIP 数据核字(2021)第 129069 号

机械工业出版社(北京市百万庄大街22号 邮政编码100037)
策划编辑:吕 潇 责任编辑:吕 潇 杨 琼
责任校对:梁 倩 封面设计:马精明
责任印制:李 昂
北京联兴盛业印刷股份有限公司印刷
2021 年 8 月第 1 版第 1 次印刷
184mm×240mm·16.75 印张·377 千字
0001—2500 册
标准书号:ISBN 978-7-111-68601-9
定价:99.00 元

电话服务 网络服务

客服电话:010-88361066 机 工 官 网:www.cmpbook.com

　　　　　010-88379833 机 工 官 博:weibo.com/cmp1952

　　　　　010-68326294 金 书 网:www.golden-book.com

封底无防伪标均为盗版 机工教育服务网:www.cmpedu.com

大数据与"智能+"产教融合丛书

编辑委员会

（按拼音排序）

丛书序一

数字技术、数字产品和数字经济，是信息时代发展的前沿领域，不断迭代着数字时代的定义。数据是核心战略性资源，自然科学、工程技术和社科人文拥抱数据的力度，对于学科新的发展具有重要的意义。同时，数字经济是数据的经济，既是各项高新技术发展的动力，又为传统产业转型提供了新的数据生产要素与数据生产力。

本系列图书从产教融合的角度出发，在整体架构上，涵盖了数据思维方式的拓展、大数据技术的认知、大数据技术的高级应用、数据化应用场景、大数据行业应用、数据运维、数据创新体系七个方面。编写宗旨是搭建大数据的知识体系、传授大数据的专业技能，描述产业和教育相互促进过程中所面临的问题，并在一定程度上提供相应阶段的解决方案。本系列图书的内容规划、技术选型和教培转化由新型科研机构大数据基础设施研究中心牵头，而场景设计、案例提供和生产实践由一线企业专家与团队贡献，二者紧密合作，提供了一个可借鉴的尝试。

大数据领域的人才培养的一个重要方面，就是以产业实践为导向，以传播和教育为出口，最终服务于大数据产业与数字经济，为未来的行业人才树立技术观、行业观、产业观，对产业发展也将有所助益。

本系列图书适用于大数据技能型人才的培养，适合高校、职业学校、社会培训机构从事大数据研究和教学作为教材或参考书，对于从事大数据管理和应用的工作人员、企业信息化技术人员，也可作为重要参考。让我们一起努力，共同推进大数据技术的教学、普及和应用。

中国工程院院士　　谭建荣
浙江大学教授

丛书序二

大数据的出现，给我们带来了巨大的想象空间：对科学研究界来说，大数据已成为继实验、理论和计算模式之后的数据密集型科学范式的典型代表，带来了科研方法论的变革，正在成为科学发现的新引擎；对产业界来说，在当今互联网、云计算、人工智能、大数据、区块链这些蓬勃发展的科技舞台中，主角是数据，数据作为新的生产资料，正在驱动整个产业数字化转型。正因如此，大数据已成为知识经济时代的战略高地，数据主权也已成为继边防、海防、空防之后，另一个大国博弈的空间。

如何实现这些想象空间，需要构建众多大数据领域的基础设施支撑，小到科学大数据方面的国家重大基础设施，大到跨越国界的"数字丝路""数字地球"。今天，我们看到大数据基础设施研究中心已经把人才也纳入基础设施的范围，本系列图书的组织出版，所提供的视角是有意义的。新兴的产业需要相应的人才培养体系与之相配合，人才培养体系的建立往往存在滞后性。因此尽可能缩窄产业人才需求和培养过程间的"缓冲带"，将教育链、人才链、产业链、创新链衔接好，就是"产教融合"理念提出的出发点和落脚点。可以说大数据基础设施研究中心为我国的大数据人工智能事业发展模式的实践，迈出了较为坚实的一步，这个模式意味着数字经济宏观的可行路径。

本系列图书以数据为基础，内容上涵盖了数据认知与思维、数据行业应用、数据技术生态等各个层面及其细分方向，是数十个代表了行业前沿和实践的产业团队的知识沉淀，特别是在作者遴选时，注重选择兼具产业界和学术界背景的行业专家牵头，力求让这套书成为中国大数据知识的一次汇总，这对于中国数据思维的传播、数据人才的培养来说，是一个全新的范本。

我也期待未来有更多的产业界专家及团队，加入本套丛书体系中来，并和这套丛书共同更新迭代，共同传播数据思维与知识，夯实我国的数据人才基础设施。

中国科学院院士
中国科学院遥感与数字地球研究所所长　　郭华东

序一

我国正在全力建设和发展数字经济，国家的"十四五"规划更是将新基建，数字化转型列为战略发展重点。作为数字经济技术基础设施的云计算，在经历了十余年的飞速发展之后，又一次迎来了历史上的高光时刻。

2020 年，全球的云计算市场已经突破 2000 亿美元，近年来一直保持 20% 左右的年复合增长率。自 2006 年云计算问世以来，谷歌、Salesforce、亚马逊、IBM、微软等国际巨头一直在云计算领域开疆拓土，为了保持其技术及市场上的领先优势，发起了一轮一轮的整合并购潮。IBM 先是收购了 Redhat，后者在开源软件、多云、混合云领域有深厚的积累，然后又收购了云计算咨询服务商 NordCloud，着力布局企业云服务；Salesforce 花巨资收购了云数据服务商 Tableau、企业云社交服务商 Slack；微软收购了云通信公司 Skype，以及最大的开源软件托管平台 GitHub；谷歌则收购了一众中小云服务平台，如 Elastifile，Cloudsimple，Looker等。

我国的云计算市场，目前还是 IaaS 服务占主导，全国的各省市都建设了相当规模的云数据中心，也涌现了一大批专业的云服务商，然而总体的云市场体量才 1000 多亿人民币，与我国的总体经济规模很不相当，未来的发展仍处于黄金期，尤其是 SaaS 领域面临广阔的发展空间。我国的消费互联网已经处于世界领先的水平，短视频网站如抖音、快手等，在全球拥有数十亿的客户，淘宝、京东、微信、滴滴、美团等这些我们天天都接触的互联网平台，其后台无一不有云计算平台的强力支撑。然而，我们正步入"智能＋"时代与后疫情时代交叉影响的新时代，正面临多边主义与单边霸凌主义长期竞争、博弈的严峻新形势，正适逢新征程——要开启"全面建设社会主义现代化国家"的新发展阶段，要贯彻"创新、协调、绿色、开放、共享"的新发展理念，要构建"以国内大循环为主体、国内国际双循环相互促进"新发展格局。因此，我国的下一个经济和技术发展的重点急需加快自主产业互联网技术、产业与应用的转型升级，将云计算与其他的新一代信息通信技术，包括物联网、5G、大数据、人工智能、区块链、VR/AR、建模仿真/数字孪生等，进行紧密融合，让数字技术真正赋能和深入应用到国民经济、国计民生、国家安全等各个领域，带动我国社会的全面转型升级。

近年来，我们团队一直致力于基于泛在新互联网，在新一代智能科学技术引领下，借助新一代智能科学技术、新信息通信科学技术、新制造科学技术，以及新制造应用领域专业技术这四类新技术的深度融合，以推进我国制造业向数字化、网络化、云化、智能化转型升级的研究与实践。不容置疑，在新一代智能科学技术引领下，新一代信息通信科学技术的演进与发展一直是从事制造业转型升级研究与实践工作的重要组成部分。

我们十分欣慰地看到，在汤兵勇教授与徐亭主任的精心策划下，集合众多的云计算领域的资深研究和实践专家学者，共同编著了《云图·云途：云计算技术演进及应用》这本好书。它详尽地梳理了云计算的历史沿革、发展变迁、产业应用，又深入结合了当前最新的前沿科技，让云计算这一技术历久弥新，再次焕发出勃勃生机。

"云霞出海曙，梅柳渡江春"，相信本书必将进一步深化云计算的产教融合和工程应用实践，为谱写中国的经济辉煌篇章做出积极而有效的贡献。

中国工程院院士　李伯虎

序二

1893年芝加哥世博会，特斯拉的交流电发电机点亮了数万盏电灯。伴随着电网的发展，如今我们使用电已经不再像当年，需要在每个工厂旁边修一个发电厂，而是可以在自己的家里、办公室里打开开关，用几百几千公里外的发电厂发出的电来驱动每一台家电。

今天，同样的巨变，在计算机世界里正在重演。伴随着互联网、5G、物联网的发展，过去距离普通人生活非常遥远的互联网数据中心和服务器，今天已经变成像自来水和交流电一样唾手可得。计算、存储和分发等各种各样的云计算服务已经可以按需分配、按量计费。而在信息社会，驾驭云的能力，犹如在工业社会驾驭电能力，是社会发展的重要动力之一，是每个创新者和创业者的一种基本技能。

同时，新的技术剧变也会带来新的思维模式、新的劳动方式和生产关系。万物互联、VR/AR、数字货币、区块链，都正在快速改变着我们的生活。对软件开发者来说，是否能全面地了解和掌握云计算，是否能借力以云计算为代表的新型基础设施来构建现代化的信息系统，将是一个巨大的挑战。一个云时代的开发者，将会是一个立足云端，云计算赋能的驾驭复杂场景问题的开发者。

本书立足于当前云计算领域前沿，尝试给读者描绘一个尽量全面的云计算知识图谱，帮助读者接触和融入云时代，用云计算的能力自我赋能。期待有更多的开发者通过本书，了解掌握更前沿的信息科技，爆发出更大的创新力，帮助国家和社会迎接一个更高效的未来。

挪威工程院院士

IEEE 区块链联合主席（2018）

IEEE 云计算协会主席（2017—2019）

IEEE 计算机协会区块链委员会主席

中国电子商会人工智能委员会会长

容淳铭

前　言

政策与市场的双重驱动正在加速我国云计算技术与应用推广向深层次拓展，迎来新时代重要战略机遇期，逐渐实现从垂直深耕到横向拓展、从产业链单点突破到产业链图谱加速完善的新阶段。云计算发展已迎来下半场，与人工智能、大数据、区块链、边缘计算等新兴技术深度融合，共同打破技术边界，合力支撑产业变革、赋能社会需求。

2020 年 4 月 10 日国家发展改革委、中央网信办印发《关于推进"上云用数赋智"行动培育新经济发展实施方案》，再次确立了云计算作为核心数字基础设施的定位。数字化转型离不开云计算，数字经济的大背景下，云计算作为技术底座将撬动万亿级市场，正在催生数字经济的新模式。为了更好地推进云计算与人工智能、大数据、区块链、边缘计算等新兴技术的融合应用发展，满足企业数字化转型与企业上云的需求，由清华大学数据科学研究院和清华大学数据治理中心支持，科技智库 SXR（上袭公司）牵头，SXR 上袭研究院、中科华数信息科技研究院负责执行，邀请挪威工程院院士容淳铭担任总编审，东华大学/滇西应用技术大学汤兵勇教授担任总顾问及主编，以及拥有华为、阿里、腾讯、百度、京东、微软、谷歌、亚马逊、IBM、世界银行、联合国数字安全联盟、中国移动、中国电信、中国联通等企业工作背景的专家学者组成本书编委会，共同努力完成了本书撰写。

本书以云计算技术、产业发展及各行业（领域）应用为主线，围绕云计算的主要概念、技术、应用和发展进行了较全面的阐述。全书共 15 章：第 1 ~ 2 章，主要阐述了云计算的定义与分类、云计算产生的背景与发展过程、云计算的基本架构；第 3 ~ 7 章，探讨了云计算的关键技术，包括虚拟化技术、云存储技术、分布式计算、云计算网络技术、云计算的安全等，分别介绍了其基本概念、体系架构与典型应用等；第 8 ~ 11 章，主要说明了云计算数据中心的规划与建设，介绍了国内外广泛应用的云计算平台、企业数字化转型与企业上云，以及云计算的典型应用场景；第 12 ~ 15 章，探索了云计算与大数据、人工智能、区块链等新技术的融合发展与应用，分析了云计算发展面临的新挑战与新机遇，展望了云计算发展前景。

本书由汤兵勇（中国云计算应用联盟、东华大学/滇西应用技术大学）、徐亭（中国电子商会人工智能委员会、科技智库 SXR 上袭公司）、章瑞（上海工程技术大学）主编，并担任整体策划组稿和最后统稿。各章分工如下：章瑞、赵勇（电子科技大学）撰写第 1 章；张志军（世界银行）、黄希彤（青宁信安科技有限公司）撰写第 2 章；章瑞撰写第 3 章、第

6 章；赵勇撰写第 4 章、第 5 章、第 12 章；李雨航（联合国数字安全联盟、CSA 云安全联盟大中华区）、李岩（益安在线交付）、刘宇馨（奇安信科技集团股份有限公司）、王永霞（腾讯公司）、张威（上海信息安全行业协会）、于继万（华为云）、王贵宗（谷安天下科技公司）、姚凯（欧喜投资中国有限公司）、沈勇（CSA 云安全联盟上海分会）、赵锐（企业网络安全专家联盟）、诸子云（企业网络安全专家联盟）、黄连金（美国分布式应用公司）、张志军撰写第 7 章；蒋国文（华为云）、章瑞撰写第 8 章；陈清金（联通云数据公司）、章瑞撰写第 9 章；韩军（上海欧电云信息科技有限公司）撰写第 10 章、第 13 章；刘克鸿（深圳市昆仑博德互联网科技有限公司）、汤兵勇撰写第 11 章；黄步添（云象网络技术有限公司）、廖文剑（蓝源资本、SXR 上袭研究院）撰写第 14 章；沈寓实（飞诺门阵科技有限公司、清华海峡研究院智能网络实验室、清华大学互联网产业研究院）、汝聪翀（飞诺门阵科技有限公司、清华海峡研究院智能网络实验室）撰写第 15 章。

本书的特点是注重理论分析与实际应用相结合，坚持系统总结与创新探索相结合，关注国际前沿与中国情景相结合；其中融入了国内外许多云计算最新的研究成果，并引入大量行业应用案例，兼顾前瞻性与通俗性，便于广大读者阅读理解和参照应用。本书可以作为高等院校电子商务专业及相关专业本科生、研究生的教学用书，也可作为企业领导、技术管理人员、云计算爱好者的学习和参考读物。

本书得到中国工程院院士李伯虎、挪威工程院院士容淳铭的大力支持，在百忙之中，为本书作序。本书在编写过程中曾得到云计算、物联网、大数据、区块链、电子商务界许多专家学者和企业家的大力支持和热情帮助，特别是中国人工智能学会原理事长钟义信，中国科学院院士何积丰，中国工程院院士沈昌祥，英国皇家工程院院士、欧洲科学院院士郭毅可，加拿大工程院院士杨军，日本工程院外籍院士李颉，百度技术委员会理事长陈尚义等，在此一并表示衷心感谢。

由于目前云计算正在发展过程中，其理论体系、内容、应用等还有待在实践中不断梳理与提升，加之作者水平有限，书中难免会有不当之处。谨以此作抛砖引玉，敬请有关专家、学者、读者批评指正，提出宝贵意见和建议。

汤兵勇　徐亭　章瑞

2021 年 6 月

目 录

丛书序一

丛书序二

序一

序二

前言

第1章　云计算的产生与发展 ……………………………………………… 1

1.1　云计算的起源与发展 ……………………………………………… 1

1.2　云计算的定义与内涵 ……………………………………………… 3

1.3　云计算的特征与分类 ……………………………………………… 5

1.3.1　云计算的基本特征 ……………………………………… 5

1.3.2　基于部署方式的云计算分类 …………………………… 6

1.4　云计算与网格计算 ………………………………………………… 9

1.4.1　网格计算 ………………………………………………… 9

1.4.2　云计算与网格计算的异同点 ………………………… 12

1.4.3　云计算与网格计算的互补关系 ……………………… 13

第2章　云计算的基本架构 ……………………………………………… 16

2.1　概述 ……………………………………………………………… 16

2.1.1　云计算的基本体系架构 ……………………………… 16

2.1.2　云计算的不同服务模式 ……………………………… 17

2.2　基础设施即服务 ………………………………………………… 18

2.2.1　IaaS 的基本功能 ……………………………………… 18

2.2.2　IaaS 的优势 …………………………………………… 19

2.2.3　主要的 IaaS 产品 ……………………………………… 19

2.3　平台即服务 ……………………………………………………… 20

2.3.1　PaaS 的基本功能 ……………………………………… 20

2.3.2　PaaS 的优势 …………………………………………… 21

2.3.3　主要的 PaaS 产品 ································· 21
2.4　软件即服务 ·· 22
2.4.1　SaaS 的基本功能 ······························· 22
2.4.2　SaaS 的优势与挑战 ····························· 23
2.4.3　主要的 SaaS 产品 ······························· 24
2.5　功能即服务 ·· 26
2.5.1　FaaS 服务的特点和优势 ······················· 27
2.5.2　Serverless 的典型应用场景 ····················· 27
2.5.3　主要的 FaaS 产品 ······························· 29

第3章　虚拟化技术 ·· **30**
3.1　虚拟化的概念及特征 ·································· 30
3.2　虚拟化的结构模型 ···································· 32
3.2.1　Hypervisor 模型 ································· 32
3.2.2　宿主模型 ··· 33
3.2.3　混合模型 ··· 33
3.3　虚拟化的分类 ·· 34
3.3.1　软件虚拟化 ······································· 34
3.3.2　硬件虚拟化 ······································· 34
3.3.3　全虚拟化 ··· 35
3.3.4　半虚拟化 ··· 35
3.4　主流虚拟化产品 ······································ 36
3.4.1　VMware vSphere ································· 36
3.4.2　微软的 Hyper-V ································· 38
3.4.3　Citrix XenServer ································· 40
3.5　Docker 虚拟化 ·· 41
3.5.1　什么是 Docker ··································· 42
3.5.2　Docker 的优点 ··································· 43
3.5.3　Docker 的构成 ··································· 44

第4章　云存储技术 ·· **46**
4.1　云存储的概念与特点 ·································· 46
4.1.1　云存储的定义 ···································· 46
4.1.2　云存储的特点 ···································· 46
4.2　云存储的分类与结构模型 ···························· 48
4.2.1　云存储的分类 ···································· 48
4.2.2　云存储的结构模型 ································ 48

4.3 云存储的关键技术 ·· 50

    4.3.1 存储虚拟化技术 ······································ 50

    4.3.2 分布式存储技术 ······································ 51

    4.3.3 数据备份技术 ·· 55

    4.3.4 数据缩减技术 ·· 55

    4.3.5 数据加密技术 ·· 56

    4.3.6 内容分发网络技术 ···································· 56

4.4 云存储的应用实例 ·· 57

    4.4.1 个人级云存储实例 ···································· 57

    4.4.2 企业级云存储实例 ···································· 57

第 5 章 分布式计算 ··· **60**

5.1 分布式计算的概念 ·· 60

    5.1.1 分布式计算的定义 ···································· 60

    5.1.2 分布式计算的优缺点 ·································· 61

    5.1.3 分布式计算的相关计算形式 ···························· 62

5.2 分布式系统概述 ·· 63

    5.2.1 分布式系统的定义 ···································· 63

    5.2.2 分布式系统的特征 ···································· 63

    5.2.3 分布式系统的 CAP 理论 ································ 64

5.3 分布式计算的基础技术 ······································ 65

    5.3.1 进程间通信 ·· 65

    5.3.2 IPC 程序接口 ·· 66

    5.3.3 时间同步 ·· 67

    5.3.4 死锁和超时 ·· 67

    5.3.5 远程过程调用 ·· 68

    5.3.6 负载均衡 ·· 69

5.4 分布式计算的应用实例 ······································ 70

    5.4.1 主流的分布式计算模式及框架 ·························· 70

    5.4.2 应用实例——国家电网实时运营监测系统 ················ 72

第 6 章 云计算网络技术 ··· **74**

6.1 计算机网络的概念与体系结构 ································ 74

    6.1.1 计算机网络技术的发展与特征 ·························· 74

    6.1.2 计算机网络体系结构 ·································· 76

6.2 云计算环境下的网络新需求 ·································· 78

6.3 SDN 概述 ··· 79

6.3.1　什么是 SDN ··· 80

6.3.2　SDN 网络架构 ·· 81

6.3.3　SDN 的价值 ··· 82

6.4　5G 网络技术 ·· 83

6.4.1　5G 网络的概念及特征 ··· 83

6.4.2　5G 网络的关键技术 ·· 84

6.4.3　5G 网络的应用领域 ·· 87

第 7 章　云计算的安全 ·· 89

7.1　云计算安全现状 ··· 89

7.1.1　数据泄露 ··· 90

7.1.2　配置错误和变更控制不足 ·· 90

7.1.3　云安全架构和策略缺失 ··· 90

7.1.4　身份/凭据/访问和密钥管理不足 ······································· 91

7.1.5　账户劫持 ··· 91

7.1.6　恶意内部人员 ··· 91

7.1.7　不安全的接口和 API ·· 92

7.1.8　受限的云使用可见性 ·· 92

7.1.9　滥用和恶意使用云服务 ··· 92

7.2　云计算安全体系架构 ··· 93

7.2.1　IaaS 层安全 ··· 93

7.2.2　PaaS 层安全 ·· 95

7.2.3　SaaS 层安全 ·· 97

7.3　云计算安全关键技术 ··· 99

7.3.1　身份管理与访问控制 ·· 99

7.3.2　网络安全 ·· 100

7.3.3　数据安全 ·· 101

7.3.4　管理安全之 DevSecOps ·· 102

7.3.5　容器安全 ·· 103

7.3.6　云访问安全代理 ··· 103

7.4　云计算安全的解决方案 ··· 105

7.4.1　微软的云安全方案 ·· 105

7.4.2　谷歌的云安全方案 ·· 105

7.4.3　亚马逊的云安全方案 ·· 106

7.4.4　阿里云的云安全方案 ·· 108

7.4.5　腾讯云的云安全方案 ·· 109

7.4.6 华为云的云安全方案 ·· 110

7.5 云计算安全的合规审计 ·· 112

7.5.1 CSA 的云计算安全指南和控制框架 ························· 112

7.5.2 ISO/IEC 27000 系列标准 ···································· 113

7.5.3 我国的安全合规和审计要求 ·································· 113

第 8 章 云计算数据中心 ·· **114**

8.1 云计算数据中心概述 ·· 114

8.1.1 数据中心的发展 ·· 114

8.1.2 云计算数据中心的定义及要素 ······························ 115

8.1.3 云计算数据中心的特征 ·· 116

8.2 云计算数据中心与传统 IDC 的对比分析 ························ 117

8.3 云计算数据中心的规划与建设 ·································· 119

8.3.1 云计算数据中心的体系框架 ·································· 119

8.3.2 云计算数据中心的实施过程 ·································· 122

8.3.3 云计算数据中心建设的成本要素 ··························· 123

8.4 华为云计算数据中心解决方案 ·································· 124

8.4.1 华为云计算数据中心解决方案架构目标 ·················· 124

8.4.2 华为云计算数据中心解决方案总体架构 ·················· 125

8.4.3 华为云计算数据中心解决方案逻辑部署 ·················· 127

第 9 章 云计算平台介绍 ·· **129**

9.1 谷歌云计算平台 ·· 129

9.1.1 谷歌云计算基础架构模式 ···································· 129

9.1.2 文件系统 GFS ·· 130

9.1.3 并行计算架构 MapReduce ··································· 131

9.1.4 分布式数据库 BigTable ·· 131

9.2 阿里云计算平台 ·· 132

9.2.1 飞天开放平台架构 ··· 132

9.2.2 云服务器 ECS ·· 134

9.2.3 云数据库 RDS ·· 135

9.2.4 云分布式文件系统 ··· 136

9.3 开源虚拟化云计算平台 OpenStack ···························· 137

9.3.1 OpenStack 简介 ·· 137

9.3.2 计算服务 Nova ··· 139

9.3.3 对象存储服务 Swift ··· 140

9.3.4 镜像服务 Glance ·· 142

9.4　开源云计算系统 Hadoop ⋯⋯⋯⋯⋯⋯⋯⋯⋯⋯⋯⋯⋯⋯⋯⋯⋯ 143

9.4.1　Hadoop 简介 ⋯⋯⋯⋯⋯⋯⋯⋯⋯⋯⋯⋯⋯⋯⋯⋯⋯⋯⋯ 143

9.4.2　Hadoop 生态系统 ⋯⋯⋯⋯⋯⋯⋯⋯⋯⋯⋯⋯⋯⋯⋯⋯⋯ 145

9.4.3　Hadoop 分布式文件系统 ⋯⋯⋯⋯⋯⋯⋯⋯⋯⋯⋯⋯⋯⋯ 146

9.4.4　Hadoop 应用案例 ⋯⋯⋯⋯⋯⋯⋯⋯⋯⋯⋯⋯⋯⋯⋯⋯⋯ 148

第 10 章　企业数字化转型与企业上云 ⋯⋯⋯⋯⋯⋯⋯⋯⋯⋯⋯⋯ 150

10.1　企业数字化转型之路 ⋯⋯⋯⋯⋯⋯⋯⋯⋯⋯⋯⋯⋯⋯⋯⋯⋯⋯ 150

10.1.1　什么是企业数字化转型 ⋯⋯⋯⋯⋯⋯⋯⋯⋯⋯⋯⋯⋯⋯ 151

10.1.2　数字化转型后 IT 管理的改变 ⋯⋯⋯⋯⋯⋯⋯⋯⋯⋯⋯ 153

10.1.3　企业数字化转型的方法 ⋯⋯⋯⋯⋯⋯⋯⋯⋯⋯⋯⋯⋯⋯ 153

10.2　企业上云与数字化转型 ⋯⋯⋯⋯⋯⋯⋯⋯⋯⋯⋯⋯⋯⋯⋯⋯⋯ 155

10.2.1　市场驱动 ⋯⋯⋯⋯⋯⋯⋯⋯⋯⋯⋯⋯⋯⋯⋯⋯⋯⋯⋯⋯ 155

10.2.2　政策引导 ⋯⋯⋯⋯⋯⋯⋯⋯⋯⋯⋯⋯⋯⋯⋯⋯⋯⋯⋯⋯ 156

10.3　企业上云的内容 ⋯⋯⋯⋯⋯⋯⋯⋯⋯⋯⋯⋯⋯⋯⋯⋯⋯⋯⋯⋯ 158

10.3.1　基础设施上云 ⋯⋯⋯⋯⋯⋯⋯⋯⋯⋯⋯⋯⋯⋯⋯⋯⋯⋯ 158

10.3.2　企业平台系统上云 ⋯⋯⋯⋯⋯⋯⋯⋯⋯⋯⋯⋯⋯⋯⋯⋯ 158

10.3.3　企业业务系统上云 ⋯⋯⋯⋯⋯⋯⋯⋯⋯⋯⋯⋯⋯⋯⋯⋯ 159

10.4　企业上云的综合案例 ⋯⋯⋯⋯⋯⋯⋯⋯⋯⋯⋯⋯⋯⋯⋯⋯⋯⋯ 160

10.4.1　金融行业典型案例 ⋯⋯⋯⋯⋯⋯⋯⋯⋯⋯⋯⋯⋯⋯⋯⋯ 160

10.4.2　医疗行业典型案例 ⋯⋯⋯⋯⋯⋯⋯⋯⋯⋯⋯⋯⋯⋯⋯⋯ 161

10.4.3　制造行业典型案例 ⋯⋯⋯⋯⋯⋯⋯⋯⋯⋯⋯⋯⋯⋯⋯⋯ 162

第 11 章　云计算的行业应用 ⋯⋯⋯⋯⋯⋯⋯⋯⋯⋯⋯⋯⋯⋯⋯⋯ 163

11.1　制造云 ⋯⋯⋯⋯⋯⋯⋯⋯⋯⋯⋯⋯⋯⋯⋯⋯⋯⋯⋯⋯⋯⋯⋯⋯ 163

11.1.1　制造云概念 ⋯⋯⋯⋯⋯⋯⋯⋯⋯⋯⋯⋯⋯⋯⋯⋯⋯⋯⋯ 163

11.1.2　制造云模式 ⋯⋯⋯⋯⋯⋯⋯⋯⋯⋯⋯⋯⋯⋯⋯⋯⋯⋯⋯ 164

11.1.3　制造云服务类型及特点 ⋯⋯⋯⋯⋯⋯⋯⋯⋯⋯⋯⋯⋯⋯ 166

11.1.4　制造云的典型特征 ⋯⋯⋯⋯⋯⋯⋯⋯⋯⋯⋯⋯⋯⋯⋯⋯ 168

11.1.5　典型案例 ⋯⋯⋯⋯⋯⋯⋯⋯⋯⋯⋯⋯⋯⋯⋯⋯⋯⋯⋯⋯ 169

11.2　医疗云 ⋯⋯⋯⋯⋯⋯⋯⋯⋯⋯⋯⋯⋯⋯⋯⋯⋯⋯⋯⋯⋯⋯⋯⋯ 171

11.2.1　医疗云的产生背景 ⋯⋯⋯⋯⋯⋯⋯⋯⋯⋯⋯⋯⋯⋯⋯⋯ 171

11.2.2　医疗云概述 ⋯⋯⋯⋯⋯⋯⋯⋯⋯⋯⋯⋯⋯⋯⋯⋯⋯⋯⋯ 173

11.2.3　医疗云的总体架构 ⋯⋯⋯⋯⋯⋯⋯⋯⋯⋯⋯⋯⋯⋯⋯⋯ 175

11.2.4　医疗云在卫生信息化中的定位和作用 ⋯⋯⋯⋯⋯⋯⋯ 176

11.2.5　典型案例 ⋯⋯⋯⋯⋯⋯⋯⋯⋯⋯⋯⋯⋯⋯⋯⋯⋯⋯⋯⋯ 177

11.3　教育云 ⋯⋯⋯⋯⋯⋯⋯⋯⋯⋯⋯⋯⋯⋯⋯⋯⋯⋯⋯⋯⋯⋯⋯⋯ 178

11.3.1　教育云概述 ··· 178

11.3.2　教育云的部署落地 ·· 180

11.3.3　教育云在中国落地应用现状 ···································· 181

11.3.4　教育云计算解决方案介绍 ·· 182

11.3.5　典型案例——中山大学教育云建设方略 ················· 184

第 12 章　云计算与大数据 ·· 187

12.1　大数据概述 ··· 187

12.1.1　什么是大数据 ··· 187

12.1.2　大数据的特点 ··· 188

12.1.3　大数据的作用及价值 ·· 189

12.2　大数据的关键技术 ··· 190

12.2.1　大数据采集、预处理与存储管理 ······························· 191

12.2.2　大数据分析与挖掘 ·· 192

12.2.3　数据可视化及交互 ·· 192

12.3　云计算与大数据的关系 ··· 193

12.3.1　云计算在大数据中的作用 ·· 193

12.3.2　云计算与大数据的融合发展 ······································· 194

12.3.3　大数据上云 ··· 194

12.4　云计算与大数据的应用场景 ··· 195

12.4.1　在互联网金融证券业的应用 ······································· 195

12.4.2　在通信运营领域的应用 ··· 196

12.4.3　在物流行业的应用 ·· 196

12.4.4　在公安系统的应用 ·· 197

12.4.5　在互联网行业的应用 ·· 198

第 13 章　云计算与人工智能 ·· 199

13.1　人工智能概述 ·· 199

13.1.1　人工智能的定义 ·· 200

13.1.2　人工智能的发展 ·· 200

13.1.3　人工智能的分类 ·· 201

13.2　人工智能的核心技术 ··· 202

13.2.1　机器学习 ··· 202

13.2.2　知识图谱 ··· 203

13.2.3　自然语言处理 ··· 204

13.2.4　计算机视觉 ··· 206

13.3　云计算与人工智能的融合应用 ·· 207

13.3.1　智能机器人 ·· 207

13.3.2　智能驾驶 ··· 208

13.3.3　智能人居 ··· 210

13.3.4　智能搜索 ··· 212

第 14 章　云计算与区块链 ··· **213**

14.1　区块链概述 ··· 213

14.1.1　区块链的起源 ·· 213

14.1.2　区块链的特征 ·· 214

14.2　区块链核心技术 ··· 215

14.2.1　共识机制 ··· 215

14.2.2　智能合约 ··· 216

14.2.3　跨链通信 ··· 218

14.3　云计算与区块链的融合 ·· 220

14.3.1　区块链信任网路 ··· 220

14.3.2　区块链分布式存储 ·· 221

14.3.3　区块链即服务 ·· 221

14.4　云计算与区块链的应用场景 ··· 222

14.4.1　银行间区块链福费廷交易平台 ·· 222

14.4.2　区块链供应链金融云服务平台 ·· 223

14.4.3　区块链电子存证公共服务平台 ·· 224

14.5　云链与产业链平台 ·· 225

14.5.1　宏观背景：新时代、新方向、新机会 ··· 225

14.5.2　产业链整合平台模式 ·· 226

14.5.3　云链 + 平台经济模式 ··· 227

第 15 章　云计算的未来 ·· **230**

15.1　云计算的新挑战与新机遇 ·· 230

15.1.1　云计算的新挑战 ·· 230

15.1.2　云计算的新机遇 ·· 237

15.2　云计算的未来发展趋势 ·· 238

15.2.1　技术发展趋势 ··· 238

15.2.2　产业发展趋势 ··· 241

15.2.3　云计算的未来十年 ··· 243

跋 ·· **245**

第1章

云计算的产生与发展

从亚马逊（Amazon）2005 年推出云服务，经过十多年的发展，云计算（Cloud Computing）已经成为当前新兴技术产业中最热门、应用最普遍的领域之一，也成为各方媒体、企业以及高校讨论的重要主题。云计算浪潮已席卷全球。

随着云计算产品、产业基地以及政府相关扶持政策的纷纷落地，云计算再也不是"云里雾里"，这种 IT 行业的新模式已逐渐被政府、企业以及个人所熟知，并作为一种新型的服务逐渐渗透进人们的日常生活和生产工作当中，并且正在深刻地改变人类生活与生产的方式。每天的购物、支付、通信、出行、娱乐、理财、教育、办公、贸易等，都在与云服务和云计算打交道，比如生活中习以为常的淘宝购物、美团外卖、滴滴打车、直播带货、视频会议、云课堂，这背后都离不开大型云计算服务的支持。政府的"一网通办""一件事情只跑一次"等便民惠民措施、智慧城市建设等，也都是建立在大型云数据中心和云服务的基础上。

1.1 云计算的起源与发展

1997 年，美国南加州大学的 Ramnath K. Chellappa 教授将"云"和"计算"组成一个新的单词，正式提出了云计算的第一个学术定义。他认为"计算的边界可以不是技术局限，而是将由经济的规模效应决定"。之后，关于云计算的研究和应用才逐步展开。

然而，在不同的历史时期，云计算所扮演的角色是不同的。

2000 年之前，云计算更多的是以一种新技术形态出现的。当时学术界一直关注于网格计算（Grid Computing）、并行计算（Parallel Computing）等，这些可以看作是云计算比较早期的雏形。

21 世纪最初的几年，云计算开始在 IBM、谷歌（Google）、微软（Microsoft）等大型 IT 公司内部得到应用。此时，云计算更多的是代表一种能力（Capacity），并且只有大公司才拥有相关的资本、技术和研发能力。

到了 2005 年，亚马逊发布 Amazon Web Services 云计算平台，并相继推出在线存储服务 S3（Amazon Simple Storage Service）和弹性计算云 EC2（Amazon Elastic Compute Cloud）等云

1

服务。这是亚马逊第一次将对象存储及计算能力作为一种服务，对外去售卖。由此，云计算才由少数公司具有的能力，演变成人人都能购买的服务。

但当亚马逊推出第一个云计算服务的时候，云计算服务既不被看好又乏人问津，被认为是一个高投入、低产值、低利润的产业。然而微软、IBM、谷歌、SUN 等高新技术企业仍然纷纷投入对云计算服务的开发中。2006 年，SUN 推出基于云计算理论的"BlackBox"计划。2007 年 3 月，戴尔（Dell）成立数据中心解决方案部门，先后为全球五大云计算平台中的三个（包括 Windows Azure、Facebook 和 Ask.com）提供云基础架构。同年，谷歌与 IBM 也共同宣布开始云计算领域的合作。2007 年 11 月，IBM 首次发布云计算商业解决方案，推出"蓝云（Blue Cloud）计划"。2009 年 10 月，《经济学人》杂志更是破天荒地利用整篇内容对云计算做了全方位深度报道，并很有预见性地指出"云计算的崛起不仅是一个让极客们兴奋的可以转变的平台。这无疑将改变 IT 产业，但也将深刻改变人们工作和企业经营的方式。它将允许数字技术渗透到经济和社会的每一个角落，并会遇到一些棘手的政治问题。"随后，云计算逐渐被大众所熟知且接受，并迅速成为业界和学术界研究的焦点和热点。

目前，云计算已经形成了从应用软件、操作系统到硬件的一个完整的产业链，并被大规模地应用于商业应用环节，已发展成为具有强劲势头并具有上万亿规模的高科技市场。作为云计算产业领先企业之一的亚马逊，主要基于服务器的虚拟化技术向客户提供相关的云计算服务与应用。AWS（Amazon Web Service）上的 EC2 和 S3 作为亚马逊最早提出的云计算服务，根据客户的不同需求提供了包括不同等级的存储服务、宽带服务以及计算容量等。除了常规的等级外，亚马逊还可以按照客户的要求提供个性化的配置与扩展等服务。这些服务都充分地体现了云计算的可扩展性和弹性特征。作为搜索引擎方面的专家与巨头，谷歌所提供的云计算服务全部都是基于谷歌的基础构架。同时，谷歌还为客户提供了快速开发和部署的环境，便于客户快速开发并部署应用。Google App Engine 作为一个统一的云计算服务平台，汇集了谷歌的大部分业务，如 Google Search、Google Earth、Google Map、Google Doc、Gmail 等业务，以供客户选择及使用。此外，谷歌还提供云打印业务，以解决客户随时随地通过网络连接打印机打印的问题。Windows Azure 则是微软搭建的一个开放且灵活的云计算平台，其包含基础的 Microsoft SQL 数据服务，Microsoft . NET 服务，用于分享、存储、同步文件的 Live 服务，以及针对商业的 Microsoft Dynamics CRM 等。IBM 的 SmartCloud 则提供了企业级的云计算技术和服务组合，其中 IBM SmartCloud Application Services 为 IBM 的平台即服务产品，支持客户在该平台上开发运行属于自己的应用；而 IBM SmartCloud Foundation 则可用于帮助企业快速搭建、运营与管理属于该企业的私有云环境。同时，这些云计算产业的巨头也纷纷与各国各地政府合作，推出特色鲜明、具有代表性的系列云计算服务。

云计算的出现，把数据存储和数据分析变成一个可以更方便获得的网络服务。这是一项重大的变革，一场企业、个人乃至全世界的使用及消费信息技术的模式正在被改写。不同于传统 IT 资源提供的方式，在云计算中，软件、硬件、带宽、存储等 IT 资源是以基础设施即服务（IaaS）、平台即服务（PaaS）、软件即服务（SaaS）等模式提供给企业或个人，同时还存在面向各种行业或各种需求的云服务，例如金融云、医疗云、教育云、制造云等，企业或个人只需要拥有 PC 或是手机、平板计算机、PDA 等移动终端，就能随时随地并按照自己的需求购买相关权限以使用相关云计算的资源，从而真正地实现了像使用水电煤一样使用IT 资源。

云计算的目的是将 IT 资源以服务的模式提供给广大企业或个人，以实现随时随地的使用，从而为他们带来更为便捷和快速的 IT 体验和服务。对于广大企业来说，采用基于云计算的各项服务，可以节省大量 IT 资源经费的投入和人员成本，尤其对于中小型企业，他们不需再投入精力、人力、财力等相关资源进行系统的维护与更新等，可以更专注于自身业务的发展；而对于个人来说，云计算带来更为便捷的生活、学习、工作的方式，降低个人使用IT 资源的成本。随着技术的不断改进与发展，云计算正在逐渐渗入并改变人类工作和企业运作的方式。

追根溯源，云计算与并行计算、分布式计算和网格计算关系匪浅，更是虚拟化、效用计算、SaaS、SOA 等技术混合演进的结果。作为 IT 行业的最大新趋势之一，云计算是对现有的 IT 技术和新型技术的融合与发展，同时还新增了弹性可扩展等新型特征，彻底地改变了IT 行业的固有模式，改变了软件和硬件的提供方式，给 IT 行业乃至整个产业链注入了新的思维模式和商业模式。云计算所带来的 IT 行业革命是毋庸置疑的。随着 5G、移动通信的不断发展和移动端的不断强大，物联网、大数据等技术的迅速崛起，云计算也绽放出前所未有的光彩。

1.2　云计算的定义与内涵

2007 年以来，云计算成为 IT 领域最令人关注的话题之一，也是当前大型企业、互联网的 IT 建设正在考虑和投入的重要领域。云计算的兴起，引发了新的技术变革和新的 IT 服务模式。但是对大多数人而言，云计算的定义还不确切，到底什么是云计算？

目前无论是国外还是国内，云计算都取得了前所未有的发展势头，云计算相关产品与服务遍地开花，云计算已经服务于各行各业。然而由于云计算技术和策略的不断发展以及不同云计算结构之间的差异性，导致云计算到目前仍然没有一个统一的概念，但各方也分别根据自己的理解给出了略有差异的云计算的定义。

作为网格计算之父，美国芝加哥大学的 Ian Foster 教授对云计算也很有研究。他认为云计算是"一种由规模经济效应驱动的大规模分布式计算模式，可以通过网络向客户提供其所需的计算能力、存储及带宽服务等可动态扩展的资源"。不同于以往文献中所提出的概念，Ian Foster 明确指出了云计算作为一种新型的计算模式，与之前的效用计算的不同之处，即其由规模经济效应驱动，也就是说云计算可以看作是效用计算的商业实现。这一说法得到了普遍的引用和赞同，也是第一个被广泛引用的关于云计算的概念。

全球最具权威的 IT 研究与顾问咨询企业 Gartner 将云计算定义为一种计算模式，具有大规模可扩展的 IT 计算能力，可以通过互联网以服务的形式传递给最终客户。

市场调研企业 Forrester Research 则将云计算定义为一种复杂的基础设施，承载着最终客户的应用，并按使用量计费。

IBM 在白皮书《"智慧的地球"——IBM 云计算 2.0》中阐述了对云计算的理解：云计算是一种计算模式，在这种模式中，应用、数据和 IT 资源以服务的方式通过网络提供给用户使用；云计算也是一种基础架构管理的方法论，大量的计算资源组成 IT 资源池，用于动态创建高度虚拟化的资源以供用户使用。IBM 将云计算看作一个虚拟化的计算机资源池。

思科大中华区原副总裁殷康根据长期经验的积累，给出了一个明确而严格的云计算的定义：云计算是一个基于互联网的虚拟化资源平台，整合了所有的资源，提供规模化 ICT 应用。

相对于 IBM、亚马逊等云计算服务商业巨头企业，谷歌的商业就是云计算。因此，谷歌一直在不遗余力地推广云计算的概念。谷歌大中华地区前总裁李开复博士将整个互联网比作一朵云，而云计算服务就是以互联网这朵云为中心，在安全可信的标准协议的基础上，云计算为客户提供数据存储、网络计算等服务，并允许客户采用任何方式方便快捷地访问使用相关服务。

目前受到广泛认同，并具有权威性的云计算定义，是由美国国家标准和技术研究院（NIST）于 2009 年所提出的："云计算是一种可以通过网络接入虚拟资源池以获取计算资源（如网络、服务器、存储、应用和服务等）的模式，只需要投入较少的管理工作和耗费极少的人为干预就能实现资源的快速获取和释放，且具有随时随地、便利和按需使用等特点"。

综上所述，云计算的核心是可以自我维护和管理的虚拟计算资源，通常是一些大型服务器集群，包括计算服务器、存储服务器和宽带资源等。云计算将计算资源集中起来，并通过专门的软件实现自动管理，无需人为参与。用户可以动态申请部分资源，支持各种应用程序的运转，无需为烦琐的细节而烦恼，能够更加专注于自己的业务，有利于提高效率、降低成本和技术创新。图 1-1 所示为云计算的概念模型示意图。

根据以上这些不同的定义不难发现，无论是专家学者，还是云计算运营商或是相关资讯企业，对云计算的看法基本上还是有一致性的，只是在某些范围的划定上有所区别，这也是由于云计算的表现形式多样所造成的。不同类型的云都具有各自不同的特点，要想用一个统一的概念来概括所有种类云计算的特点是比较困难且不太实际的。只有通过描述云计算中比较典型的特点以及商业模式的特殊性才能给出一个较为全面的概念。

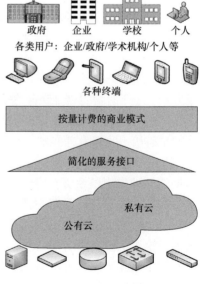

图 1-1　云计算的概念模型

1.3　云计算的特征与分类

云计算的目标是形成计算资源的"自来水"式服务模式。其最高境界是把计算资源（包括它承载的信息资源）做成如自来水厂提供的水、煤气公司提供的煤气、发电厂提供的电一样，只要打开开关，计算资源就会像这些生活资源一样源源不断地进入家庭、办公室和厂房，成为人类生产和生活中不可缺少的一部分。然而这些都与其显著的特征息息相关。

1.3.1　云计算的基本特征

作为一种新颖的计算模式，云计算可扩展、弹性、按需使用等特点都得到了业界和学术界的认可。

美国国家标准和技术研究院提出了云计算的五个基本特性：

1）按需使用的自助服务。客户无需直接接触每个云计算服务的开发商，就可以单方面自主获取其所需的服务器、网络存储、计算能力等资源或根据自身情况进行组合。

2）广泛的网络访问方式。客户可以使用移动电话、PC、平板计算机或工作站等各种不同类型的客户端通过网络（主要是互联网）随时随地地访问资源池。

3）资源池。客户无需掌握或了解所提供资源的具体位置，就可以从资源池中按需获得存储、内存以及网络带宽等计算资源，且资源池可以实现动态扩展以及分配。

4）快速地弹性使用。云计算所提供的计算能力可以被弹性地分配和释放，此外还可以自动地根据需求快速伸缩，也就是说，计算能力的分配常常呈现出无限的状态，并且可以在任何时间分配任何数量。

5）可评测的服务。云计算系统可以根据存储、处理、带宽和活跃用户账号的具体情况，进行自动控制，以优化资源配置，同时还可以将这些数据提供给客户，从而实现透明化的服务。

2010 年，由几大云计算商业巨头 IBM、SUN、VMware、思科等企业共同支持的《开放云计算宣言》（Open Cloud Manifesto）中，赋予了云计算几个主要的特征：

1）云计算提供了可动态扩展的计算资源，其具有低成本、高性能的特点。

2）客户（最终用户、组织或 IT 员工）无需担心基础设施的建设与维护，可以最大限度地使用相关资源。

3）包含私有性（在某个组织的防火墙内部使用）和公有性（在互联网上使用）两种构架。

国内云计算方面的专家刘鹏教授在其论著中也给出了云计算的七大特性，该观点也受到了国内业界的普遍认可：

1）超大规模。无论是 IBM、谷歌、亚马逊等跨国大型企业所提供的云计算，还是国内企业私有云，一般都拥有上百台至上百万台服务器，云计算规模巨大，同时也为客户提供了前所未有的计算资源和能力。

2）虚拟化。虚拟化是支撑云计算的最重要的技术基石，使得用户可以在任何地方，通过各种终端接入"云"以获取应用服务。

3）高可靠性。相比本地计算机，云计算采用了数据多副本容错等措施，可靠性更高。

4）通用性。在云计算架构下，支持开发出各种各样的应用，且一个云计算可以允许多个应用同时运行与操作。

5）高可扩展性。高可扩展性也是云计算服务的一大重要特征，实现云计算资源的动态伸缩，以满足客户的不同等级和规格的需求。

6）按需服务。用户可以像购买公共资源那样从"云"这个庞大的资源池中购买自己所需的应用和资源。

7）极其廉价。云计算的自动化集中式管理省去了企业开发、管理以及维护数据中心的成本和精力，且可以通过动态配置和再配置大幅度地提高资源的使用率。

IT 业专家将云计算与网格计算（Grid Computing）、全局计算（Global Computing）以及互联网计算（Internet Computing）等多种计算模式相比，也归纳出云计算的几大特点：

1）客户友好界面。使用云计算服务的客户无需改变原有的工作习惯和工作环境，只需要在本地安装比较小的云客户端软件，而不会占有大量的电脑空间和花费较大的安装成本。云计算的界面也与客户所在的地理位置无关，只要通过诸如 Web 服务框架和互联网浏览器等成熟的界面访问即可，真正实现随时随地、安全放心、快捷方便地享用云计算所提供的服务与资源。

2）按需配置服务资源。云计算服务是根据客户需求或购买的权限提供相关资源和服务的。客户可以根据自身实际的需求选择普通或个性化的计算环境，并获得管理特权。

3）服务质量保证。云计算为客户提供的计算环境都拥有服务质量保证，客户可以放心使用，不必担心底层基础设施的建设与维护、备份与保存等。

4）独立系统。云计算是一个独立系统，向客户实行透明化的管理模式。云中软件、硬件和数据都可以自动配置、安排和强化，并以单一平台的形象呈现给客户。

5）可扩展性和灵活性。可扩展性和灵活性是云计算最重要的特征，也是云计算区别于其他效用计算的根本特征。云计算服务可以从地理位置、硬件性能、软件配置等多个方面被扩展。云计算服务具有足够的灵活性，可以满足大量客户的不同需求。

1.3.2 基于部署方式的云计算分类

云计算是一种通过网络向客户提供服务和资源的新型 IT 模式。通过这种方式，软硬件资源和信息按需弹性地提供给客户。目前几乎所有的大型 IT 企业、互联网提供商和电信运营商都涉足云计算产业，提供相关的云计算服务。

按照部署方式分类，云计算包括公有云、私有云、社区云、混合云（见图 1-2）。

1. 公有云（Public Cloud）

公有云又称为公共云，即传统主流意义上所描述的云计算服务。目前大多数云计算企业主打的云计算服务就是公有云服务，一般可以通过互联网接入使用。此类云一般是面向于普

通大众、行业组织、学术机构、政府机构
等。一般由第三方机构负责资源调配。例
如，Google APP Engine、IBM Develop Cloud，
以及 2013 年正式落地于中国的微软 Win-
dows Azure 都属于公有云服务范畴。公有云
的核心属性是共享资源服务。

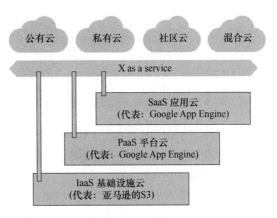

图 1-2　云计算按部署方式分类

公有云的优势：

1）灵活性。公有云模式下，用户几乎
可以立即配置和部署新的计算资源，使用户
可以将精力和注意力集中于更值得关注的方
面，提高整体商业价值。且在之后的运行
中，用户可以更加快捷方便地根据需求变化
进行计算资源组合的更改。

2）可扩展性。当应用程序的使用或数据增长时，用户可以轻松地根据需求进行计算资
源的增加。同时，很多公有云服务商提供自动扩展功能，帮助用户自动完成增添计算实例或
存储。

3）高性能。当企业中部分工作任务需要借助高性能计算（HPC）时，如果企业选择在
自己的数据中心安装 HPC 系统将会是十分昂贵的。不同于小型企业可能需要花费较长的更
新周期，公有云服务商可以轻松部署，且在其数据中心安装最新的应用与程序，为企业提供
按需支付使用的服务。

4）低成本。由于规模的原因，公有云数据中心可以取得大部分企业难以企及的经济效
益。所以，公有云服务商的产品定价通常处于一个相当低的水平。除了购买成本，通过公有
云，用户同样也可以节省其他成本，如员工成本、硬件成本等。

公有云的劣势：

1）安全问题。当企业放弃他们的基础设备并将其数据和信息存储于云端时，很难保证
这些数据和信息会得到足够的保护。同时，公有云庞大的规模和涵盖用户的多样性也让其成
了黑客们喜欢攻击的目标。

2）不可预测成本。按使用付费的模式其实是把双刃剑，一方面它确实降低了公有云的
使用成本，但另一方面它也带来了一些难以预料的花费。比如，在使用某些特定应用程序
时，企业会发现支出会相当惊人。

2. 私有云（Private Cloud）

私有云是指仅仅在一个企业或组织范围内部所使用的"云"，可以有效地控制其安全性
和服务质量等。此类云一般由该企业，或者第三方机构，或者双方共同运营与管理。例如，
支持 SAP 服务的中化云计算和中国铁路信息技术中心基于开放架构构建的 OpenStack 开源云
计算解决方案——"铁信云"云管平台就是国内典型的私有云服务。私有云的核心属性是专
有资源。

私有云的优势：

1）安全性。通过内部的私有云，企业可以控制其中的任何设备，从而部署任何他们觉得合适的安全措施。

2）法规遵从。在私有云模式中，企业可以确保他们的数据存储可以满足任何的相关法律法规。而且，企业能够完全控制安全措施，所以必要的话可以将数据保留在一个特定的地理区域。

3）定制化。内部私有云还可以让企业能够精确地选择进行自身程序应用和数据存储的硬件。不过实际上，还是由服务商来提供这些硬件的服务。

私有云的劣势：

1）总体成本。由于企业购买并管理自己的设备，所以私有云不会像公有云那样带来很多的成本节约。且在私有云部署时，员工成本和资本费用依然会很高。

2）管理复杂性。当企业自己建立私有云时，需要自己进行私有云中的配置、部署、监控和设备保护等一系列的工作。此外，他们还需要购买和运行用来管理、监控和保护云环境的软件。而在公有云中，这些事务将由服务商来解决。

3）有限灵活性、扩展性和实用性。私有云的灵活性不高，如果某个项目所需的资源尚不属于目前的私有云，那么获取这些资源并将其增添到云中可能会花费几周甚至几个月的时间。同样地，当需要满足更多的需求时，扩展私有云的功能也会比较困难。而实用性则需要依靠基础设施管理和连续性计划及灾难恢复计划工作的成果决定。

3. 社区云（Community Cloud）

社区云是面向于具有共同需求（如隐私、安全和政策等方面）的两个或多个组织内部有的"云"，隶属于公有云概念范畴以内。该类云一般是由参与组织或第三方组织负责运营与管理。"深圳大学城云计算服务平台"和阿里旗下的 phpwind 云就是典型的社区云，其中前者更是国内首家社区云计算服务平台，主要服务于深圳大学城园区内的各高校单位以及教师职工等。

社区云具有以下特点：区域性和行业性；有限的特色应用；资源的高效共享；社区内成员的高度参与性。

4. 混合云（Hybrid Cloud）

顾名思义，混合云就是将单个或多个私有云和单个或多个公有云结合为一体的云环境，既拥有公有云的功能，又可以满足客户基于安全和控制原因对私有云的需求。混合云内部的各种云之间是保持相互独立的，但同样也可以实现各个云之间的数据和应用的相互交换。此类云一般由多个内外部的提供商负责管理与运营。混合云的示例包括运行在荷兰 iTricity 的云计算中心。

混合云的独特之处：混合云集成了公有云强大的计算能力和私有云的安全性等优势，让云平台当中的服务通过整合变为更具备灵活性的解决方案应用。而且，混合云可以同时解决公有云与私有云的不足，比如公有云的安全和可控问题，私有云的性价比不高、弹性扩展不足的问题等。对于用户来讲，希望是一体化解决方案，同时希望在公有云中构建私有云。

当用户认为公有云不能够满足企业需求的时候，在公有云环境中可以构建私有云，来实现混合云。

1.4　云计算与网格计算

在云计算的发展过程中，网格计算扮演了重要的角色。在前文的介绍中，将云计算看作是从网格计算演化而来，能够随需应变地提供资源。那到底什么是网格计算？云计算与网格计算之间的关系是什么？

1.4.1　网格计算

网格计算的产生是应对计算资源和计算能力不断增长需求的结果，其概念来源于电力网（Power Grid）。但与电力网相比，网格的结构更复杂，需要解决的问题也更多，对推动社会的快速发展有巨大的作用。

网格计算实际上应归于分布式计算（Distributed Computing）。网格计算模式首先把要计算的数据分割成若干"小片"，而计算这些"小片"的软件通常是一个预先编制好的程序，然后处于不同节点的计算机根据自己的处理能力下载一个或多个数据片段进行计算。

网格计算的目的是，通过任何一台计算机都可以提供无限的计算能力，可以接入浩如烟海的信息。这种环境将能够使各企业解决以前难以处理的问题，最有效地使用他们的系统，满足客户要求并降低他们计算机资源的拥有和管理总成本。网格计算的主要目的是设计一种能够提供以下功能的系统：

1）提高或拓展企业内所有计算资源的效率和利用率，满足最终用户的需求，同时能够解决以前由于计算、数据或存储资源的短缺而无法解决的问题。

2）建立虚拟组织，通过让他们共享应用和数据来对公共问题进行合作。

3）整合计算能力、存储和其他资源，能使得需要大量计算资源的巨大问题求解成为可能。

4）通过对这些资源进行共享、有效优化和整体管理，能降低计算的总成本。

目前网格计算技术流行的三种体系结构，即五层沙漏体系结构（Five-Level Sandglass Architecture）、开放网格服务体系结构（Open Grid Services Architecture，OGSA）、Web 服务资源框架（Web Services Resource Framework，WSRF）。

1. 五层沙漏体系结构

五层沙漏体系结构是由 Ian Foster 等最早提出的一种具有代表性的网格体系结构，也是一个最先出现的应用和影响广泛的结构。它的特点就是简单，主要侧重于定性的描述而不是具体的协议定义，容易从整体上进行理解。在五层沙漏体系结构中，最基本的思想就是：以协议为中心，强调服务与 API 和 SDK 的重要性。

五层沙漏体系结构的设计原则就是要保持参与的开销最小，即作为基础的核心协议较少，类似于 OS 内核，以方便移植。另外，沙漏结构管辖多种资源，允许局部控制，可用来构建高层的、特定领域的应用服务，支持广泛的适应性。

五层沙漏体系结构根据该结构中各组成部分与共享资源的距离，将对共享资源进行操作、管理和使用的功能分散在五个不同的层次，由下至上分别为构造层（Fabric）、连接层（Connectivity）、资源层（Resource）、汇聚层（Collective）和应用层（Application），如图1-3所示。

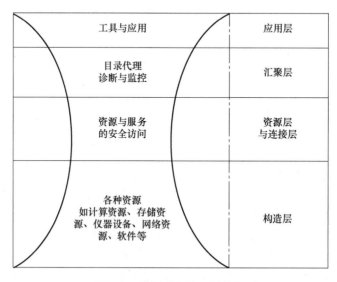

图1-3　沙漏形状的五层结构

在五层结构中，资源层和连接层共同组成了瓶颈部分，使得该结构呈沙漏形状。其内在的含义就是各部分协议的数量是不同的，对于其最核心的部分，要能够实现上层各种协议向核心协议的映射，同时实现核心协议向下层各种协议的映射，核心协议在所有支持网格计算的地点都应该得到支持，因此核心协议的数量不应该太多，这样核心协议就形成了协议层次结构中的一个瓶颈。

2. 开放网格服务体系结构

开放网格服务体系结构是继五层沙漏体系结构之后最重要的一种网格体系结构，由Foster等结合Web Service等技术，在IBM的合作下提出的新的网格结构。OGSA最基本的思想就是以"服务"为中心。在OGSA框架中，将一切抽象为服务，包括各种计算资源、存储资源、网络、程序、数据库等，简而言之，一切都是服务。五层沙漏体系结构的目的是要实现对资源的共享，而OGSA中则要实现的是对服务的共享。

OGSA定义了网格服务（Grid Service）的概念。网格服务是一种Web Service，该服务提供了一组接口，这些接口的定义明确并且遵守特定的管理，解决服务发现、动态服务创建、生命周期管理、通知等问题。在OGSA中，将一切都看作网格服务，因此网格就是可扩展的网格服务的集合。网格服务可以通过不同的方式聚集起来满足虚拟组织的需要，虚拟组织自身也可以部分地根据它们操作和共享的服务来定义。简单地说，网格服务＝接口/行为＋服务数据。图1-4所示为网格服务体系结构示意图。

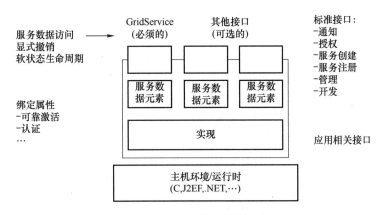

图 1-4　网格服务体系结构示意图

OGSA 包括两大关键技术，即网格技术（如 Globus 软件包）和 Web Service 技术，它是在五层沙漏体系结构的基础上，结合 Web Service 技术提出来的，解决了两个重要问题——标准服务接口的定义和协议的识别。

3. Web 服务资源框架

在 OGSA 刚提出不久，GGF 及时推出了开放网格服务基础架构（Open Grid Services Infrastructure，OGSI）草案，通过扩展 Web 服务定义语言 WSDL 和 XML Schema 的使用，来解决具有状态属性的 Web 服务问题。OGSI 通过封装资源的状态，将具有状态的资源建模为 Web 服务，这种做法引起了"Web 服务没有状态和实例"的争议，同时某些 Web 服务的实现不能满足网格服务的动态创建和销毁的需求。因此，Web 服务资源框架（Web Service Resource Framework，WSRF）开始出现。

WSRF 采用了与网格服务完全不同的定义：资源是有状态的，服务是无状态的。为了充分兼容现有的 Web 服务，WSRF 使用 WSDL 1.1 定义 OGSI 中的各项能力，避免对扩展工具的要求，原有的网格服务已经演变成了 Web 服务和资源文档两部分。WSRF 推出的目的在于，定义出一个通用且开放的架构，利用 Web 服务对具有状态属性的资源进行存取，并包含描述状态属性的机制，另外也包含如何将机制延伸至 Web 服务中的方式。

WSRF 是一个服务资源的框架，一个具有五个技术规范的集合，它们根据特定的 Web 服务消息交换和相关的 XML 规范来定义 Web 服务资源方法的标准化描述。在表 1-1 中总结了这些技术规范。

表1-1　WSRF 中五个标准化的技术规范

	名　　称	描　　述
1	WS- ResourceLifeTime	Web 服务资源的析构机制。包括消息交换，它使请求者可以立即地或者通过使用基于时间调度的资源终止机制来销毁 Web 服务资源
2	WS- ResourceProperties	Web 服务资源的定义，以及用于检索、更改和删除 Web 服务资源特性的机制

（续）

	名　称	描　述
3	WS-RenewableReferences	定义了 WS-Addressing 端点引用的常规装饰（a conventional decoration），该 WS-Addressing 端点引用带有策略信息，用于在端点变为无效的时候重新找回最新版本的端点引用
4	WS-ServiceGroup	连接异构的通过引用的 Web 服务集合的接口
5	WS-BaseFaults	当 Web 服务消息交换中返回错误的时候所使用的基本错误 XML 类型

1.4.2　云计算与网格计算的异同点

没有网格计算打下的基础，云计算也不会这么快到来。云计算是从网格计算发展演化而来的，网格计算为云计算提供了基本的框架支持。网格计算关注于提供计算能力和存储能力，而云计算侧重于在此基础上提供抽象的资源和服务。

两者具有如下相同点：

1）都具有超强的数据处理能力。两者都能够通过互联网将本地计算机上的计算转移到网络计算机上，以此来获得数据或者计算能力。

2）都构建自己的虚拟资源池，而且资源及使用都是动态可伸缩的。两者的服务都可以快速方便地获得，且在某种情况下是自动化获取的；都可以通过增加新的节点或者分配新的计算资源来解决计算量的增加；CPU 和网络带宽根据需要分配和回收；系统存储能力根据特定时间的用户数量、实例的数量和传输的数据量进行调整。

3）两种计算类型都涉及多租户和多任务。即很多用户可以执行不同的任务，访问一个或多个应用程序实例。

可以看出云计算和网格计算有着很多相同点，但它们的区别也是明显的，其不同点如下：

1）网格计算重在资源共享，强调转移工作量到远程的可用计算资源上；云计算则强调专有，任何人都可以获取自己的专有资源。网格计算侧重并行的集中性计算需求，并且难以自动扩展；云计算侧重事务性应用，大量的单独请求，可以实现自动或半自动的扩展。

2）网格构建是尽可能地聚合网络上的各种分布资源，将这些资源进行协同调度，来支持挑战性的应用或者完成某一个特定的任务需要。它使用网格软件，将庞大的项目分解为相互独立的、不太相关的若干子任务，然后交由分布在不同地域、不同机构的各个计算节点进行计算。云计算一般来说都是为了通用应用而设计的，云计算的资源一般相对集中在大型云数据中心里，资源配置一般也比较统一，以 Internet 的形式向用户提供底层资源的获得和使用。

3）对待异构理念不同。网格计算用中间件屏蔽异构系统，力图使用户面向同样的环境，把困难留在中间件，让中间件完成任务。而云计算是不同的服务采用不同的方法对待异构性，一般用虚拟机和镜像来执行，或者以提供服务的机制来解决异构性的问题。

4）网格计算更多地面向大型科研应用，比如大型强子对撞机、引力波探测、天体物理、生物信息学、放射医学等领域的应用，非常重视标准规范，也非常复杂，但缺乏成功的商业模式。而云计算从诞生开始就是针对企业商业应用，商业模型比较清晰。

总之，云计算是以相对集中的资源，运行分散的应用（大量分散的应用在若干大的中心执行）（见图 1-5a）；而网格计算则是聚合分散的资源，支持大型集中式应用（一个大的应用分到多处执行）（见图 1-5b）。但从根本上来说，从应对 Internet 的应用的特征特点来说，它们是一致的，为了完成在 Internet 情况下支持应用，解决异构性、资源共享等问题。

1.4.3　云计算与网格计算的互补关系

云计算无疑是迄今最为成功的商业计算模型，但它并不能包治百病，而它的一些缺陷正是网格计算所擅长的。

1）从平台统一角度看。目前云计算还没有统一的标准，不同厂商的解决方案风格迥异、互不兼容，未来一定会朝着形成统一平台的方向发展；而网格计算生来就是为了解决跨平台、跨系统、跨地域的异构资源动态集成与共享的，而且国际网格界已经形成了统一的标准体系和成功应用。网格计算能够帮助在云计算平台之间实现互操作，从而达成云计算设施的一体化，使得未来的云计算不再以厂商为单位提供，而构成一个统一的虚拟平台。因而，可以预见，云和云之间的协同共享离不开网格的支持。

2）从计算角度看。云计算管理的是由 PC 和服务器构成的廉价计算资源池，主要针对松耦合型的数据处理应用，对于不容易分解成众多相互独立子任务的紧耦合型计算任务，采用云计算模式来处理效率很低，因为节点之间存在频繁的通信；网格计算能够集成分布在不同机构的高性能计算机，它们比较擅长处理紧耦合型应用，而有许多应用都属于紧耦合型应用，如数值天气预报、汽车模拟碰撞试验、高楼受力分析等。这类应用并不是云计算所擅长的，如果云计算与网格计算能够一体化，则可以充分发挥各自的特点。

3）从数据角度看。云计算主要管理和分析商业数据；网格计算已经集成了极其海量的科学数据，如物种基因数据、天文观测数据、地球遥感数据、气象数据、海洋数据、药物数据、人口统计数据等。如果将云计算与网格计算集成在一起，则可以大大扩大云计算的应用范畴。目前亚马逊在不断征集供公众共享使用的数据集，包括人类基因数据、化学数据、经济数据、交通数据等，这充分说明云计算对于这些数据集的需求，同时也反映出这种征集的方法过于原始。

4）从资源集成角度看。要使用云计算，就必须要将各种数据、系统、应用集中到云计算数据中心上去，而很多现有信息系统要改变运行模式、迁移到云计算平台上的难度和成本是不低的。还有些系统的数据源离数据中心可能距离较远，且数据源的数据是不断更新的（物联网就具有此种特性），如果要求随时随刻将这些数据传送到云计算中心，则对网络带宽的消耗是不经济的。因此还会有大量的应用系统处于分散运转状态，而不会集中到云计算平台上去；而网格计算可以在现有的资源上实现集成，达到物理分散、逻辑集中的效果，可以巧妙地解决这方面的问题。

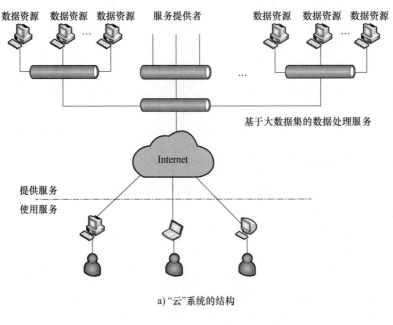

a) "云"系统的结构

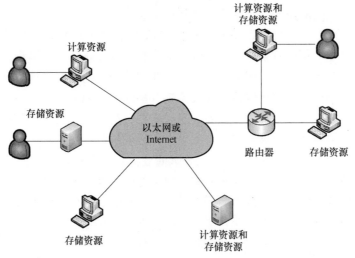

b) 网格的结构

图1-5 云计算与网格计算的异同

5）从信息安全角度看。许多用户担心将自己宝贵的数据托管到云计算中心，就相当于丧失了对数据的绝对控制权，存在被第三方窥看、非法利用或丢失的可能，从而不敢采用云计算技术；而在网格环境中，数据可以仍然保存在原来的数据中心，仍然由其所有者管控，但对外界提供数据访问服务，是一种可以用但不能全部拿走的模式，不会丧失数据的所有权，但数据资源的使用范围扩大了、利用率提高了。由于数据源头分别由不同所有者控制，它们可以决定每一种数据是否共享和在什么范围共享，较之将所有数据都放进云计算数据中心进行共享更有利于避免敏感数据的扩散。

　　因此，云计算与网格计算其实是互补的关系，而不是取代的关系。网格计算主要解决分布在不同机构的各种信息资源的共享问题，而云计算主要解决计算力和存储空间的集中共享使用问题。可以预见，云计算与网格计算终将融为一体，这就是云计算的明天。

第 2 章

云计算的基本架构

云计算作为一个多客户共享的托管计算环境，既要保证每个客户数据的隔离，又要最大限度地实现对资源的利用，还有支持资源的自动化快速部署，于是就衍生出独特的架构特点。本章将概述各种云计算模式的架构组成部分，从而让读者能够通过对云计算技术架构的认识来指导他们对云计算服务的使用和管理。

2.1 概述

2.1.1 云计算的基本体系架构

目前为止，大部分的云计算体系构架是由云服务商数据中心所提供的基础设施和创建在其上的不同层次的虚拟化服务和应用组成的。人们可以在任何能提供网络连接的终端使用这些服务。一般云计算体系架构的基本层次如图 2-1 所示。

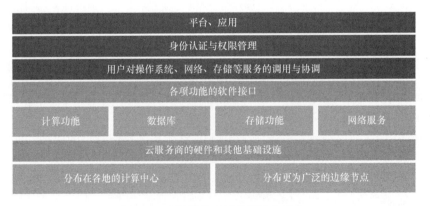

图 2-1　云计算体系架构的基本层次

在这个架构的各个层次中，下面几层（浅灰色）一般由云服务商提供和管理，而上面几层（深灰色）根据云服务的不同类型，或者由云服务商管理，或者由云服务的消费者来管理。

- 云服务商一般都会有分布在各地的数据中心，以满足客户就近读取数据所带来的时效性或是政府关于数据必须在本地处理和存储的法律法规。而边缘节点一般比数据中心的数量更多，主要用来缓存经常需要读取的数据，与客户端的距离最近。云服务商在数据中心中会有计算设备、网络设备、存储设备、控制温度和湿度的装置以及物理安全设施等。
- 计算功能由 CPU、GPU、TPU 等组成。
- 数据库包括 SQL 数据库、NoSQL 数据库、图数据库以及其他各种类型的数据库。
- 网络服务除了网络传输所需的硬件设备之外还包括防火墙、网关、路由器和负载均衡等设备。
- 存储功能包括于计算功能实施读取的 DRAM，用来提供长期存储的磁盘存储器，以及近些年兴起的速度更快的长期存储装置闪存。
- 云服务商把所有这些功能以标准接口 API 的形式提供给用户。根据自己的需求，用户就可以调用相应服务的 API 来租赁云服务商所提供的某项服务。每个 API 都有不同的参数，对应云服务商所提供的功能和设置选项。
- 云服务平台会有内置的身份证和管理系统，以确保用户不能超过自己的权限来管理复活数据。这些内置的身份系统可以和用户常用的系统通过标准协议对接。
- 用户通过对云服务平台所提供的各种服务的选取、设置和配搭来实现自己所需要的功能。
- 根据服务协议，云服务商需要对它所管理的服务提供可用性保障和安全保障。而由用户所管理的层面，其安全措施是否完善一般是属于用户的职责范围。

2.1.2　云计算的不同服务模式

美国国家标准和技术研究院的云计算定义中明确了三种服务模式，分别是基础设施即服务（Infrastructure as a Service，IaaS）、平台即服务（Platform as a Service，PaaS）、软件即服务（Software as a Service，SaaS）。

- 基础设施即服务：消费者使用"基础计算和存储资源"，如数据处理能力、存储空间、网络组件或中间件。消费者能部分掌控操作系统、存储空间、已部署的应用程序及网络组件（如防火墙、负载平衡器等），但并不掌控云基础架构的硬件和软件部分。例如，Amazon Web Service（AWS）、Rackspace。
- 平台即服务：消费者使用平台所提供的软件服务来搭建自己的应用。就是说应用采纳面向服务的架构，而其中的一些服务由云平台来提供和运行。消费者掌控对相关云服务的调用，但并不掌控该服务所运行的操作系统、硬件以及网络等基础架构。平台即服务的例子包括 Google App Engine、RedHat OpenShift、AWS S3、Azure SQL 等。
- 软件即服务：消费者使用应用程序，可以掌控自己的数据但并不掌控硬件、网络以及操作系统或数据库等基础架构。在这种服务模式下，软件服务供应商基于租赁合同把服务提供给客户。例如，Adobe Creative Cloud、Zoom、Microsoft Office 365 与 Salesforce.com。

除了 IaaS、PaaS 和 SaaS 之外，近些年来功能即服务（FaaS）也备受关注。Faas 是一种更加敏捷且更加轻量级的平台即服务，也就是说消费者无需考虑运行环境中的虚拟机或操作系统等资源，而是简单地向平台输入一些数据并得到所需要的输出，并且无需考虑对服务本身的租赁和设置，例如 AWS Lambda、Azure Functions。

2.2　基础设施即服务

基础设施即服务（IaaS）是云服务商提供消费者处理、储存、网络以及各种基础运算资源，由消费者利用这些资源来部署与执行他们自己所需要的应用。

IaaS 是云服务的最底层，主要提供一些基础资源。它与 PaaS 或者 SaaS 的区别是用户需要自己设计和配置底层资源的使用，有时候需要加上消费者在当地计算中心的资源，来完成信息处理任务。消费者无须购买服务器、软件以及网络设备，甚至可以不再运行自己的计算中心，即可按照需要部署处理、存储、网络和其他基本的计算资源。消费者不能控制底层的基础设施，但是可以根据云服务商提供的选项来配置这些资源，以及定义这些资源的运行逻辑，如虚拟机的操作系统影像、CPU/GPU 的配置、内存的大小、存储设备是否需要加密以及密钥管理的模式、防火墙的设置等。

2.2.1　IaaS 的基本功能

1. 计算

计算功能的核心是虚拟机。每一个虚拟机又由处理器、内存、外部存储以及操作系统软件所构成。在处理器方面，云服务商一般都会提供多种 CPU、GPU 以及机器学习专用的 TPU 的选项。内存一般是可以高速动态存取的 DRAM，而外部存储既可能是传统的磁盘存储设备，也可能是更加先进的闪存设备。

在操作系统方面，云服务商一般都支持 Windows 和 Linux。随着容器技术的推广，云服务商一般都提供一定程度的容器功能，辅之以平台上的容器管理软件，或者实现标准的 Kubernetes 开源容器管理系统。

因为网站托管是一个常见业务，有些云服务商还专门提供网站服务平台，使消费者把自己的网站直接上载到自己在云平台上的账户来运行。

2. 存储

一般为客户提供高度可缩放的安全云存储服务，用来方便地存储文件以及任何数据包。为了实现高可用性，一般会把每个文件拷贝多份，分别放在不同的计算中心，以期实现冗余和支持灾难恢复。

云服务商往往还会提供热存储和冷存储两种不同的服务。热存储里的数据是可以实时提取的，而冷存储的数据在提取之前需要事先预约。热存储比冷存储要昂贵一些。

3. 网络

网络服务既可以让客户连接云计算资源和本地的基础结构，也可以让客户充分利用云服务自身的高容量高性能网络主干来支持自己数据传输的需要。

大型的云服务往往会搭建自己的高速网络，并用这些网络在自己的数据中心之间或者是不同服务之间快速安全地传递数据。这些云服务的客户可以充分利用云服务本身的网络系统，让自己的用户可以就近获取信息。云服务商一般会提供专门的内容分发网络（CDN），专门用来把一些常用的信息存在世界各地的 CDN 服务器，以达到信息快速传递给最终用户的目的。

云服务商一般还会向企业用户提供虚拟网络功能，以及负载均衡器、应用程序网关、DDoS 防护和应用程序防火墙等网络功能。

4. 安全

先进的安全防护是云服务必须具备的功能。安全服务包括保护数据、应用和基础设施的服务，以确保数据安全、应用安全、网络安全。云服务商在安全方面可以投入远远超过任何单个公司所能投入的资源，加上它有大量的网络攻击数据，能最早看到新的攻击，在不断快速变化的威胁环境下可以做到快速感知、快速响应。

在修补操作系统和应用软件的漏洞方面，云服务可以及时提供修补好的软件映像，供用户采纳。云服务可以实时报告用户所部署的云资源中有多少存在漏洞需要修复，以及每个漏洞的风险系数。

出于数据保护的需要，云服务都会提供数据在存储或传输时加密的功能，而密钥管理则成了云服务的又一个重要的安全服务。先进的云服务会让客户对密钥有完全的掌控。

在合规方面，云服务商往往会给它的各项服务提供合规的设置，让有合规需要的客户来直接选用这种设置来运行相应的应用以达到行业监管的要求。

2.2.2　IaaS 的优势

与在本地计算中心部署资源相比，IaaS 具有强大的敏捷性和高度的可扩展性。企业在内部部署一个新的虚拟机往往需要几天甚至一周以上的时间，而通过 IaaS 服务只需要十几分钟就可以完成资源从设置到开启的全部过程，大大提高了项目开发和部署的效率。

在各种云计算模型中，IaaS 是最灵活的。它提供给用户最大的自由度，使客户能够通过 API 灵活地设置每项服务的各个参数，从而完全控制其基础架构。

IaaS 提供弹性伸缩的功能，在使用率高的时候自动扩展资源，而在使用率低的时候自动释放资源，既提高了云服务整体的资源利用率，也尽量降低客户的花费。

IaaS 的另一个优势是客户可以通过云服务的虚拟网络功能来为自己所有的资源搭建防火墙，从而在网络层面上使自己的资源与其他客户的资源完全隔离开，从而建立最基本的网络防护。

2.2.3　主要的 IaaS 产品

1. 亚马逊云服务

亚马逊云服务（AWS）的 EC2（Elastic Computer Cloud）服务于 2006 年推出，是世界上最早的 IaaS 服务。它给客户提供安全的可伸缩的虚拟机功能。客户可以灵活地根据自己的需要来部署虚拟机，并在这些虚拟机上部署各样的应用，从而不必按照自己最大的可能负荷来购买大量的物理机，并在自己的数据中心里用虚拟机管理软件来运行和分配虚拟机。

继 EC2 之后，AWS 又推出了一系列的 IaaS 服务，包括弹性存储（EBS）、虚拟私有云（VPC）等，将在后面章节详细介绍。

2. 其他 IaaS 平台

类似于 AWS 的 IaaS 服务还有微软的 Azure、谷歌的 GCP（Google Cloud Platform）、AliCloud、Digital Ocean、Rackspace 等。

值得一提的是开源的 OpenStack 云计算平台标准，其中定义了计算、网络、存储等 IaaS 服务标准。RackSpace 和美国宇航局是 OpenStack 项目的发起者，之后有 500 多家公司或机构加入这一开源项目，并用这一标准实现了公有或私有云平台。

2.3　平台即服务

平台即服务（PaaS）是一种提供运算平台与解决方案的云计算服务。PaaS 比 IaaS 要高一层，是把多个基础设施组织在一起，为用户提供常用的系统架构组成部分，如托管的数据库管理系统、信息总线、容器管理、网站环境等。用户不需要管理与控制云端基础设施（包含网络、服务器、操作系统或存储的运行、备份、升级等操作），只需要设置这些服务并在其上部署应用程序和数据。

PaaS 都是多用户共享的，所以用户只能根据服务商提供的选项来设置服务的运行方式，而不能根据自己的需要来修改服务的功能。

2.3.1　PaaS 的基本功能

PaaS 也是基于服务器、存储空间和网络等基础结构，但它侧重于为客户事先把这些基础结构组织好，还可能加上中间件、开发工具、商业智能服务和数据库管理系统等，来支持客户常见应用程序的生成、测试、部署、管理和更新。

PaaS 让用户无需购买和管理软件许可，也无需管理底层基础结构，从而避免了应用开发的复杂性。用户可以专注管理自己开发的应用程序和服务，剩余事项则由云服务商负责。

PaaS 服务有以下几类：

（1）由云平台来托管的基础服务

系统架构中一些常用的部件，比如数据库、消息总线、服务总线、工作流、容器平台等，可以用传统的方式由用户来运行虚拟机、安装相应的软件，并负责软件的运营与维护。PaaS 服务可以让用户不再花精力来管理这些基础设施以及它们之间的协作，而是专注于开发自己的应用。

（2）支持特定模板的开发及运行环境

对于使用广泛的开发框架，PaaS 提供了一个托管的平台，开发人员可以在其基础上开发或自定义所需要的应用程序。云平台提供了可扩展性和高可用性，从而减少了用户在底层维护方面所需要的花费，既缩短了开发周期，又提高了系统的性能。

（3）常用的商业功能模块

数据分析和商业智能可以用 PaaS 的形式提供在云平台上，由用户来调用，来分析和挖掘其数据、发现商业趋势、预测结果，从而促进产品设计决策、投资方向及其他业务决策。现在常用的机器学习、聊天机器人等功能也已经以 PaaS 的方式出现在一些云平台上。

2.3.2 PaaS 的优势

PaaS 通过把基础结构打包成为集成的开发或商业模块，具有诸多优点：

1）缩短应用开发周期。PaaS 服务可以通过内置于平台中的预设应用程序组件（如工作流、数据库、数据分析、搜索等），大幅度地削减研发新应用所需要的时间。

2）无需增员便可提高开发能力。PaaS 组件可以拓展开发团队的能力，让企业无需增加具有底层平台技能的员工。

3）更敏捷地面向多种平台进行开发。某些云服务商提供了面向多种平台（例如计算机、手机和浏览器）的开发选项，让企业能够更快速、更轻松地开发跨平台应用。

4）侧重对先进工具的使用，而不必在工具的采购方面花精力。即用即付模式让用户能够使用他们没有时间和精力去评估和购买的先进开发软件和商业工具。

5）提高应用程序的质量。云平台投入了大量的资源来开发和维护这些 PaaS 服务，使它们具有很高的可靠性和可用性，从而使利用这些服务所开发的应用能够建立在一个安全可靠的平台基础之上来运行，也就自然而然地提高了整个应用程序的质量。

2.3.3 主要的 PaaS 产品

1. Web 运行环境 PaaS 服务

比较早的 PaaS 服务是亚马逊云的弹性豆荚（Elastic Beanstalk），这是专门为 Web 应用开发和运行所提供的平台，支持多种 Web 应用开放语言和框架，包括 Java、.NET、PHP、Node.js、Python、Ruby、Go 以及 Apache、Nginx、Passenger 和 IIS 等 Web 应用服务器。用户只需要上载所开发的应用代码，弹性豆荚服务将负责程序的部署，包括容量规划、负载均衡、自动扩展、一起运行的监控。而用户也可以在任何时候直接来管辖支持他们应用程序的基础结构。

作为谷歌最早推出的云服务，应用引擎（App Engine）也是一个旨在支持 Web 应用的 PaaS。它支持 Go、PHP、Java、Python、Node.js、.NET 和 Ruby 应用开发语言以及相应的框架。应用引擎服务在应用的使用量达到一定程度之前是免费的。

与上述两个服务类似的还有微软的 Azure 应用服务（App Service）和 Heroku 的运行环境（Runtime）等。

2. 容器环境 PaaS 服务

微软的 Azure Kubernetes Service（AKS）是托管的容器管理环境。它实现了开源的 Kubernetes 所定义的容器管理功能，并且把容器都部署在用户的虚拟网络里，实现客户应用与外界的隔离。该服务根据用户的要求来自动增加或减少容器的数量，既保证应用的响应事件，又使得用户的花费可以降到最低。AKS 与微软的应用开发工具 Visual Studio 结合，使软件工程师可以直接在开发工具里部署、调试、管理面向 AKS 的应用，从而大大提高了工作效率。

与微软的 AKS 类似，亚马逊的 Fargate 服务和谷歌云的 Kubernetes Engine（GKE）也都是托管的容器管理环境。

3. 数据库 PaaS 服务

全托管的数据库管理系统也是对企业非常有吸引力的一项服务。亚马逊云服务很早就推出了 Rational Databases（RDS）服务以及针对 NoSQL 数据库的 DynamoDB 平台。之后亚马逊又推出了与开源数据库兼容而与商业数据库性能相当的 Aurora 服务。

微软云平台提供 Azure SQL 这一 PaaS 平台，既支持商用的 Microsoft SQL Server，也支持开源的 MySQL 和 PostgreSQL。在 NoSQL 方面，微软提供了 CosmosDB 这个 PaaS 平台。

2.4　软件即服务

软件即服务（SaaS）是一种全托管的云服务模式。在这种模式中，软件仅需透过互联网，不需经过传统的安装步骤即可供用户使用。软件及其相关的数据集中托管于云服务平台。用户通常使用网页浏览器或手机 App 来访问 SaaS。云服务商负责应用架构中各层的运行和维护，用户只负责自己所需的设置、本企业授权用户的管理以及数据的加密等。

SaaS 最大的特色在于软件本身并不需要被下载到用户的硬盘，而是存储在云服务商的服务器和计算中心。SaaS 让用户租用软件，在线使用，不仅大大减少了用户评估和购买软件的花费和风险，而且免去了软件部署所需的绝大部分任务。

根据高德纳集团（Gartner Group）于 2020 年 1 月发布的报告，2019 年全世界在软件方面的花费为 4560 亿美元，而这个数字在 2020 年将有约 10.5% 的增长，并且增长的部分将主要在 SaaS 领域。

2.4.1　SaaS 的基本功能

绝大多数 SaaS 的解决方案基于多租户架构。依靠这一模式，应用的一个单一的版本，甚至包括一个单一的配置被用于所有客户（"租户"）。为了支持可扩展性，应用可在多台虚拟机上水平扩展。

在软件升级方面，应用的新版本安装好后，会提供给精心挑选的客户，让他们访问预发布的应用的版本（试用版本，即 beta 版本）并用于测试目的。随着新版本的逐渐成熟，更多的租户会逐渐被迁移到新的版本，直到所有租户都已经迁移，于是旧版本可以停止运行。

以下是大部分 SaaS 应用的常见特征：

（1）配置和定制化

SaaS 应用支持传统意义上所说的应用"定制化"。每个单独的客户都可以更改配置选项

（也称"参数"）的设置，这些设置影响应用的功能以及界面外观。例如，更改一个应用的界面外观以使得这个应用看起来拥有该客户的品牌，SaaS 应用可以为客户提供一个客户品牌图标，还可能包括一系列的一贯风格的颜色。再比如租户可能希望让 SaaS 和自己的其他应用实现单点登录，于是就需要与该租户的身份认证系统实现对接。

（2）功能的快速交付

SaaS 应用通常比传统软件更快地被更新，许多情况下是每周或每月一次的频度。这是由以下几个因素来实现的：

1）应用被集中式地托管，因此新的发行版本可以直接上线而不会因为客户的安装过程造成延迟。

2）应用只有一个基础配置，使得开发测试更快。

3）应用供应商有大量的测试数据，加快了回归测试的速度。

4）SaaS 提供商能够看到用户在应用中的行为（可能是在数据被匿名化之后），可以更容易地识别出值得改进的方面。

（3）支持开放式集成协议

由于 SaaS 应用不能直接访问用户企业的内部系统，他们一般会支持基于标准集成协议的 API，如 REST、SOAP、JSON 和 GRAPH 等，来实现与企业其他系统的对接。而这些 API 接口也使得 SaaS 应用之间可以实现对接，构建混搭应用。

（4）协作和社交功能

随着 Web 2.0 功能普遍被采纳，许多 SaaS 应用提供让他们的用户与外界协作并分享信息的功能。例如，许多 SaaS 模式的项目管理应用会提供这种协作功能，让用户可以在任务和计划上进行评注，并在组织内外共享文档。某些 SaaS 应用允许用户投票和提议新的设想。

2.4.2　SaaS 的优势与挑战

软件市场和技术前景的几个重要变化，促进了 SaaS 的推广：

1）SaaS 较低的初始投入以及功能的快速更新对企业用户有很强的吸引力。

2）基于万维网的用户界面的普遍使用，降低了企业用户对于传统客户端-服务器应用的需要。因此，软件供应商逐渐把互联网浏览器作为商用软件的标准客户端。

3）因特网宽带接入的持续突破，使得远程托管的 SaaS 应用提供能与本地软件可相提并论的速度成为可能。

4）SaaS 遍布全世界的基础设施使得跨国企业不再担心基于本地的应用的用户体验问题，从而为企业的 IT 减少了很大的压力。

目前仍然存在的一些局限性延缓了 SaaS 被接受的速度，并阻止它被用于某些场景：

1）由于数据是被存储在供应商的服务器上，而且往往是以多租户的模式运行，数据安全成了一个问题。

2）SaaS 应用被托管在云端，与用户相距较远，就很难满足那些响应时间在毫秒级要求的应用。

3）多租户模式驱动了 SaaS 解决方案提供商的高费效比，不允许其用于大客户对应用的定制化，阻止了这种应用被用于定制化存在需求的场景（通常适用于大型企业）。

4）一些商业应用要求 SaaS 去访问或与客户的当地数据集成。当这样的数据量很大或者敏感时（例如用户的个人信息），集成的代价和风险都明显提高。

5）采用了 SaaS 的企业可能会发现他们被强迫采用新的版本，这可能导致未预料的培训花费或用户会出错的可能性的增加。

6）依赖于一个因特网连接意味着数据会以因特网的速度传输或接受自软件即服务公司，而不是可能速度更快的公司内部网络。

2.4.3　主要的 SaaS 产品

1. 微软 365

微软 365 是微软公司的旗舰 SaaS 产品，是商业办公自动化集成云平台。微软于 2010 年 11 月推出了这个平台，当时叫 Office 365，并将之前的 Live@ Edu 及 BPOS 两个平台都归入这个旗舰平台，是一个既支持个人电子办公，又实现团队协作并简化工作流程的通用企业办公自动化平台。

该平台的功能主要包括：

1）电邮。用户可以用计算机或者手机上的 Outlook 软件来收发电邮，也可以通过浏览器来进行同样的操作。电邮平台还包括了个人日历的管理、通讯录以及任务管理等功能。

2）线上及线下办公软件 Word、Excel、PowerPoint 和 OneNote。用户既可以把这些软件装在自己的设备上来使用，也可以直接使用线上的版本。

3）云文件存档 OneDrive，其重要功能之一就是支持与用户的设备实现文件同步，让用户在没有连接网络的情况下也可以访问和编辑这些文件。

4）集文件管理、工作流程、网页及共享日历于一身的团队协作平台 SharePoint。

5）支持实时线上会议、通话、讨论及文件共享的 Teams。这个平台是 Zoom 以及思科的 WebEx 平台的竞争对手。

6）企业社交平台 Yammer。参与者可以对共同关心的话题进行讨论，支持"喜欢"这个社交平台的重要功能。

7）以业务流程自动化为核心的 Power 平台，包括支持设计和执行自定义工作流的 Power Automate，处理常用数据格式和过程的 Power Apps，专注于商业数据分析及展示的 Power BI，以及机器人流程自动化的 UI Flow。

8）相应的安全管理功能，包括威胁防护、对病毒等恶意软件的防护、通过 Azure AD 对用户进行身份和权限管理、利用 Intune 来管理用户设备的安全、帮助客户达到行业或者政府的规范等。

微软 365 平台以它的公有云为基础，兼顾用户线上和线下、有网络和无网络、桌面和移动、个人和团队、企业内部及包括合作伙伴的协作等多个不同的使用场景，并辅之以安全功能，是目前市面上使用最广泛，也为微软带来了巨大商业回报的 SaaS 平台。微软目前正致力于把智能功能引入 365 平台的各个方面，以达到促进创造、发现新的见解、提高搜索效果，获得个性化的帮助，为员工和企业赋能。

2. Zoom

在新型冠状病毒肺炎疫情爆发之后，在线会议成了企业和个人都极为需要的功能。Zoom 平台由一批来自思科 WebEx 平台的工程师搭建，于 2013 年初正式发布，逐渐以其系统的可靠性和良好的用户体验在诸多类似平台中成为很多用户的首选，到 2015 年初已经拥有 65000 个企业用户。

Zoom 在线会议平台的功能主要包括：

1）支持多人同时参与的视频、音频会议，包括屏幕共享和聊天等功能。到 2020 年夏天，该平台可以同时支持 1000 人在会议上互动，1 万人以观众的形式参会。

2）与现有会议室系统的对接，比如支持 SIP 或者 H. 323 协议的 Polycom、Cisco 和 Life-size 等会议室系统。

3）与用户常用日历系统的对接，比如谷歌日历、微软 365 日历等。

4）云电话系统，提供比传统的商务电话系统更加灵活的来电显示、转接、通话、留言等功能，让企业更加灵活地在云平台上进行用户管理，并实现对业务交互的智能监控。

5）灵活的分组讨论，把参会者分到不同的会议室进行分组讨论，之后又可以很方便地让参会者回到主会场。

6）同声传译功能，指定某些参会者为同声传译员，其他参会者可以选择自己想要的语音频道，来收听翻译过的语音，同时还可以用低音量来收听讲话者的原始声音。

7）端到端加密会议，让用户在客户端就对会议视频和音频内容进行加密，使 Zoom 云平台不会得到任何未被加密的会议内容。在这种模式下，会议的录像只能在客户端完成，Zoom 云平台无法录制或回放会议内容。

8）开放的应用市场，让更多人开发功能扩展和系统集成模块，供云平台用户选用。

9）Zoom 平台搭建在亚马逊云和自己的基础设施之上，利用亚马逊云实现会议录像的存储等基本服务，利用自己的基础设施来实现在线会议的核心网络功能。随着人们居家工作和上课的普遍化，Zoom 正在开发更方便这些应用场景的技术和设备。

3. Salesforce

Salesforce 创建于 1999 年 3 月，它的主要产品是客户关系管理云平台。创始人在甲骨文公司工作 13 年，认为软件的未来是大家不再自己开发软件，而是通过设置已开发好的软件平台来实现自己的商业需求。

Salesforce 侧重于商业客户经常需要的软件应用，既可以让用户直接使用其平台上的应用，也允许用户即软件供应商定制并整合其产品，从而建立他们各自所需的应用软件。Salesforce 的云平台包括：

1）Salesforce. com 为企业提供客户关系管理平台，让企业和客户在这个平台上进行交互，实现客户信息登记、交往记录、问题追踪、状态查询等。平台还包括社交插件，能够让用户在加盟 Salesforce 后，就可在 Salesforce 提供的社交网站上进行沟通会谈。平台还提供分析工具和很多其他服务，包括电子邮件、聊天软件、访问客户的授权与合同等。

2）Force. com 属于平台即服务（PaaS），允许开发者在平台上开发附加应用，以丰富 Salesforce 整个平台服务的多样性，并鼓励全社会的开发者为平台增加更多的功能。Force. com 应用是建立在 Salesforce. com 的基本结构模式之上，所以能获得平台所提供的社交、搜索以及支持多种终端等资源。Force. com 平台上的 AppExchange 直接运行第三方应用，使得社区开发者不仅可以贡献模块，也可以直接运行他们所开发的应用程序。

3）Work. com 是一个绩效管理平台，旨在帮助企业的管理者和员工通过任务的记录、反馈、认可等活动来提高工作成绩，并鼓励员工更好地合作。它主要为人力资源部门服务，并提供销售业绩、客户服务和市场营销等专门的解决方案。

4）Desk. com 是一个服务支持云平台。它让用户以云端为基础来与客户交流并解决客户的问题。平台可以利用多通道交互功能来处理客户请求（知识库、聊天、电子邮件、推特等），从而以便捷的方式来解决客户的问题。

5）电商平台。利用其强大的客户关系管理功能帮助客户建立和运行 2B 或者 2C 的电商平台。

2019 年，Salesforce 开始提供基于区块链的解决方案，并选定 Hyperledge Sawtooth 为其区块链平台。2020 年，Salesforce 收购了商业数据分析和可视化公司 Tableau，以期增强其平台在这方面的功能和用户体验。

2.5 功能即服务

功能即服务（FaaS）是一种面向云端函数的、构建和部署服务端软件的新方式。FaaS 在国内通常也称为云函数。

传统的部署服务端软件的方式一般是：首先要获得一个主机实例，可以是实体机、虚拟机或者容器；然后把应用软件部署到主机上，而后各种软件逻辑操作在应用软件中进行，如图 2-2 所示。

而在 FaaS 的部署模式中，则去掉了主机实例层和应用软件层，代之以云函数平台，这样使得开发者仅需要通过云函数实现应用逻辑的那些操作，然后把函数上传至云厂商提供的 FaaS 平台中运行，从而大幅度简化了软件开发流程，如图 2-3 所示。

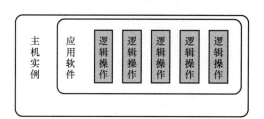

图 2-2　传统的部署服务端软件方式

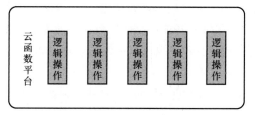

图 2-3　FaaS 部署模式

FaaS 是无服务器架构的一种，构建和管理基于微服务架构的完整流程，计算资源完全由云厂商管理和调度，由定时器或者事件触发，计算程序通常仅在触发后暂存在计算容器内，计算程序往往无状态（Stateless），且不采用会话（Session）机制来认证用户身份。

这里所谓无服务器并非是说不需要服务器来进行计算，而是说开发者不需要过多考虑服务器相关的问题，可以更专注于做产品代码上，同时计算能力也变成了一种可以按需获取按需付费的资源。

2.5.1　FaaS 服务的特点和优势

相对于传统的服务器应用程序，基于 FaaS 的应用程序通常在模块功能上的设计相对单一，不同的功能往往分割到不同的云函数中处理，模块内聚程度相对较高。不同功能模块之间通过触发器来相互触发调用，功能模块之间的耦合度非常低。一个个高内聚低耦合的云函数非常有利于团队合作开发，也非常有利于后期的功能维护和缺陷定位。

每个云函数运行后通常都不能保留自己的运行状态和内存数据（静态变量有一些情况下会在同一个实例的不同调用周期间共享），因此每个实例启动的时候面对的是一个一致的干净的初始状态，不需要考虑历史状态的处理和维护。

由于云函数运行的容器由云服务提供商维护，因此 FaaS 的开发者一般不需要面对服务器运维、扩缩容等繁杂的事务（即使在访问压力超过了默认上限的情况下，往往也只需要提交工单申请提升上限就可以实现扩容），而且服务的安全性和稳定性相比自己维护服务器要高得多。

FaaS 的一个劣势是冷启动带来的延迟问题。如果一个触发事件到来的时候，服务容器中没有可以立刻响应的实例，容器就需要启动新的代码实例来响应，根据服务商能力等不同，这个过程通常有毫秒级到秒级的延迟。各个云服务商都在通过优化淘汰策略和规则等手段独立降低冷启动率，而对于延迟非常敏感的业务，用户通常也可以用预热请求的方式来确保代码实例常驻在容器中，比如用定时器触发代码实例进行一个非常快的空响应。

FaaS 的其他劣势包括语言版本落后（云服务商通常只提供最流行的几种开发语言的最稳定的几个运行环境）、依赖服务商提供的借口和周边产品能力带来的服务迁移困难等。

对于企业用户来说，FaaS 相比传统的服务器架构有更浅的技术栈深度和更缓的学习曲线，这有利于团队提升效率，降低人力成本。而 FaaS 架构的一个劣势是难以进行传统的状态管理。因为 FaaS 架构的高度可扩展性意味着每个应用都随时会被创建出来新的实例或者销毁掉存在的实例，而实例不能长久地占有内存空间，因此要提供有状态的服务就必须要和独立的存储服务进行交互，这往往会增加服务延迟，导致占有了 CPU 和内存等资源却难以高效地利用。因此 Serverless 应用一般不通过会话（Session）认证用户身份，而是采用 Json Web Token（JWT）之类的无状态身份验证机制来代替 Session 身份验证。

2.5.2　Serverless 的典型应用场景

云函数的运行要由触发器来触发，因此 Serverless 架构的典型应用场景大部分都是与服务提供商提供的触发器进行绑定的。常见的云函数触发器包括定时触发、对象存储触发、消息队列触发、API 网关触发等。相应的最常见的典型 Serverless 应用场景包括以下几个方面：

1）视频转码服务。在视频应用、社交应用等场景下，常常会让用户上传视频，而产品通常有把视频进行转码的需求，包括转换为不同的清晰度来适应不同带宽条件下的播放。通常视频文件会上传到对象存储中，然后用对象存储触发器来触发云函数对上传的视频文件进行转码处理，再把处理结果保存到对象存储中。

2）图片裁剪缩放。很多应用场景中都会让用户上传图像，而当用户上传高清原图的时候，产品往往需要对图片进行裁剪缩放来适应用户的显示终端，节省不必要的高清图像分发流量。通常图像文件会上传到对象存储中，然后用对象存储触发器来触发云函数对图像文件进行裁剪缩放处理，再把处理结果保存到对象存储中。

3）数据 ETL（Extract-Transform-Load）处理服务。传统上对大数据的实时处理通常需要搭建 hadoop 或者 spark 等大数据相关的处理套件来搭建分布式的服务集群。通过 Serverless 技术，只需要把实时产生的数据不断地存储到对象存储中，并通过对象存储触发器触发数据处理函数对数据进行加工处理，并把处理结果存储到云数据库中。在腾讯云官网给出了这样的例子：证券公司每 12h 统计一次该时段的交易情况并整理出该时段交易量 top 5；每天处理一遍秒杀网站的交易流日志获取因售完而导致的错误，从而分析商品热度和趋势等。云函数近乎无限扩容的能力可以轻松地进行大容量数据的计算，利用云函数可以对源数据并发执行多个 mapper 和 reducer 函数，并在短时间内完成工作。相比传统的工作方式，使用云函数更能避免资源的闲置浪费从而节省资金。

4）网站和应用程序后端服务。Serverless 云函数通过与 API 网关、对象存储及数据库等产品相结合，使开发者能够构建可弹性扩展的应用程序或者 Web 网站服务。而且这些程序可在多个数据中心高可用运行，无需在可扩展性、备份冗余方面做额外的投入。

5）小程序后端服务。包括微信、支付宝等平台型的手机 APP 都支持开发者利用平台能力快速轻量地开发小程序，在相应的开发者工具中，很多厂商都无缝集成了云函数作为小程序的默认后端服务。事实上小程序后端是当前云函数在国内最大的应用场景。

6）物联网（IoT）应用。物联网设备往往配备多个传感器持续监控环境搜集数据，持续采集到的海量数据会实时或者定时上报到服务器，而服务器往往需要即刻判断数据是否异常来决定是否采取相应的操作。传统架构下需要为服务后台准备大量的服务器进行数据实时处理，并需要为物联网设备的持续增量部署提前做好服务器冗余、采购好带宽资源，还需要对大量传感器同时触发并发上报准备好足够的服务资源，当使用了服务器集群还要做好相应的负载均衡，为了服务等弹性可能还需要设计集群弹性伸缩策略（即使这样遭遇访问压力时也往往需要几分钟的时间来进行伸缩），且需要做主机安全防范。而在基于无服务器云函数的架构之下，可以将 API 网关、云函数和时序数据库产品进行结合来取代传统的服务器或者虚拟机，这样不需要提前为增量设备和并发请求准备服务资源，只需要为实际被使用到的计算资源和网络流量付费，而且只需要维护函数逻辑而不需要维护主机的安全稳定。

2.5.3　主要的 FaaS 产品

1. 函数即服务

这种服务专注于提供一个软件程序的运行环境，让使用者部署自己所编写的程序。每个程序只完成一项功能，所提供的接口供调用这个程序的应用按要求的格式提供功能所需的输入，程序运行后把输出结果返回给调用它的应用。

这种服务一般都支持常用的编程语音，包括 Java、Python、Node. js、C#等。

属于函数即服务的产品包括 AWS Lambda、Azure Functions、腾讯云的"云函数"、阿里云的"函数计算"等。

2. 工作流即服务

这种服务专注于实现系统集成中的工作流程，为企业实现跨系统的业务解决方案提供方便。其功能可以涵盖对应用、数据、系统、以及通信功能的集成，可以支持在本地计算中心与在云计算环境中运行的程序的对接，并且完全不需要用户来设置或管理这些工作流本身所需的运行环境。

这种服务的一大特点就是要支持与各种常用系统的接口，包括文件系统、数据库系统、客服系统、电邮系统、ERP 系统等。

目前市场上的工作流即服务包括微软的 Power Automate、Azure Logic Apps 以及亚马逊的 AWS Step Functions。

第 3 章

虚拟化技术

作为云计算的核心技术之一，虚拟化技术并不是新概念。虚拟化技术是伴随着计算机技术的产生而出现的，在计算机技术的发展历程中一直扮演着重要的角色。

本章将主要介绍虚拟化的基础概念、结构模型以及应用产品等，帮助读者理解虚拟化与云计算之间的重要关系。首先，介绍了虚拟化的历史演变、概念及特征；其次，介绍了虚拟化的实现结构，包括 Hypervisor 模型、宿主模型以及混合模型；随后，介绍了虚拟化的分类，按照虚拟化的程度和级别划分，可以分成软件虚拟化和硬件虚拟化，全虚拟化和半虚拟化；接着，介绍了 x86 平台上的主要虚拟化产品，如 VMware vSphere、微软的 Hyper- V 和 Citrix XenServer 等；最后，介绍了 Docker 虚拟化。

3.1　虚拟化的概念及特征

随着近年来多核系统、集群、网格以及云计算的广泛部署，虚拟化技术在商业应用上的优势日益体现。从操作系统的虚拟内存到 Java 语言虚拟机，再到目前基于 x86 体系结构的服务器虚拟化技术的蓬勃发展，都为虚拟化这一看似抽象的概念添加了极其丰富的内涵。

"虚拟化是以某种用户和应用程序都可以很容易从中获益的方式来表示计算机资源的过程，而不是根据这些资源的实现、地理位置或物理包装的专有方式来表示它们。换句话说，它为数据、计算能力、存储资源以及其他资源提供了一个逻辑视图，而不是物理视图。"——Jonathan Eunice，Illuminata 公司

"虚拟化是表示计算机资源的逻辑组（或子集）的过程，这样就可以用从原始配置中获益的方式访问它们。这种资源的新虚拟视图并不受现实、地理位置或底层资源的物理配置的限制。"——维基百科

"虚拟化：对一组类似资源提供一个通用的抽象接口集，从而隐藏属性和操作之间的差异，并允许通过一张通用的方式来查看并维护资源。"——OGSA（Open Grid Service Architecture）术语表

"虚拟化代表着这样一个巨大趋势，就是把物理资源转变为逻辑上可以管理的资源，打破了物理结构之间的壁垒，使原来闲置的资源得到充分的利用。"——IBM i 中国开发团队

由此可见，虚拟化的含义较为广泛，对于不同的人来说可能意味着不同的东西，这取决于他们所处的环境。相对于现实，虚拟化就是将原本运行在真实环境上的计算机系统或组建运行在虚拟出来的环境中。在计算机方面，虚拟化一般是通过对计算机物理资源的抽象，提供一个或多个操作环境，实现资源的模拟、隔离或共享等。而在云计算环境中，是通过物理主机中同时运行多个虚拟机实现虚拟化，在这个虚拟化平台上，实现对多个虚拟机操作系统的监视和多个虚拟机对物理资源的共享，如图 3-1 所示。

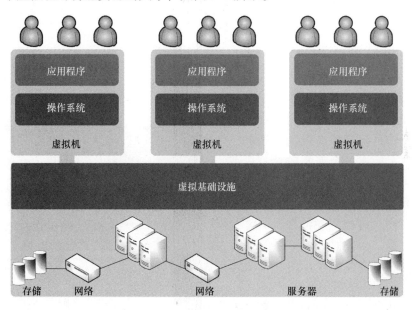

图 3-1　云计算虚拟化模型

一般虚拟化包括四个基本特征：

1）分区。即在单一物理机上同时运行多个虚拟机。分区意味着虚拟化层拥有为多个虚拟机划分服务器资源的能力；每个虚拟机可以同时运行一个单独的操作系统（相同或不同的操作系统），使得用户能够在一台服务器上运行多个应用程序；每个操作系统只能看到虚拟化层为其提供的"虚拟硬件"（虚拟网卡、CPU、内存等），使它认为运行在自己的专用服务器上。

2）隔离。在同一物理机上的虚拟机之间是相互隔离的。这意味着一个虚拟机的崩溃或故障（例如，操作系统故障、应用程序崩溃、驱动程序故障等）不会影响同一物理机上的其他虚拟机；一个虚拟机中的病毒、蠕虫等与其他虚拟机相隔离，就像每个虚拟机都位于单独的物理机上一样；不但可以进行资源控制以提供性能隔离，为每个虚拟机指定最小和最大资源使用量，以确保某个虚拟机不会占用所有资源而使得同一系统中的其他虚拟机无资源可用，还可以在单一机器上同时运行多个负载/应用程序/操作系统。

3）封装。整个虚拟机都保存在文件中，可以通过移动文件的方式来迁移该虚拟机。也就是说整个虚拟机（包括硬件配置、BIOS 配置、内存状态、磁盘状态、CPU 态）都储存在独立于物理硬件的一组文件中。这样，使用者只需复制几个文件就可以随时随地根据需要复制、保存和移动虚拟机。

4）硬件独立。无需修改就可以在任何服务器上运行虚拟机。因为虚拟机运行在虚拟化层之上，所以操作系统只能看到虚拟化层提供的虚拟硬件；而且这些虚拟硬件也同样不必考虑物理服务器的情况；这样，虚拟机就可以在任何 x86 服务器（IBM、戴尔、惠普等）上运行而无需进行任何修改。这打破了操作系统和硬件以及应用程序和操作系统/硬件之间的约束，也就是实现了解耦。

3.2 虚拟化的结构模型

一般来说，虚拟环境由三部分组成：虚拟机、虚拟机监控器（Virtual Machine Monitor，VMM，亦称为 Hypervisor）、硬件。在没有虚拟化的情况下，操作系统管理底层物理硬件，直接运行在硬件之上，构成一个完整的计算机系统。而在虚拟化环境里，VMM 取代了操作系统的管理者地位，成为真实物理硬件的管理者。同时 VMM 向上层的软件呈现出虚拟的硬件平台，"欺瞒"着上层的操作系统。而此时的操作系统运行在虚拟平台之上，管理着虚拟硬件，但它自认为是真实的物理硬件，如图 3-2 所示。

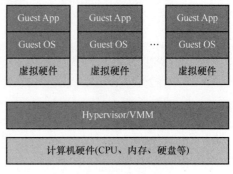

图 3-2　虚拟环境构成

通常虚拟化的实现结构分为三类：Hypervisor 模型（Hypervisor VMM）、宿主模型（OS-hosted VMM）以及混合模型（Hybrid VMM）。

3.2.1　Hypervisor 模型

在 Hypervisor 模型中，虚拟化平台是直接运行在物理硬件之上，无需主机操作系统［安装虚拟化平台的物理计算机称为"主机（Host）"，它的操作系统就称为"主机操作系统"（Host OS）］（见图 3-3）。在这种模型中，VMM 管理所有的物理资源，如处理器、内存、I/O 设备等，另外，VMM 还负责虚拟环境的创建和管理，用于运行客户机操作系统［在一个虚拟机内部运行的操作系统称为"客户机操作系统（Guest OS）"］。由于 VMM 同时具有物理资源的管理功能和虚拟化功能，虽然物理资源的虚拟化效率会更高一些，但同时也增加了 VMM 的工作量，因为

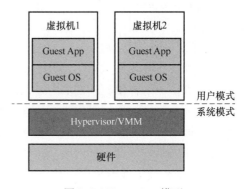

图 3-3　Hypervisor 模型

VMM 需要进行物理资源的管理，包括设备的驱动，而设备驱动开发的工作量是很大的。

优点：效率高。

缺点：只支持部分型号设备，需要重写驱动或者协议。

典型产品：VMware ESX server3、KVM。

3.2.2　宿主模型

在宿主模型中，虚拟化平台是安装在主机操作系统之上的。VMM 通过调用主机操作系统的服务来获得资源，实现处理器、内存和 I/O 设备的虚拟化。VMM 创建出虚拟机之后，通常将虚拟机作为主机操作系统的一个进程参与调度（见图 3-4）。宿主模型的优缺点正好与 Hypervisor 模型相反。宿主模型可以充分利用现有操作系统的设备驱动程序，VMM 无需为各类 I/O 设备重新实现驱动程序，可以专注于物理资源的虚拟化。但是由于物理资源是由主机操作系统控制，VMM 需要调用主机操作系统的服务来获取资源进行虚拟化，而这些系统服务在设计开发之初并没有考虑虚拟化的支持，因此对虚拟化的效率会有一些影响。

优点：充分利用现有 OS 的 Device Driver（设备驱动程序），无需重写；物理资源的管理直接利用 Host OS 来完成。

缺点：效率不够高，安全性一般，依赖于 VMM 和 Host OS 的安全性。

典型产品：VMware server、VMware workstation、virtual PC、virtual server。

3.2.3　混合模型

顾名思义，混合模型就是上述两种模型的混合体。混合模式在结构上与 Hypervisor 模型类似，VMM 直接运行在裸机上，具有最高特权级。与 Hypervisor 模型的区别在于：混合模式的 VMM 相对要小得多，它只负责向客户机操作系统提供一部分基本的虚拟服务，例如 CPU 和内存，而把 I/O 设备的虚拟交给一个特权虚拟机（Privileged VM）来执行，由于充分利用了原操作系统的设备驱动，VMM 本身并不包含设备驱动（见图 3-5）。

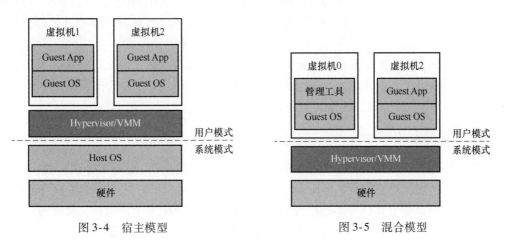

图 3-4　宿主模型　　　　　　　　　　　图 3-5　混合模型

优点：集合了上述两种模型的优点。

缺点：经常需要在 VMM 与特权 OS 之间进行上下文切换，开销较大。

典型产品：Xen。

3.3 虚拟化的分类

在虚拟化蓬勃发展的这些年里，虚拟化可以根据不同的划分标准进行分类。如根据虚拟化的程度和级别，一般可以将虚拟化技术分成软件虚拟化和硬件虚拟化，全虚拟化和半虚拟化。

3.3.1 软件虚拟化

软件虚拟化就是通过解除应用程序、操作系统与计算机硬件之间的关联性，使得可以在一个物理计算机上建立多个虚拟化环境，每个虚拟化环境中都能模拟出完整的计算机系统，这些虚拟计算机系统与真实计算机系统的使用并无多大差异，可以安装操作系统，在操作系统上安装应用程序。

软件虚拟化可以实现桌面虚拟化和应用虚拟化。桌面虚拟化是将操作系统与计算机硬件设备解耦，这样用户可以在自己的计算机上运行多个操作系统，或是通过网络从任何位置和设备访问存放在服务器上的个人的桌面环境。应用虚拟化就是指解除应用和操作系统、硬件的耦合关系，使应用程序运行在一个虚拟化的环境中，这样就不会跟本地安装的其他程序相冲突，同时也方便了应用程序的升级。

通过软件虚拟化可以带来许多便利。第一，通过创建虚拟机使得部署各种软件运行环境更加容易，加快软件开发的测试和调试周期。另外，也可以使用虚拟机的快照、备份功能对用户的桌面环境进行备份，这样即使用户的桌面环境被攻击或出现重大错误，也可以轻松地恢复原有的桌面环境，便于桌面环境的管理和维护。第二，提高系统资源利用率。在一个计算机上运行多个虚拟环境，每个虚拟环境有不同的空闲和繁忙的时间段，使得单个计算机的资源利用率提高。如果某一个虚拟环境无法正常运行，也不会影响其他虚拟环境的工作。第三，可应用于教育上，提高教学效率。比如在虚拟机中可以做一些"破坏性"的实验，像对硬盘重新分区、格式化、重新安装操作系统等，若是在真实的计算机上进行，可能会导致系统、数据等被破坏，而在虚拟机中就可以不用顾虑这些，因为虚拟机的创建和删除相当简单。

3.3.2 硬件虚拟化

硬件虚拟化是一种基于硬件的虚拟技术，指在硬件层面上，更确切地说是在 CPU 里对虚拟技术提供了支持，使得 Hypervisor 运行在比操作系统更高的权限上。宿主机（Host Computer）被启动后，在引导操作系统前先初始化 VMM 并初始化每个虚拟机，每个虚拟机就像有了自己的硬件一样，因而可以完全隔离地运行自己的客户机操作系统。

硬件虚拟化技术是一种 CPU 芯片虚拟化技术，支持虚拟技术的 CPU 带有特别优化过的指令集来控制虚拟过程。通过这些指令集，VMM 会很容易提高性能，相比软件虚拟化方式会在很大程度上提高性能。硬件虚拟化技术可提供基于芯片的功能，借助兼容 VMM 软件能够改进纯软件解决方案。同时，由于硬件虚拟化可提供全新的架构，支持操作系统直接在上面运行，无需进行二进制翻译转换，减少性能开销，极大地简化了 VMM 的设计，从而使 VMM 可以按标准编写，通用性更好，性能更强。但硬件虚拟化基本上就是在一台宿主机上虚拟了整个系统，各台虚拟机之间相互不可见，这会很明显导致很多重复的线程和重复的内存页出现，性能上肯定会有影响。所以采用这种技术，一台宿主机上虚拟机的个数肯定会有一定的限制。

硬件虚拟化是目前研究最广泛的虚拟化技术，相应的虚拟化系统也相对较多。其中业界最具影响力的 VMware 和 Xen 都属于硬件虚拟化的范畴，这将在后续章节中介绍。

3.3.3　全虚拟化

全虚拟化（Full Virtualization）也称为原始虚拟化技术，是指虚拟机模拟了完整的底层硬件，包括处理器、物理内存、时钟、外设等，使得为原始硬件设计的操作系统或其他系统软件完全不做任何修改就可以在虚拟机中运行，且它们不知道自己运行在虚拟化环境下。操作系统与真实硬件之间的交互可以看成是通过一个预先规定的硬件接口进行的。全虚拟化 VMM 以完整模拟硬件的方式提供全部接口（同时还必须模拟特权指令的执行过程）。

全虚拟化技术是最流行的虚拟化方法，使用 Hypervisor 这种中间层软件，在虚拟服务器和底层硬件之间建立一个抽象层。Hypervisor 可以划分为两大类，第一类是直接运行在物理硬件之上的；第二类是运行在另一个操作系统（运行在物理硬件之上）中。

因为运行在虚拟机上的操作系统通过 Hypervisor 来最终分享硬件，所以虚拟机发出的指令需经过 Hypervisor 捕获并处理。为此每个客户机操作系统所发出的指令都要被翻译成 CPU 能识别的指令格式，这里的客户机操作系统即是运行的虚拟机，所以 Hypervisor 的工作负荷会很大，会占用一定的资源，因而在性能方面不如裸机，但是运行速度要快于硬件模拟。全虚拟化最大的优点就是运行在虚拟机上的操作系统没有经过任何修改，唯一的限制就是操作系统必须能够支持底层的硬件，不过目前的操作系统一般都能支持底层硬件，所以这个限制就变得微不足道了。

这种方式是业界现今最成熟和最常见的，而且属于宿主模式和 Hypervisor 模式的都有，知名的产品有 IBM CP/CMS、VirtualBox、KVM、VMware Workstation 和 VMware ESX（其 4.0 版被改名为 VMware vSphere）。

3.3.4　半虚拟化

在全虚拟化模式中，每个客户机操作系统获得的关键平台资源都由 Hypervisor 控制和分配，以避免发生冲突，为此需要利用二进制转换，而二进制转换的开销又使得全虚拟化的性能大打折扣。为了解决这个问题，引入了一种全新的虚拟化技术，这就是半虚拟化技术

（Para- virtualization）。

半虚拟化技术又称为准虚拟化技术，是在全虚拟化的基础上，对客户机操作系统进行修改，增加一个专门的 API 将客户机操作系统发出的指令进行最优化，即不需要 Hypervisor 耗费一定的资源进行翻译操作，因此 Hypervisor 的工作负担变得非常小，而且整体的性能也有很大的提升。经过半虚拟化处理的服务器可与 Hypervisor 协同工作，其响应能力几乎不亚于未经过虚拟化处理的服务器。因此，半虚拟化具有消耗资源小、性能高的优点。不过缺点是需要修改包含该 API 的操作系统，但是对于某些不包含该 API 的操作系统（主要是 Windows）不支持，因此它的兼容性和可移植性较差。

通过这种方法将无需重新编译或捕获特权指令，使其性能非常接近物理机，其最经典的产品就是 Xen，而且因为微软的 Hyper- V 所采用的技术和 Xen 类似，所以也可以把 Hyper- V 归属于半虚拟化。

3.4　主流虚拟化产品

以市场占有率来说，x86 平台上的主要虚拟化产品分别是 VMware vSphere、微软的 Hyper- V 和 Citrix XenServer。

3.4.1　VMware vSphere

vSphere 是 VMware 推出的基于云计算的新一代数据中心虚拟化套件，它是以原生架构的 ESX/ESXi Server 为基础，让多台 ESX Server 能并发负担更多个虚拟机，再加上 VirtualCenter，配合主流数据库软件来管理多台 ESXi 及虚拟机，通过将关键业务应用程序与底层硬件分离来实现前所未有的可靠性和灵活性，从而优化 IT 交付。

vSphere 是一个整体架构而非单个产品，基本架构如图 3-6 所示。

vSphere 的组成部件：

（1）vSphere 的云端部分

平台及架构部分（PaaS 和 IaaS），可以分为内部云端和外部云端（即私有云与公共云）。

1）内部云端。由各种硬件资源组成，并由 vSphere 负责统合云端资源，在 IaaS 及 PaaS 中，资源为硬件及 OS 资源，硬件主要有 CPU 运算能力、RAM 以及存储空间，而 PaaS 则是有各种的操作系统。

2）外部云端。vSphere 可以将这些第三方提供的资源集成到企业的 IT 架构中。

（2）vSphere 的底层：服务架构（Infrastructure Service）

Infrastructure Service 主要可以分为运算部分的 vCompute、存储部分的 vStorage 以及网络部分的 vNetwork。

1）vCompute 部分。包括 ESX/ESXi 以及分布式资源调度（Distributed Resource Scheduler，DRS）。ESX/ESXi 主要实现服务器整合、提供高性能并担保服务品质、流水式测试和部署及可伸缩的软硬件架构；DRS 确保按需调整资源配置，根据需要与优先级压缩和增加应

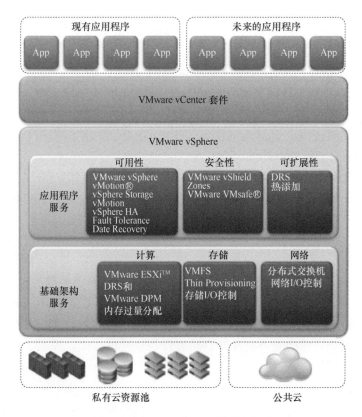

图 3-6 VMware vSphere 的基本架构

用系统的资源，动态地响应负载平衡。

2）vStorage 部分。包括 VM 所在硬盘的文件系统 VMFS 以及动态分配大小的自动精简配置（Thin Provisioning，TP）。

VMFS 是专门为虚拟机设计的高性能集群文件系统，该系统可以在 VMware 虚拟机的 VMware 虚拟数据中心环境中访问共享存储。

TP 是一项优化存储局域网（SAN）中可利用空间、提高存储空间利用率的技术，可按照每位用户某一时刻所需的最小空间，动态灵活地在多用户间分配磁盘存储空间。

3）vNetwork 部分。VMware 的网络虚拟化技术主要通过 VMware vSphere 中的 vNetwork 网络元素实现。通过这些元素，部署在数据中心物理主机上的虚拟机可以像物理环境一样进行网络互连。vNetwork 的组件主要包括虚拟网络接口卡 Vnic、vNetwork 标准交换机 vSwitch 和 vNetwork 分布式交换机 dvSwitch。

（3）vSphere 的底层：Application Service

应用软件服务是针对 VM 的，可以让多台服务器多个 VM 排列组合，达到企业应用的目的。

1）可用性（Availability）。可用性就是企业的服务永远不会中断，不管是服务器蓝屏或是应用软件蓝屏，都不影响用户对服务的访问。vSphere 在这方面提供的功能主要有：VMotion、Storage VMotion、HA（高可用性）、Fault Tolerance（冗余性）、Data Revovery。

2）安全性（Security）。包括 vShields Zones 和 VMSafe 两个部分。让物理机直接连上虚拟机，甚至是不同物理机上的虚拟机，而无需通过外接的防火墙或是路由器获取监控。

3）可扩展性（Scalability）。vSphere 提供了 DRS 和 Hot Add，让 VM 能动态转移到更快捷的物理服务器上，其中 Hot Add 的功能可以让 VM 在不关机的情况下直接添加 vCPU 或内存，这对系统的高可用性也有极大的帮助。

（4）vSphere 的神经中枢：VMware vCenter

vCenter 作为管理节点控制和整合属于其域的 vSphere 主机，可以安装在物理机的操作系统上，也可以安装在虚拟机的操作系统上。vCenter 提高在虚拟基础架构每个级别上的集中控制和可见性，通过主动管理发挥 vSphere 潜能，是一个具有广泛合作伙伴体系支持的可伸缩、可扩展平台。

1）VMware vCenter Client。这是一个 Windows 端的实用程序，用来直接总控单台 ESX/ESXi。在 vSphere 中，所有的 VM 管理、创建、运行、维护都需要靠 vCenter Client。

2）VMware vCenter Server。前面所提的云端、架构、应用软件等，都要靠 vCenter Server 来落实。在 vSphere 中，vCenter Server 具有动态迁移、资源优化、容错、高可用性、备份以及应用部署等高级功能。

3.4.2 微软的 Hyper-V

微软公司的虚拟化技术起步比较迟，直到 2003 年收购了 Connectix 后才正式踏入虚拟化领域。2007 年 9 月，微软正式推出一个采用类似 VMware 和 Citrix 开源 Xen 的基于 Hypervisor 的 Hyper-V。Hyper-V 提供了从桌面虚拟化、服务器虚拟化、应用虚拟化到表示层虚拟化的完备产品线。

Hyper-V 采用了一种全新的架构，也就是 Hypervisor 架构。它实际上是用 VMM 代替 Host OS。Host OS 从这个架构中彻底消失，将 VMM 这层直接做在硬件里面，所以 Hyper-V 要求 CPU 必须支持虚拟化。这种做法带来了虚拟机 OS 访问硬件性能的直线提升。VMM 的主要目的是提供很多孤立的执行环境，这些执行环境被称之为分区，每一个分区都被分配了自己独立的一套硬件资源。

Hyper-V 的基本架构如图 3-7 所示。

下面对图中使用的首字母缩写词和术语进行简单的介绍。

1）子分区。承载客户机操作系统的分区，子分区对物理内存和设备的所有访问都通过虚拟机总线（VMBus）或虚拟机监控程序（Hypervisor）提供。

2）虚拟化调用（HyperCall）。用于与虚拟机监控程序进行通信的接口，可通过虚拟化调用接口访问虚拟机监控程序提供的优化功能。

3）虚拟机监控程序（Hypervisor）。驻留在硬件和一个或多个操作系统之间的软件层，

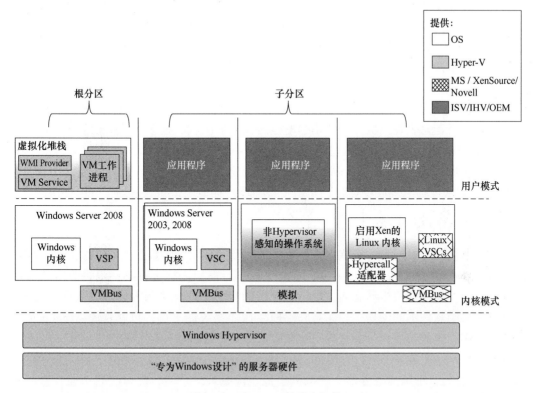

图 3-7 Hyper-V 的基本架构

其主要工作是提供称为分区的隔离执行环境，控制和裁定对基础硬件的访问。

4）根分区。管理计算机级别的功能，如设备驱动程序、电源管理和设备热添加/移除。根（或父）分区是唯一能够直接访问物理内存和设备的分区。

5）VMBus 为虚拟机总线，基于通道的通信机制，在具有多个活动虚拟化分区的系统上，用于分区之间的通信和设备枚举，VMBus 随 Hyper-V 集成服务一起安装。

6）VSC 为虚拟化服务客户端，驻留在子分区中的一种综合设备实例。VSC 利用父分区中的虚拟化服务提供程序（VSP）提供的硬件资源，通过 VMBus 与父分区中的相应 VSP 通信以满足子分区的设备 I/O 请求。

7）VSP 为虚拟化服务提供程序，驻留在根分区中，通过 VMBus 向子分区提供综合设备支持。

8）WMI。虚拟机管理服务公开一组基于 Windows Management Instrumentation（WMI）的 API 用于管理和控制虚拟机。

由此可见，Hyper-V 采用基于 VMBus 的高速内存总线架构，来自虚拟机的硬件请求（显卡、鼠标、磁盘、网络）可以直接经过 VSC，并通过 VMBus 总线发送到根分区的 VSP，VSP 调用对应的设备驱动，直接访问硬件，中间不需要 Hypervisor 的帮助。

Hyper-V 支持分区层面的隔离。分区是逻辑隔离单位，受虚拟机监控程序的支持，并且操作系统在其中执行。Microsoft 虚拟机监控程序必须至少有一个父/根分区，用于运行 Windows Server。虚拟化堆栈在父分区中运行，并且可以直接访问硬件设备。随后，根分区会创建子分区用于承载客户机操作系统。根分区使用虚拟化调用应用程序编程接口（API）来创建子分区。

分区对物理处理器没有访问权限，也不能处理处理器中断。相反，它们具有处理器的虚拟视图，并运行于每个客户机分区专用的虚拟内存地址区域。虚拟机监控程序负责处理处理器中断，并将其重新定向到相应的分区。Hyper-V 还可以通过输入输出内存管理单元（IOMMU），利用硬件加速来加快各个客户机虚拟地址空间相互之间的地址转换。IOMMU 独立于 CPU 使用的内存管理硬件运行，并用于将物理内存地址重新映射到子分区使用的地址。

3.4.3　Citrix XenServer

XenServer 是 Citrix 推出的一款服务器半虚拟化产品。与大多数服务器半虚拟化产品相同的是，XenServer 作为一种开放的、功能强大的服务器虚拟化解决方案，可将静态的、复杂的数据中心环境转变成更为动态的、更易于管理的交付中心，从而大大降低数据中心成本；与传统虚拟机类软件不同的是，它无需底层原生操作系统的支持，也就是说 XenServer 本身就具备了操作系统的功能，是能直接安装在服务器上引导启动并运行的。

Citrix XenServer 是基于强大开源的 Xen Hypervisor 的免费平台，通过多服务管理平台，XenCenter 具有可管理虚拟服务器、虚拟机模板、快照共享存储、资源池等功能。XenServer 是一种全面的企业级虚拟化平台，用于实现虚拟化数据中心从管理基础架构到优化长期运营，并实现关键流程的自动化到交付 IT 服务。

XenServer 主要包含以下核心功能：

1）强大的集中式管理。可以对无数量限制的服务器和虚拟机实现完全多节点管理，包括大量图形报告和警报、简易的物理到虚拟及虚拟到虚拟的转换工具，以及一个无单一故障点的弹性的、高度可用的管理基础架构。

2）动态迁移及多服务器资源共享。结合强大的 XenMotion 技术，使虚拟机能够在不中断服务、无停机的情况下实现服务器之间的迁移，还包括在众多物理服务器中自动平衡计算能力、优化虚拟机配置及多资源库管理。

3）经过验证的管理程序引擎。采用 64 位行业标准 Xen 开放源管理程序，该程序是由超过 50 家领先技术供应商联合开发的，充分利用下一代服务器、操作系统和微处理器的最新性能、安全性及可扩展性的增强功能。

4）快速裸机性能。支持无限数量的服务器及虚拟机，拥有业界领先的整合比率，在最具有挑战性的应用负载上实现接近于物理机的性能，并且在 Windows 和 Linux 环境下性能几乎零损耗。

5）简单设置及管理。采用熟悉的界面，并带有简单的配置向导、直观的 Web 2.0 风格搜索，以及能让新管理员易学易用的内置自助功能。

6）集成存储管理。支持任何现有存储系统，如主机逻辑卷管理、快照复制及动态多路径功能等内置存储管理功能。

XenServer 是在云计算环境中经过验证的企业级虚拟化平台，可提供创建和管理虚拟基础架构所需的所有功能。它深得很多要求苛刻的企业信赖，被用于运行最关键的应用，而且被最大规模的云计算环境和 xSP 所采用。XenServer 的体系架构如图 3-8 所示。

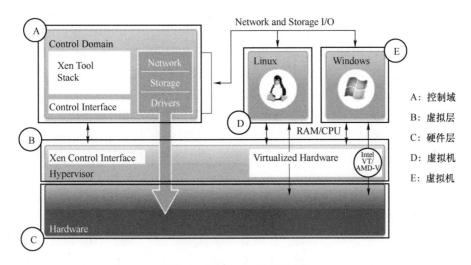

图 3-8　XenServer 的体系架构

XenServer 主要包含以下几个方面。

1）Xen 虚拟机管理程序：此虚拟机管理程序是软件的基础抽象层。此虚拟机管理程序负责底层任务，例如 CPU 调度，并且负责常驻 VM 的内存隔离。此虚拟机管理程序从 VM 的硬件提取，其无法识别网络连接、外部存储设备、视频等。

2）控制域：也称作"Domain 0"或"dom 0"，控制域是一个安全的特权 Linux VM，运用 XenServer 管理 Toolstack。除了提供 XenServer 管理功能之外，控制域还运行驱动程序堆栈，提供对物理设备的用户创建虚拟机（VM）访问。

3）管理 Toolstack：也称作 xapi，该软件 Toolstack 可以控制 VM 生命周期操作、主机和 VM 网络连接、VM 存储、用户身份验证，并允许管理 XenServer 资源池。xapi 提供公开记录的 XenAPI 管理接口，以供管理 VM 和资源池的所有工具使用。

4）VM 虚拟机，用于将受欢迎的操作系统安装为 VM。也就是 Xen 当中的 Domain U。

3.5　Docker 虚拟化

各种虚拟机技术开启了云计算时代，使高度隔离和标准化得以实现，但同时给宿主服务器造成了极大的运行压力。而 Docker 作为一种容器级的虚拟化技术，在隔离性、资源占用以及启动速度方面具有较大的优势，改变了我们开发、测试、部署应用的方式。随着 Docker

的兴起，整个行业都在经历一场从"虚拟化"到"容器化"的变革，而这个变革实际上是一场从"面向机器"到"面向应用"的转变。

3.5.1　什么是 Docker

Docker 是一个开源项目，诞生于 2013 年初，最初是 dotCloud 公司（后改名为 Docker Inc）内部的一个开源的 PaaS 服务的业余项目。其基于谷歌公司推出的 Go 语言进行开发实现，后加入 Linux 基金会，遵从 Apache 2.0 协议，项目代码在 GitHub 上进行维护。

Docker 是基于 Linux 内核的 cgroup、namespace 以及 AUFS 类的 UnionFS 等技术，对进程进行封装隔离，属于操作系统层面的虚拟化技术。由于隔离的进程独立于宿主和其他的隔离的进程，因此也称其为容器。Docker 最初的实现是基于 LXC（Linux Containers）。LXC 是 Linux 原生支持的容器技术，可以提供轻量级的虚拟化。可以说 Docker 就是基于 LXC 发展起来的，提供 LXC 的高级封装和标准的配置方法。在 LXC 的基础之上，Docker 进行了进一步的封装，从文件系统、网络互联到进程隔离等待，极大地简化了容器的创建和维护，使得 Docker 技术比虚拟机技术更为轻便、快捷。从 Docker 0.7 以后开始去除了 LXC，转而使用自行开发的 libcontainer；从 Docker 1.11 开始，则进一步演进为使用 runC 和 containerd。

Docker 的主要目标是"Build、Ship and Run Any App、Anywhere"，即通过对应用组件的封装（Packaging）、分发（Distribution）、部署（Deployment）、运行（Runtime）等生命周期的管理，达到应用组件级别的"一次封装，到处运行"（Build once，Run anywhere）。这里的应用组件，既可以是一个 Web 应用，也可以是一套数据库服务，甚至是一个操作系统。将应用运行在 Docker 容器上，可以实现跨平台、跨服务器，只需一次配置准备好相关的应用环境，即可实现到处运行，保证研发和生产环境的一致性，解决了应用和运行环境的兼容性问题，从而极大地提升了部署效率，减少故障的可能性。

Docker 与虚拟机有着类似的资源隔离和分配的特点，但不同的架构方法使 Docker 能够更加便携、高效（见图 3-9）。

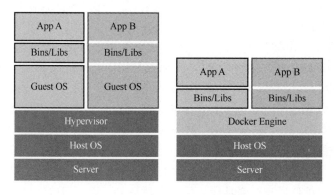

图 3-9　VM 与 Docker 架构比较

传统的虚拟机架构是：物理机→宿主机操作系统→Hypervisor 支持→虚拟机操作系统→

应用程序。虚拟机是在宿主机上基于 Hypervisor 虚拟出一套操作系统所需的硬件设备，并在这些虚拟硬件上安装操作系统 Guest OS，运行不同的应用程序，应用之间实现相互独立、资源隔离。但由于需要 Hypervisor 来创建虚拟机，且每个虚拟机里需要完整地运行一套操作系统 Guest OS，因此会带来很多额外资源的开销。

Docker 的架构是：物理机→宿主机操作系统→Docker 引擎→应用程序。Docker 容器中没有 Hypervisor 这一层，虽然它需要在宿主机中运行 Docker Engine，但原理却完全不同于 Hypervisor，并没有虚拟出硬件设备，更没有独立部署全套的操作系统 Guest OS。Docker 容器是使用 Docker Engine 而不是管理程序来执行，因此容器比虚拟机小，并且由于主机内核的共享，可以更快地启动，具有更好的性能、更少的隔离和更好的兼容性。Docker 容器能够共享一个内核并共享应用程序库，因此容器比虚拟机具有更低的系统开销，只要用户愿意使用单一平台来提供共享的操作系统，容器可以更快、使用资源可以更少。虚拟机可能需要几分钟才能创建并启动，而只需几秒钟即可创建并启动一个容器。与在虚拟机中运行应用程序相比，容器中包含的应用程序提供了卓越的性能。

3.5.2　Docker 的优点

Docker 在开发和运维过程中，具有如下几个方面的优点：

1）更高效地利用系统资源。由于容器不需要进行硬件虚拟以及运行完整操作系统等额外的开销，Docker 对系统资源的利用率更高。无论是应用执行速度、内存损耗或者文件存储速度，都要比传统虚拟机技术更高效。因此，相比虚拟机技术，一个相同配置的主机，往往可以运行更多数量的应用。

2）更快速的启动时间。传统的虚拟机技术启动应用服务往往需要数分钟，而 Docker 容器应用，由于直接运行于宿主内核，无需启动完整的操作系统，因此可以做到秒级、甚至毫秒级的启动时间，大大地节约了开发、测试、部署的时间。

3）一致的运行环境。开发过程中一个常见的问题是环境一致性问题。由于开发环境、测试环境、生产环境不一致，导致有些 bug 并未在开发过程中被发现。而 Docker 的镜像提供了除内核外完整的运行时环境，确保了应用运行环境一致性，从而不会再出现"这段代码在我机器上没问题"这类问题。

4）更快速的交付和部署。对开发和运维人员来说，最希望的就是一次创建或配置，可以在任意地方正常运行。使用 Docker 可以通过定制应用镜像来实现持续集成、持续交付、部署。开发人员可以通过 Dockerfile 来进行镜像构建，并结合持续集成（Continuous Integration）系统进行集成测试，而运维人员则可以直接在生产环境中快速部署该镜像，甚至结合持续部署（Continuous Delivery/Deployment）系统进行自动部署。而且使用 Dockerfile 使镜像构建透明化，不仅开发团队可以理解应用运行环境，也方便运维团队理解应用运行所需条件，帮助在更好的生产环境中部署该镜像。

5）更轻松的迁移。由于 Docker 确保了执行环境的一致性，使得应用的迁移更加容易。Docker 可以在很多平台上运行，无论是物理机、虚拟机、公有云、私有云，甚至是笔记本计算机，其运行结果是一致的。因此用户可以很轻易地将在一个平台上运行的应用，迁移到另一个平台上，而不用担心运行环境的变化导致应用无法正常运行的情况。

基于上述优点，Docker 常适用于以下应用场景：

1）测试。Docker 很适合用于测试发布，将 Docker 封装后可以直接提供给测试人员进行运行，不再需要测试人员与运维、开发配合，进行环境搭建与部署。

2）测试数据分离。在测试中，经常由于测试场景的变换，需要修改依赖的数据库数据或者清空变动 memcache、Redis 中的缓存数据。Docker 相较于传统的虚拟机，其更轻量且更方便。可以很容易地将这些数据分离到不同的镜像中，根据不同的需要随时进行切换。

3）开发。开发人员共同使用同一个 Docker 镜像，同时修改的源代码都被挂载到本地磁盘。不再因为环境不同造成的不同程序行为而伤透脑筋，同时新人到岗时也能迅速建立开发、编译环境。

4）PaaS 云服务。Docker 可以支持命令行封装与编程，通过自动加载与服务自发现，可以很方便地将封装于 Docker 镜像中的服务扩展成云服务。类似像 Doc 转换预览这样的服务封装于镜像中，根据业务请求的情况随时增加和减少容器的运行数量，随需应变。

3.5.3　Docker 的构成

一个完整的 Docker 主要由以下几部分组成：客户端（Docker Client）、守护进程（Docker Daemon）、镜像（Docker Image）、容器（Docker Container）、仓库（Docker Registry）。各个组成之间的关系如图 3-10 所示。通过客户端来访问 Docker 的服务端（即守护进程）从而操作 Docker 容器，而容器是经过镜像来创建的，镜像又保存在仓库中。

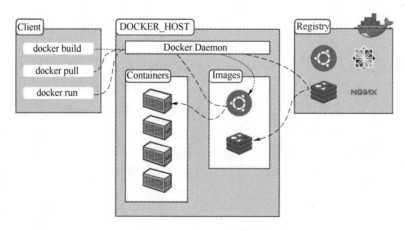

图 3-10　Docker 的构成

1）客户端（Docker Client）。Docker 使用了 C/S 体系架构、Docker 客户端与 Docker 守护进程通信，Docker 守护进程负责构建、运行和分发 Docker 容器。Docker 客户端和守护进程可以在同一个系统上运行，也可以将 Docker 客户端连接到远程 Docker 守护进程。Docker

客户端和守护进程使用 REST API，通过 UNIX 套接字或网络接口进行通信。Docker 客户端能够和不止一个守护进程通信。

2）守护进程（Docker Daemon）。守护进程主要用于监听 Docker API 请求和管理 Docker 的对象，如镜像、容器、网络和数据卷等。一个 Daemon 也可以和其他 Daemon 进行通信，以便于管理 Docker 服务。

3）镜像（Docker Image）。镜像是容器的基石，容器基于镜像启动，镜像就像是容器的源代码，提供容器运行时所需的程序、库、资源、配置等文件，另外还包含了一些为运行时准备的配置参数（如匿名卷、环境变量、用户等）。镜像是一个层叠的只读文件系统，其系统结构如图 3-11 所示。

Docker 镜像的最低端是一个引导文件系统（即 bootfs）。这很像典型的 Linux 引导文件系统，Docker 用户几乎永远与引导文件系统有交互。实际上，当一个容器启动后，它将会被移到内存中而引导文件系统将会被卸载。

Docker 镜像的第二层是 rootfs（ubuntu），root 文件系统，它位于引导文件系统之上。root 文件系统可以是一种或多种操作系统，如 ubuntu 或 CentOS 等。在传统的 Linux 引导过程中，root 文件系统会最先以只读的形式加载；当引导结束并完成了完整性检测后，它才会被切换为读写模式。但在 Docker 里，root 文件系统永远只能是只读状态；且 Docker 利用联合加载技术（union mount）又会在 root 文件系统之上加载更多的只读文件系统。

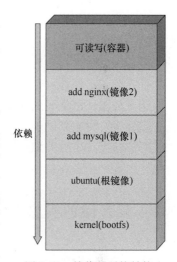

图 3-11　镜像的系统结构

4）容器（Docker Container）。Docker 利用容器来运行应用，容器是从镜像创建的运行实例，可以被启动、开始、停止、删除。镜像与容器的关系，就是面向对象编程中类与对象的关系，定好每一个类，然后使用类创建对象，对应到 Docker 的使用上，则是构建好每一个镜像，然后使用镜像创建需要的容器。

每个容器都是相互隔离的、保证安全的平台。可以把容器看作是一个简易版的 Linux 环境（包括 root 用户权限、进程空间、用户空间和网络空间等）和运行在其中的应用程序。

5）仓库（Docker Registry）。Docker 用仓库来集中存放用户构建的镜像，仓库分为公开仓库（Public）和私有仓库（Private）两种形式。其设计理念类似于代码仓库 Git，注册服务器可理解为 GitHub 这样的托管服务器。最大的公开仓库是 Docker Hub，是 Docker 公司提供用于存储和分布镜像的官方 Docker Registry，用户可以使用 docker pull 命令从 Docker Hub 上拉取镜像。Docker Registry 包含很多个仓库，每个仓库对应多个标签（Tag），不同标签对应一个软件的不同版本。用户也可以在本地网络内创建一个私有仓库。

第 4 章

云存储技术

数据已经成为数字经济时代的核心生产要素，数据的存储自然也成了当务之急。随着数据量的急剧增长，对所需的存储系统有更高的要求——更大的存储容量、更强的性能、更高的安全性级别、进一步智能化等，传统的 SAN 或 NAS 存储技术面对 PB 级甚至 EB 级海量数据，存在容量、性能、扩展性和费用上的瓶颈，已经无法满足新形势下的数据存储要求。因此，为了应对不断变大的存储容量、不断加入的新型存储设备、不断扩展的存储系统规模，云存储作为一种全新的解决方案被提出，备受业界的认可和关注。

本章接下来主要介绍云存储，从云存储的基础概念与特点出发，对云存储系统按分类进行描述，并介绍云存储涉及的关键技术。

4.1　云存储的概念与特点

4.1.1　云存储的定义

云存储是在云计算概念上延伸和发展出来的一个新的概念，是指通过集群应用、网络技术或分布式文件系统等功能，将网络中大量各种不同类型的存储设备通过应用软件集合起来协同工作，共同对外提供数据存储和业务访问功能的一个系统。当云计算系统运算和处理的核心是大量数据的存储和管理时，云计算系统中就需要配置大量的存储设备，那么云计算系统就转变成为一个云存储系统，所以云存储是一个以数据存储和管理为核心的云计算系统。

云存储实际是网络上所有的服务器和存储设备构成的集合体，其核心是用特定的应用软件来实现存储设备向存储服务功能的转变，为用户提供一定类型的数据存储和业务访问服务。与传统的存储设备相比，云存储不仅是一个硬件，还是一个网络设备、存储设备、服务器、应用软件、公用访问接口、接入网、客户端程序等多个部分组成的复杂系统。各部分以存储设备为核心，通过应用软件来对外提供数据存储和业务访问服务。

4.1.2　云存储的特点

根据前面的介绍，云存储是基于网络向广大用户提供数据存储和访问服务，它的特点可以用表4-1来总结。

表 4-1　云存储的特点

特　点	描　述
超大规模	云存储设备及存储容量需要具备相当的规模，后台往往有庞大的云数据中心的支持，单个数据中心存储的数据可达上百 PB，甚至是 EB 级
高可扩展性	云存储系统本身可以很容易地动态增加服务器资源以应对用户的数据增长需求；只要数据满足指定的格式和策略，系统几乎可以无限地增长和扩展。同时，云存储系统的运维也是自动化和可扩展的，这意味着随着系统规模的增加，不需要增加太多的运维人员 这种高可扩展性也使企业能够快速响应不断变化的业务需求。例如，可以立即响应突然增加的存储需求，以支持新的销售活动，为新的分析项目提供临时资源等
高可用性和可靠性	云存储系统一般都会采用数据多副本复制、数据自动备份、自动迁移、节点故障自动恢复容错等技术，来保障数据的安全和服务的连续性，来提供很高的可用性和可靠性
安全	云存储系统内部会通过用户鉴权、访问权限控制、安全通信（HTTPS、TLS 协议）等方式保障安全性
透明服务	云存储会以门户网站或统一的接口，比如 RESTful 接口的形式提供服务。后端存储节点的变化，比如增加节点、节点故障对用户是透明的。只要有网络连接，用户随时随地都可以访问
低成本	云存储的扩展性架构和自动故障恢复、容灾备份机制使得云提供商可以采用普通的 PC 服务器，而不是昂贵的高端专用存储设备来构建存储云；云存储的通用性使得资源利用率大幅提升；云存储的自动化管理使得运维成本大幅降低；云存储所在的数据中心可以建在电力资源丰富的地区，从而大幅降低能源成本

当然，云存储服务在具备上述优势和便利的同时，也有一定的缺点和不足，如下所述：

（1）提供商锁定问题

选择特定的云提供商进行数据存储后，将数据迁移到其他提供商会遇到困难，这种情况的术语是"提供商锁定"，在中型和大型企业中很明显。

（2）安全和隐私问题

云存储涉及将机密信息和数据的控制权交给云服务商，尽管可以采取数据加密、数据访问权限管理等措施，但毕竟数据是存放在且托管给第三方的。因此，需要完全信任云服务商不会形成安全和隐私的威胁。

（3）云存储服务也不是万无一失

如果云存储提供商遇到一些不可预知的或是灾难性的问题，那么所存储的数据和所提供的云服务也不是绝对保险。云提供商使用数据中心进行数据存储，数据中心需要电力和互联网来进行操作，然而前所未有的电源故障或互联网连接失败会导致大量停机；提供商出现内部网络拥堵，或者互联网连接速度较慢的情况下，用户在访问其存储在云中的数据时也会遇到问题，对于一些实时性要求比较强或者关键应用会造成不利的影响。自然灾害或毁灭性事故往往无法掌控。

此外，数据的治理和合规性问题也会有些棘手，这涉及企业的规章、制度和政策等与提供商可能是不一致的，在面临数据使用、法律监管和合规时也会有一定的矛盾和冲突。

4.2 云存储的分类与结构模型

4.2.1 云存储的分类

按照云提供商所采取的服务方式和云存储资源的所有者不同，云存储可以分为公共云存储、私有云存储和混合云存储三类。后面在讨论云存储实现技术的时候，还会按照其技术实现方式的不同做技术分类说明。云存储分类见表4-2。

表4-2　云存储分类

分　　类	说　　明
公共云存储	公共云存储是云存储提供商推出的付费使用的存储工具。云存储服务提供商建设并管理存储基础设施，集中空间来满足多用户需求，所有的组件放置在共享的基础存储设施里，设置在用户端的防火墙外部，用户直接通过安全的互联网连接访问
私有云存储	多是独享的云存储服务，为某一企业或社会团体独有。私有云存储建立在用户端的防火墙内部，并使用其所拥有或授权的硬件和软件。企业的所有数据保存在内部并且被内部IT员工完全掌握 私有云存储可由企业自行建立并管理，也可由专门的私有云服务公司根据企业的需要提供解决方案协助建立并管理，使用成本较高
混合云存储	把公共云存储和私有云存储整合成更具功能性的解决方案。企业用户可以根据企业的实际需要，数据可以放在企业内部、私有云或是公有云上。企业可以使用公有云存储用于归档、备份、灾难恢复、工作流共享和分发。这种混合的方法可以使企业用户充分利用云存储的可扩展性和成本效益，而不会暴露任何关键业务数据 混合云解决方案需要提供企业级的安全性、跨云平台的可管理性、负载/数据的可移植性以及互操作性

4.2.2 云存储的结构模型

在存储的快速发展过程中，不同的厂商对云存储提供了不同的结构模型，在这里，我们介绍一个比较有代表性的云存储结构模型，这个模型的结构如图4-1所示。

云存储系统的结构模型自底向上由四层组成，分别为存储层、基础管理层、应用接口层、访问层。

（1）存储层

存储层是云存储最基础的部分。存储设备可以是FC（Fibre Channel）光纤通道存储设

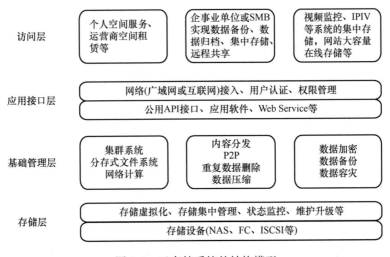

图 4-1 云存储系统的结构模型

备，可以是 NAS（Network Attached Storage，网络附加存储）和 ISCSI（Internet Small Computer System Interface，Internet 小型计算机系统接口）等 IP 存储设备，也可以是 SCSI（Small Computer System Interface，小型计算机系统接口）或 SAS（Serial Attached SCSI，串行连接 SCSI 接口）等 DAS（Direct Attached Storage，直接附加存储）存储设备。云存储中的存储设备往往数量庞大且分布在不同地域，彼此之间通过广域网、互联网或者 FC 光纤通道网络连接在一起。

存储设备之上是一个统一存储设备管理系统，可以实现存储设备的逻辑虚拟化管理、多链路冗余管理以及硬件设备的状态监控和故障维护。

（2）基础管理层

基础管理层是云存储最核心的部分，也是云存储中最难以实现的部分。基础管理层通过集群、分布式文件系统和网络计算等技术，实现云存储中多个存储设备之间的协同工作，使多个存储设备可以对外提供同一种服务，并提供更大、更强、更好的数据访问性能。

CDN 内容分发系统保证用户在不同地域访问数据的及时性，数据加密技术保证云存储中的数据不会被未授权的用户访问。同时，通过各种数据备份和容灾技术与措施可以保证云存储中的数据不会丢失，保证云存储自身的安全和稳定。

（3）应用接口层

应用接口层是云存储最灵活多变的部分。用户通过应用接口层实现对云端数据的存取操作，云存储更加强调服务的易用性。不同的云存储运营单位可以根据实际业务类型，开发不同的应用服务接口，提供不同的应用服务。服务提供商可以根据自己的实际业务需求，为用户开发相应的接口，比如视频监控应用平台、IPTV 和视频点播应用平台、网络硬盘应用平台、远程数据备份应用平台等。

（4）访问层

经过身份验证或者授权的用户都可以通过标准的公用应用接口来登录云存储系统，享受云存储提供的服务。访问层的构建一般都遵循友好化、简便化和实用化的原则。访问层的用户通常包括个人数据存储用户、企业数据存储用户和服务集成商等。目前商用云存储系统对于中小型用户具有较大的性价比优势，尤其适合处于快速发展阶段的中小型企业。而由于云存储运营单位的不同，云存储提供的访问类型和访问手段也不尽相同。

4.3　云存储的关键技术

为实现存储的低成本、高可扩展与资源池化，云存储技术应运而生，这其中最关键的是存储虚拟化技术与分布式存储技术的应用。

4.3.1　存储虚拟化技术

随着存储的需求不断增长，对于企业来说，所需要的存储服务器和磁盘都会随之相应地快速增长。面对这种存储管理困境，存储虚拟化就是其中一种可选的解决方案。

那么，存储虚拟化的定义是什么呢？权威机构——SNIA（Storage Network Industry Association，全球网络存储工业协会）给出了以下定义："通过将存储系统/子系统的内部功能从应用程序、计算服务器、网络资源中进行抽象、隐藏或隔离，实现独立于应用程序、网络的存储与数据管理"。

存储虚拟化技术的实现手段是通过将底层存储设备进行抽象化统一管理，底层硬件的异构性、特殊性等特性都被屏蔽了，对于服务器层来说只保留其统一的逻辑特性，从而实现了存储系统资源的集中，提供方便、统一的管理。存储虚拟化可以使管理员将不同的存储作为单个集合的资源来进行识别、配置和管理，存储资源的调度、存储设备的增减对于用户来说都是透明的。存储虚拟化是存储整合的一个重要组成部分，它能减少管理问题，而且能够提高存储利用率，这样可以降低新增存储的费用。

存储虚拟化相对于传统存储最大的优势在于磁盘的利用率很高，可以把传统的存储磁盘利用率从30%～70%提高到70%～90%。其二是在存储的灵活性上，虚拟化可以把不同厂商的异构的存储平台整合起来，为资源的存储管理带来更好的灵活性。其三是管理方便，它提供了一个大容量存储系统集中管理的手段，避免了由于存储设备扩充所带来的管理方面的麻烦。其四是性能更好，存储虚拟化系统可以很好地进行负载均衡，把每一次数据访问所需的带宽合理地分配到各个存储模块上，提高了系统的整体访问带宽。

存储虚拟化根据在I/O路径中实现虚拟化的位置不同，可以分为三种实现技术：基于主机的存储虚拟化、基于网络的存储虚拟化以及基于存储设备的存储虚拟化。在表4-3中对它们的实现以及优缺点做简要介绍。

表 4-3　存储虚拟化技术对比

分　类	技术实现	优　势	缺　点
基于主机的存储虚拟化	增加一个运行在操作系统下的逻辑卷管理软件，其功能是将磁盘上的物理块号映射成逻辑卷号，并以此把多个物理磁盘阵列映射成一个统一的虚拟的逻辑存储空间（逻辑块），从而实现存储虚拟化的控制和管理	不需要额外的硬件支持，便于部署，只通过软件即可实现对不同存储资源的存储管理	软件的部署和应用影响了主机性能 各种与存储相关的应用通过同一个主机，存在越权访问的数据安全隐患 通过软件控制不同厂家的存储设备存在额外的资源开销，进而降低系统的可操作性与灵活性
基于网络的存储虚拟化	在存储区域网中增加虚拟化引擎实现存储资源的集中管理，其具体实施一般通过具有虚拟化支持能力的路由器或交换机实现 又可以分为带内虚拟化与带外虚拟化两类：带内虚拟化使用同一数据通道传送存储数据和控制信号，而带外虚拟化使用不同的通道传送数据和命令信息	架构合理，不占用主机和设备资源	其存储阵列中设备的兼容性需要严格验证 由于网络中存储设备的控制功能被虚拟化引擎所接管，导致存储设备自带的高级存储功能将不能使用
基于存储设备的存储虚拟化	依赖于提供相关功能的存储设备的阵列控制器模块，常见于高端存储设备，其主要应用针对异构的 SAN（Storage Area Network，存储区域网络）存储架构	不占主机资源，技术成熟度高，容易实施	核心存储设备必须具有此类功能 消耗存储控制器的资源 不同厂家设备的控制功能被主控设备的存储控制器接管，导致其高级存储功能将不能使用

4.3.2　分布式存储技术

除了存储虚拟化技术以外，还有一种云存储技术称为分布式存储技术。由于分布式存储技术出现的时间相对于传统存储来说比较晚，因此分布式存储相比传统的集中阵列存储设备，其技术和解决方案还处于发展的初级阶段，总体来看只具备部分场景下的存储需求实现能力。但是从发展趋势来看，通过一个可扩展的网络连接各离散的处理单元的分布式存储系统，其高可扩展性、低成本、无接入限制等优点是现有存储系统所无法比拟的。

分布式存储技术是指运用网络存储技术、分布式文件系统、网格存储技术等多种技术，实现云存储中的多种存储设备、多种应用、多种服务的协同工作。

网络存储技术将数据的存储从传统的服务器存储转移到网络设备存储。网络存储技术中比较典型的有前面所介绍过的 DAS、NAS、SAN 等。

分布式文件系统是指文件系统管理的物理存储资源并不一定直接连接在本地节点上，而是通过网络与网络节点互连。分布式文件系统可以将负载由单个节点转移到多个节点，通过文件系统的控制，可以将数据的访问负载均衡到其他机器上，这样既能提高文件的读取效率，又能使整个文件系统处于一种均衡的状态，机器的利用率得以提升。分布式文件系统还可以避免由于单点失效而造成的整个系统崩溃。

网格存储具备更高的容错和冗余度，在负载出现波动的情况下可以保持高性能。网格存储技术具备先进的异构性、透明访问性、协同性、自主控制性和全生命周期性等特性。用户在使用网格的时候，可以不用关心存储容量、数据格式、数据安全性、数据读取位置和数据是否会丢失等问题。

下面重点介绍一下分布式文件系统。

4.3.2.1　分布式文件系统

作为大家所熟悉的存储模型，文件系统是一个包含目录或文件夹的树型组织。这个模型已被证明是一种非常直观和有用的数据存储抽象。文件系统存储模式具有一些重要的优势，允许直接使用许多现有的程序，而无需对这些程序进行任何修改。例如，可以使用熟悉的文件系统浏览器浏览文件，使用分析工具（Python、R、Stata、SPSS、Mathematica 等）编写程序来分析文件，通过电子邮件共享文件等。

随着互联网和大数据应用的不断发展，由于单个节点本身的局限性，本地文件系统已经很难满足海量数据存取的需求了，因而不得不借助分布式文件系统，把系统负载转移到多个节点上。传统的分布式文件系统（如 NFS）中，所有数据和元数据存放在一起，通过单一的存储服务器提供。这种模式一般称为带内模式（In-band Mode）。随着客户端数目的增加，服务器就成了整个系统的瓶颈。因为系统所有的数据传输和元数据处理都要通过服务器，不仅单个服务器的处理能力有限，存储能力受到磁盘容量的限制，吞吐能力也受到磁盘 I/O 和网络 I/O 的限制。在当今对数据吞吐量要求越来越大的互联网应用中，传统的分布式文件系统已经很难满足应用的需要。

于是，一种新的分布式文件系统的结构出现了，那就是利用存储区域网络（SAN）技术，将应用服务器直接和存储设备相连接，大大提高了数据的传输能力，减少了数据传输的延时。在这样的结构里，所有的应用服务器都可以直接访问存储在 SAN 中的数据，而只有关于文件信息的元数据才经过元数据服务器处理提供，减少了数据传输的中间环节，提高了传输速率，减轻了元数据服务器的负载。每个元数据服务器可以向更多的应用服务器提供文件系统元数据服务。这种模式一般称为带外模式（Out-of-band Mode）。Hadoop 分布式文件系统也是基于带外模式这种结构，因此其可以取得更好的性能和扩展性。随着 SAN 和 NAS 两种体系结构的成熟，越来越多的研究人员考虑如何结合这两种结构的优势，来创造更好的分布式文件系统。

另外，站在数据访问者的角度来看，分布式文件系统可以根据接口类型分成文件存储、块存储和对象存储这三类。如 Ceph 具备文件存储、块存储和对象存储的能力，GlusterFS 支持文件存储和对象存储的能力，而 MogileFS 只能作为对象存储并且通过 key 来访问。

1. 分布式文件存储

与将文件系统管理的物理存储资源直接连接在本地节点上，处理器通过系统总线直接访问的本地文件系统（Local File System）不同，分布式文件系统（Distributed File System）是指文件系统管理的物理存储资源不一定直接连接在本地节点上，而是通过计算机网络与节点相连。分布式文件系统的设计基于 C/S 模式。一个典型的分布式文件系统服务网络可能包括多个可以同时供多个用户访问的服务器。另外，网络节点的对等特性允许一些系统扮演客户机和服务器的双重角色。也就是说，一个节点既可以是一个服务器节点，同时也可以是一个客户机节点。

分布式文件存储具有以下特点。

1）扩展能力：这是一个分布式文件存储最重要的特点。分布式文件系统存储中元数据管理一般是扩展的重要问题。谷歌的 GFS 采用元数据中心化管理，然后通过 Client 暂存数据分布来减小元数据的访问压力；GlusterFS 采用无中心化管理，在客户端采用一定的算法来对数据进行定位和获取。

2）高可用性：在分布式文件系统中，高可用性包括两层含义，一是整个文件系统的可用性，二是数据的完整性和一致性。

3）协议和接口：分布式文件系统提供给应用的接口多种多样，如 HTTP RESTFul 接口、NFS 接口、FTP 等 POSIX 标准协议，另外通常会有自己的专用接口。

4）弹性存储：可以根据业务需要灵活地增加或缩减数据存储以及增删存储池中的资源，而不需要中断系统运行。弹性存储的最大挑战是减小或增加资源时的数据振荡问题。

5）压缩、加密、去重、缓存和存储配额：这些功能的提供往往考验一个分布式文件系统是否具有可扩展性，一个分布式文件系统如果能方便地进行功能的添加而不影响总体的性能，那么这个文件系统就是良好的设计。

2. 分布式块存储

简单来说，块存储就是提供了块设备存储的接口，用户需要把块存储卷附加到虚拟机或者裸机上以与其交互。这些卷都是持久的，因为它们可以从运行实例上被解除或者重新附加但数据保持不变。

在面对极具弹性的存储需求和性能要求下，单机或者独立的 SAN 越来越不能满足企业的需要。如同数据库系统一样，块存储在纵向扩展的瓶颈下也面临着横向扩展的需要。我们可以用以下几个特点来描述分布式块存储系统的概念。

1）分布式块存储可以为任何物理机或者虚拟机提供持久化的块存储设备。

2）分布式块存储系统管理块设备的创建、删除和 attach/detach。

3）分布式块存储支持强大的快照功能，快照可以用来恢复或者创建新的块设备。

4）分布式存储系统能够提供不同 I/O 性能要求的块设备。

目前，分布式块存储已经相对成熟，市场上也有很多基于分布式块存储技术实现的产品，其中 Amazon EBS 独占鳌头，其卓越稳定的读写性能、强大的增量快照和跨区域块设备迁移，以及令人惊叹的 QoS 控制都是目前开源或者其他商业实现无法比拟的。同时无论是存储厂商还是开源社区都在极力推动整个分布式块存储的发展，存储专有设备的局限性正在进一步弱化原有企业的存储架构。

3. 分布式对象存储

存储局域网（SAN）和网络附加存储（NAS）是目前两种主流网络存储架构，而对象存储（Object-based Storage，OBS）是一种新的网络存储架构，基于对象存储技术的设备就是对象存储设备（Object-based Storage Device，OSD）。总体上来讲，对象存储综合了 NAS 和 SAN 的优点，同时具有 SAN 的高速直接访问和 NAS 的分布式数据共享等优势，提供了具有高性能、高可靠性、跨平台以及安全的数据共享的存储体系结构。

对象存储模型和文件系统模型类似，可以存储非结构化的二进制对象。在数据库世界中，对象通常被称为 blob（二进制大对象）。对象/blob 存储以重要的方式简化了文件系统模型，特别是它消除了层次结构，并禁止在创建后更新对象。不同的对象存储服务在一些细节上不同，但是通常它们支持一种两级的文件夹-文件的层次结构，允许创建对象容器，每个对象容器可容纳 0 个或更多个的对象。每个对象由唯一的标识符标识，并且具有与其相关联的各种元数据。对象上传后无法修改，只能删除对象，或者是在支持版本的对象存储中替换这个对象。

对象存储模型在简单性、性能和可靠性方面具有重要的优势。创建后无法修改对象的规定使得构建具备高度可扩展性和可靠性的实现变得容易。例如，每个对象可以跨多个物理存储设备进行复制，以提高弹性和并发读操作的性能，而不需要专门的同步逻辑来处理并发更新。还可以在具有不同性能和成本的存储类别之间手动或自动搬移对象。

对象存储模型也有局限性。它几乎不支持任何对数据的组织，也不支持数据的搜索，用户必须知道对象的标识符才能访问它。和文件系统一样，对象存储也不支持结构化数据的存储。另外，对象存储不能像文件系统那样轻易地挂载到磁盘，也不能像访问文件系统中的数据一样使用现有工具访问其中的数据。

目前，分布式对象存储的代表性实例是云计算巨头 AWS 的 S3（Simple Storage Service），其在开源界对应着 OpenStack 的 Swift。

4.3.2.2　NoSQL 数据库

除了上述的分布式文件系统之外，云存储还可以采取更为结构化的存储方式，也就是数据库的存储方式。基于云的数据库系统支持各种各样的数据格式，但可以大致分为两大类：关系型数据库管理系统和 NoSQL 数据库管理系统。

虽然关系型数据库管理系统长期以来一直主导着数据库世界，但其他技术已经在一些应用类别中流行起来。关系型数据库管理系统是高度结构化的中等大小数据集的一个绝佳选择。但是，如果企业数据不太规范或者数据量超大时，则可能需要考虑使用 NoSQL 数据库管理系统。对于使用 NoSQL 数据库的系统通常需要大幅度扩展数据量和所支持的用户数量，并且需要处理不容易以表的形式表示的非结构化数据。例如，键值存储可以方便地组织大量的记录，每个记录将一个任意的键与一个任意的值相关联。

NoSQL 数据库相对于关系型数据库也有一些不足。名称 NoSQL 是从"非 SQL"派生而来的，这意味着它们不支持完整的关系代数运算，但产业界和开源界也一直在努力赋予它绝大部分 SQL 语义的支持，这样可以让 NoSQL 获得更广泛的应用。

NoSQL 的另一个含义是"不仅 SQL"，这意味它不仅支持大多数的 SQL，还支持其他扩展的特性。例如，NoSQL 数据库允许快速存储大量的非结构化的数据。NoSQL 数据库可以存储任意结构的数据而无需修改数据库模式，或者当数据和业务随着时间的改变时可以加入新的列。云中的 NoSQL 数据库通常分布在多个服务器上，也会复制到不同的数据中心。因此，它们通常不能满足所有的 ACID 属性。一致性通常被最终一致性所取代，这意味着多个副本的数据库状态可能会暂时不一致。如果需要对商店库存当前状态的查询进行快速响应，那么对于 ACID 属性的放宽是可以接受的；但如果有关数据是医疗记录，那这种放宽可能就不可接受。

4.3.3　数据备份技术

在以数据为中心的时代，数据的重要性不可置否，如何保护数据是一个永恒的话题，即便是现在的云存储发展时代，数据备份技术也非常重要。数据备份技术是将数据本身或者其中的部分在某一时间的状态以特定的格式保存下来，以备原数据出现错误、被误删除、恶意加密等各种原因不可用时，可快速准确地将数据进行恢复的技术。数据备份是容灾的基础，是为防止突发事故而采取的一种数据保护措施，根本目的是数据资源的重新利用和保护，核心的工作是数据恢复。

4.3.4　数据缩减技术

数据缩减技术就是用最少的数码来表示信号的技术。由于云存储中的数据量特别庞大，如果不对其进行有效的缩减，不但会造成对存储硬件设备的大量占用，而且还会造成数据在网络传输的过程中占用大量宝贵的带宽资源。因此，数据缩减技术是云存储中相当关键的一个技术。

随着数据中重复数据的数据量不断增加，会导致重复的数据占用更多的空间。重复数据删除（Dedupe）技术是一种非常高级的数据缩减技术，可以极大地减少备份数据的数量，通常用于基于磁盘的备份系统，通过删除运算，消除冗余的文件、数据块或字节，以保证只有单一的数据存储在系统中。其目的是减少存储系统中使用的存储容量，增大可用的存储空间，增加网络传输中的有效数据量。然而重复删除运算相当消耗运算资源，对存取能效会造成相当程度的冲击，如应用在对存取能效较敏感的网络存储设备上，将会面临许多困难。

存储系统的重复数据删除过程一般是这样的：首先将数据文件分割成一组数据块，为每个数据块计算指纹，然后以指纹为关键字进行 HASH 查找，匹配则表示该数据块为重复数据块，仅存储数据块索引号，否则表示该数据块是一个新的唯一块，对数据块进行存储并创建相关元信息。这样，一个物理文件在存储系统就对应一个逻辑表示——由一组 FP 组成的元数据。当读取文件时，先读取逻辑文件，然后根据 FP 序列，从存储系统中取出相应的数据块，还原物理文件副本。从如上过程中可以看出，Dedupe 的关键技术主要包括文件数据块切分、数据块指纹计算和数据块检索。

（1）文件数据块切分

Dedupe 按照消重的粒度可以分为文件级和数据块级。文件级的 Dedupe 技术也称单一实例存储，数据块级的重复数据删除的消重粒度更小，可以达到 4~24KB。显然，数据块级可以提供更高的数据消重率，因此目前主流的 Dedupe 产品都是数据块级的。

（2）数据块指纹计算

数据块指纹是数据块的本质特征，理想状态是每个数据块具有唯一的数据块指纹，不同的数据块具有不同的数据块指纹。数据块指纹通常是对数据块内容进行相关数学运算获得的，从当前的研究成果来看，HASH 函数比较接近于理想目标，比如 MD5、SHA1、SHA-256、SHA-512、one-Way、RabinHash 等。另外，还有许多字符串 HASH 函数也可以用来计算数据块指纹。实际应用中，需要在性能和数据安全性方面做出权衡。另外，还可以同时使用多种 HASH 算法来为数据块计算指纹。

（3）数据块检索

对于大存储容量的 Dedupe 系统来说，数据块数量非常庞大，尤其是数据块粒度细的情况下。因此，在这样一个大的数据指纹库中检索，性能就会成为瓶颈。信息检索方法有很多种，如动态数组、数据库、RB/B/B+/B*树、Hashtable 等。HASH 查找因为其 O（1）的查找性能而著称，被对查找性能要求高的应用所广泛采用，Dedupe 技术中也采用它。

4.3.5　数据加密技术

存储加密是指当数据从前端服务器输出，或在写进存储设备之前通过系统为数据加密，以保证存放在存储设备上的数据只有授权用户才能读取。目前云存储中常用的存储加密技术有以下几种：全盘加密，全部存储数据都是以密文形式书写的；虚拟磁盘加密，存放数据之前建立加密的磁盘空间，并通过加密磁盘空间对数据进行加密；卷加密，所有用户和系统文件都被加密；文件/目录加密，对单个的文件或者目录进行加密。

4.3.6　内容分发网络技术

内容分发网络是一种新型网络构建模式，主要针对现有的 Internet 进行改造。基本思想是尽量避开互联网上由于网络带宽小、网点分布不均、用户访问量大等影响数据传输速率和稳定性的弊端，使数据传输得更快、更稳定。通过在网络各处放置节点服务器，在现有互联网的基础之上构成一层智能虚拟网络，实时地根据网络流量、各节点的连接和负载情况、响应时间、到用户的距离等信息将用户的请求重新导向离用户最近的服务节点上。

内容分发包含从内容源到 CDN 边缘的 Cache（缓存）的过程。从实现上看，有两种主流的内容分发技术：PUSH 和 PULL。

PUSH 是一种主动的分发技术。通常，PUSH 由内容管理系统发起，将内容从源或者中心媒体资源库分发到各边缘的 Cache 节点。分发的协议可以采用 HTTP/FTP 等。通过 PUSH 分发的内容一般是比较热点的内容，这些内容通过 PUSH 方式预分发（Preload）到边缘

Cache，可以实现有针对性的内容提供。

PULL 是一种被动的分发技术，PULL 分发通常由用户请求驱动。当用户请求的内容在本地的边缘 Cache 上不存在（未命中）时，Cache 启动 PULL 方法从内容源或者其他 CDN 节点实时获取内容。在 PULL 方式下，内容的分发是按需的。

在实际的 CDN 系统中，一般两种分发方式都支持，但是根据内容的类型和业务模式的不同，在选择主要的内容分发方式时会有所不同。通常，PUSH 的方式适合内容访问比较集中的情况，如热点的影视流媒体内容；PULL 方式比较适合内容访问分散的情况。

在内容分发的过程中，对于 Cache 设备而言，关键是需要建立内容源 URL、内容发布的 URL、用户访问的 URL 以及内容在 Cache 中存储的位置之间的映射关系。

4.4　云存储的应用实例

4.4.1　个人级云存储实例

在个人级云存储领域有很多的网络云盘、网盘服务商，其中百度网盘作为其中的典型代表，受到了众多关注。

百度网盘（原百度云）是百度推出的一项云存储服务，提供面向个人用户的网盘存储服务，满足用户工作和生活的各类需求。目前已上线的产品包括网盘、个人主页、群组功能、通信录、相册、人脸识别、文章、记事本、短信、手机找回等，并且已覆盖主流 PC 和手机操作系统，包含 Web 版、Windows 版、Mac 版、Android 版、iPhone 版和 Windows Phone 版。用户可以轻松地将自己的文件上传到网盘上，并可跨终端随时随地查看和分享。目前最新版本则更加专注于发展个人存储、备份功能，并注重保护用户数据的安全和隐私。

百度网盘早期为每个用户免费提供 2TB 存储，拥有几亿用户，整体存储量非常庞大，是由数据存储系统 ATLAS 进行支持。ATLAS 是一个 KV 存储，支持 GET/PUT/DELETE 三个接口。为了服务众多用户，ATLAS 采取分布式的元数据管理机制，根据哈希策略将对象元数据切片成 N 个 slice（切片），这些 slice 交由 PIS（Patch and Index Server）集群管理，每个 PIS 节点负责管理多个 slice。slice 到 PIS 的映射表较小，能被客户端全量缓存。

4.4.2　企业级云存储实例

Amazon S3（Simple Storage Service）是亚马逊 AWS 服务在 2006 年第一个正式对外推出的云计算服务。S3 为企业开发人员提供了一个高度扩展、高持久性和高可用的分布式数据存储服务。

S3 是亚马逊提供的一个完全针对互联网的数据存储服务，应用程序可以用一个简单的 Web 服务接口，就可以通过互联网在任何时候访问 S3 上的数据。

S3 的数据存储结构非常简单，是一个扁平化的两层结构，一层是存储桶（Bucket，又称存储段），另一层是存储对象（Object，又称数据元）。具体如图 4-2 所示。

图 4-2 S3 的基本存储结构

存储桶是 S3 中用来归类数据的一个方式，它是存储数据的容器。每一个存储对象都需要存储在某一个存储桶中。存储桶是 S3 命名空间的最高层，它会成为用户访问数据的域名的一部分，因此存储桶的名字必须是唯一的，而且需要保持 DNS 兼容，比如采用小写、不能用特殊字符等。例如，创建了一个名为 cloud-book 的存储桶，那么对应的域名就是 cloud-book. s3. amazonaws. com，以后可以通过 http://cloud-book. s3. amazonaws. com/来访问其中存储的数据。由于数据存储的地理位置有时对用户来说很重要，因此在创建存储桶的时候 S3 会提示选择区域（Region）信息。

存储对象就是用户实际要存储的内容，其构成就是对象数据内容再加上一些元数据信息。这里的对象数据通常是一个文件，而元数据就是描述对象数据的信息，比如数据修改的时间等。如果在 cloud-book 的存储桶中存放了一个文件 chapter4. doc，那么可以通过http://cloud-book. s3. amazonaws. com/chapter4. doc 这个 URL 来访问这个文件。从这个 URL 访问中可以看到，存储桶的名称需要全球唯一，而存储对象的命名则需要在存储桶中唯一。只有这样才能通过一个全球唯一的 URL 访问到指定的数据。

作为云存储的典型代表，Amazon S3 在扩展性、持久性和性能等几个方面有自己明显的特点。S3 云存储最大的特点是无限容量、高持久化、高可用，但它是一个 key-value 结构的存储。

（1）耐久性和可用性

为了保证数据的耐久性和可用性，用户保存在 S3 上的数据会自动地在选定地理区域中的多个设施（数据中心）和多个设备中进行同步存储。S3 存储提供了 AWS 平台中最高级别的数据耐久性和可用性。实际上，Amazon S3 旨在为每个存储对象提供 99.999999999%（11 个 9）的年耐久性和 99.99% 的年可用性。

（2）弹性和可扩展性

Amazon S3 的设计能够自动提供高水平的弹性和扩展性。一般的文件系统可能会在一个目录中存储大量文件时遇到问题，但是 S3 能够支持在任何存储桶中无限量地存储文件。这一切完全通过 AWS 的高性能基础设施来实现。

（3）良好的性能

S3 是针对互联网的一种存储服务，因此它的数据访问速度不能与本地硬盘的文件访问相比。但是，从同一区域内的 Amazon EC2 可以快速访问 Amazon S3。如果同时使用多个线程、多个应用程序或多个客户端访问 S3，那么 S3 累计总吞吐量往往远远超出单个服务器可以生成或消耗的吞吐量。S3 在设计上能够保证服务端的访问延时与互联网的延时相比要小很多。

（4）接口简单

Amazon S3 提供基于 SOAP 和 REST 两种形式的 Web 服务 API 来用于数据的管理操作。这些 API 所提供的管理和操作既针对存储桶也针对存储对象。另外，如果需要在操作系统中直接管理和操作 S3，那么 AWS 也为 Windows 和 Linux 环境提供了一个集成的 AWS 命令行接口（CLI）。

由于以上的这些特性，使得 S3 成了很多企业的网络存储的首选，更有很多商业运营公司基于 S3 开发出更高级的云存储服务。

第5章

分布式计算

上一章介绍了数据是如何在云中进行存储和管理的，当解决了大规模、海量的数据的存储问题之后，紧接着面临的就是如何能够对这些数据进行计算，从中发掘出有价值的信息。正如传统的集中式存储所遇到的问题一样，如果选择用单台的计算机来处理数据，那么不管这台计算机有多强大，始终是满足不了人们对数据处理的性能、延时等要求的，因而就需要采用分布式计算的方法。分布式计算也是云计算所依赖的核心底层技术。

5.1 分布式计算的概念

5.1.1 分布式计算的定义

计算机的出现极大地加速了人类信息化的进程，也带来了生产力的极大提升。但随着CPU性能和计算能力的不断提高，人们需要用计算机来解决的问题也越来越庞大和复杂，比如地球大气的变化和模拟、癌症靶点药物的研究、黑洞碰撞的模拟、火箭的发射、传染病的洲际传播等，显然一台计算机很难满足这样的计算需求，所以各国政府和大型科研机构花费巨资打造超级计算机，用专有的网络把很多计算机或CPU连接在一起，来完成大型任务的计算。但超级计算机并不是每一个机构或企业能够负担得起的设备，更不用说让每个个人用户都能使用。随着PC（个人计算机）时代的来临，还有网络科技（包括局域网、广域网、城域网）和互联网的迅猛发展，让小到一个办公室、一个城市，大到分布在全球不同地域和国家的计算机都能连接在一起，因而分布式计算（Distributed Computing）应运而生。

分布式计算就是把一个需要非常巨大的计算能力才能解决的问题，分成许多小的部分，然后把这些部分分配给不同的计算机进行处理，最后把这些计算结果综合起来得到最终的计算结果。这些参与的计算机可以分布在不同的地域，归属于不同的国家、机构、企业或个人。这些大型任务一般会被拆解成相对简单和特定的任务，然后分配到很多的计算机上去执行。这样既可以节省昂贵的硬件投入，又可以大大缩短计算时间，提高计算效率。比如癌症的靶点药物计算，就涉及把癌细胞和几百万的蛋白质做匹配，找到亲和度较高的蛋白质。在当前运算速度最快的单台计算机上，找到这样一个靶点可能要花费几年甚至是几十年的计算时间，这对于迫切需要药物治疗的病人来说，是无法接受的。在分布式计算场景下，这样的任务可以被分配到几千、几万到几十万台计算机上，每台计算机各自计算一部分蛋白质的匹配，那么在一两天，或是几个小时之内就能得到计算结果，满足治病救人的需求。

5.1.2　分布式计算的优缺点

由前所述，分布式计算具有一些显著的优势：

（1）快速的响应时间

分布式计算可以把大型计算分布到多台计算机上进行，它可以根据不同的任务和场景来配置不同数量的计算资源，满足所需要的快速响应时间。

（2）高性能

相对于单机计算，或是集中式的计算机网络集群，分布式计算可以提供更高的性能及更好的性价比。

（3）高可扩展性

分布式计算系统可以根据需要，增加更多的计算机来满足技术需求。

（4）高可靠性（容错性）

分布式计算因为采用很多计算机来完成计算，一台服务器的崩溃并不影响到其余的服务器，失败的任务也会被调度到其他服务器上重新执行，不影响总体任务的完成。

（5）灵活性

分布式计算系统的安装、实施和调试一般都比较灵活，可以快速部署和应用。

（6）开放性

大多数的分布式计算系统，都是基于一些开放的标准和协议来开发的，本地或者远程都可以访问所提供的分布式计算服务。

同时，由于其分布式的特性，也存在一些缺点：

（1）故障诊断和调试

由于任务可能是在很多分布在不同地域和管理域的计算机上执行，因而要定位具体的故障机器及原因，并进行故障调试就存在着很多的问题。引起故障的原因也是多方面的，可能是网络问题、硬件问题、权限问题、同步问题等，要进行问题的重现和跟踪诊断远不如一台服务器或是一个集中的运行环境来得方便。

（2）异构环境及支持

由于任务运行在不同的计算机上面，而这些计算机的硬件、软件及环境配置都不尽相同。因此，针对统一的任务，要提前准备和配置相应的硬件软件环境，否则任务无法执行。

（3）网络问题

在任务的调度和运行过程中，经常会遇到网络基础设施的问题，如传输问题、网络拥堵、信息丢失等，需要在应用层面处理所有这些故障，造成比较大的开销。

（4）安全性

开放系统的特性让分布式计算系统存在着网络、数据的安全性和资源共享的风险等问题。

5.1.3 分布式计算的相关计算形式

有很多其他的计算形式跟分布式计算都密切相关，具体来说有并行计算、高性能计算、集群计算等，还有本书的重点——云计算。这些概念有一定的区别，但也有很多的联系，下面将具体描述一下这些计算形式的异同。

1. 并行计算

并行计算是相对于串行计算而言的，是指一种能够让多条指令同时进行的计算模式，可分为时间并行和空间并行。时间并行即利用多条流水线同时作业；空间并行是指使用多个处理器执行并发计算，以降低解决复杂问题所需要的时间。后者主要表现为利用共享存储器组成多处理器的并行计算机，以及利用网络组成多台计算机的并行结构。

早期的并行计算主要应用于科学研究领域，配备专有的操作系统、网络结构和应用环境，需要专门的并行程序语言和编程模型才能完成程序设计和运行。科学家利用这种并行计算结构在高精尖领域来缩短解决复杂问题的时间。现在全球领先的超级计算机，包括 IBM 的 BlueGene/Q、Summit、Sierra，还有我国的天河二号、神威太湖之光等都已经发展到了数百万个，甚至是数千万个 CPU 核，具备令人吃惊的计算及存储能力。可以说并行计算为云计算奠定了理论和架构基础。

分布式计算与并行计算的相同之处都是将大型的复杂任务划分为多个子任务，然后再分配到多台计算机上同时运算。不同之处在于并行计算一般是各节点之间通过专有的高速网络进行连接和通信，节点之间具有较强的关联性，主要部署在局域网内，节点的软硬件配置也比较一致。分布式计算的结构则比较松散，计算机可以分布在各处，软硬件配置不尽相同，不需要专有网络，可以跨越局域网通过互联网进行连接，对节点间的实时通信要求没有那么严格。分布式计算的通信代价比起并行计算来说要大得多，也需要应对更多的网络及安全挑战。分布式计算的网络技术、通信和调度是云计算的基础支撑技术。

2. 高性能计算

高性能计算是并行计算的一个分支，也是用多处理器的大型计算机或者大型计算机集群来进行大型计算任务的处理，它们大都使用高性能网络互连。高性能计算的目的是致力于研究和开发基于高性能计算机的并行算法及相关软件，来满足对计算机性能要求很高的科学计算、工程计算、海量数据处理等应用需求。传统的高性能应用领域包括量子物理、分子模拟、航空航天、石油勘探、气候变化、流体力学、材料学、核反应等，随着经济的发展和社会的进步，在金融、政府信息化、国防安全、新能源、医疗健康、智慧教育、网络游戏、视频等更广泛的领域对高性能计算的需求也迅猛增长。

高性能计算是一个国家基础科研实力的重要体现，发达国家政府普遍将高性能计算作为国家战略，持续加大投入和研发。全球性能最高的 TOP500 台高性能计算机有将近一半在美国，其领先优势十分明显。日本政府也高度重视高性能计算技术，在全球 TOP500 高性能计算机中，占据了 40 多席位。我国的高性能计算机系统在近些年也取得了很大的进步。在处理器方面，中国自主研发的"龙芯""神威""飞腾"等系列的多核处理器已有所突破，天河一号、星云、天河二号、神威太湖之光等千万亿次超级计算机也屡次位居全球 TOP500 第一名和第二名。未来在这个领域各国的竞争会越来越激烈。

5.2　分布式系统概述

5.2.1　分布式系统的定义

简单来说，用来实现分布式计算的软件硬件系统就是分布式系统。分布式系统是相对于集中式系统来说的，而集中式系统的问题也是显而易见的：中心化的软硬件处理能力有限，要想提高其性能就得花费比较高昂的代价；容易因为故障而导致整个系统崩溃。当然集中式系统的优点是管理维护相对比较方便。其实分布式系统并没有所想象的那么遥远，现代生活的每一天都在和分布式系统打交道。当然，其中有很多也是以云服务的方式提供的。比如日常出行使用滴滴打车，平台上可能同时有几万人在打车，在一个城市的快车可能有十几万辆，滴滴的系统会把打车的起点、目的地快速匹配到最近的车辆，这需要在后台有很多的服务器来完成。如果只有一台计算机来完成这样的匹配，每个用户就要等相当长的时间才能匹配到一辆车。"双十一"购物这样的场合就是典型的分布式系统应用，每秒钟就有上万个订单需要处理，后台也必须有上万台服务器才能让用户的购物体验流畅无阻。

分布式系统是由一组通过网络进行通信，为了完成共同的任务而协调工作的计算机节点组成的系统。分布式系统的出现是为了使用很多价格低的、普通的计算机来完成单个计算机无法完成的计算、存储任务。其目的是利用更多的机器，处理更多的数据，或是完成更大量的计算。

也有把分布式系统定义为若干独立计算机的集合，这些计算机的集合对用户来说就像是单个相关系统。也就是说分布式系统的背后是由一系列的计算机组成的，但用户感知不到背后的组织和逻辑，就像访问单个计算机一样。比如日常使用打车软件，用户打开 App，输入目的地，发送打车请求，过了一会就有一辆车为用户服务了，具体后面有多少台服务器在进行计算和匹配，用户并不知情，感觉只是跟手机上的 App 交互而已。

5.2.2　分布式系统的特征

分布式系统具备以下特性：

（1）透明性

使用分布式系统的用户关心的是快速得到想要的结果，而并不关心系统是怎么实现的，具体是由哪些计算机完成的；也不关心数据是存放在哪些节点上，读到的数据又是来自哪个节点。对用户而言，分布式系统的最高境界是用户根本感知不到这是一个分布式系统，就好像是在用一个单独的系统一样。

（2）可扩展性

分布式系统的根本目标就是为了处理单个计算机无法处理的任务，当任务增加的时候，分布式系统的处理能力需要随之增加。可扩展性指的是当任务规模或者数据量增长时，系统能够很方便地增加机器来应对这样的增长。同样，当任务规模或数据缩减的时候，可以移除掉一些多余的机器，达到动态伸缩的效果。

（3）可用性与可靠性

分布式系统需要快速和稳定地服务用户的需求。可用性是指系统在各种情况下都能对外提供服务的能力，也就是说要长时间地，甚至是 $7 \times 24h$ 地服务于客户，不能发生服务停止或者不响应的事件；可以通过不可用时间与正常服务时间的比值来衡量系统的可用性。而可靠性是指系统的服务必须稳定可靠，保证计算结果正确，且存储的数据不丢失。

（4）高性能

分布式系统必须提供高性能的服务。不同的系统对性能的衡量指标是不同的，最常见的衡量指标有两个：1）高并发：单位时间内处理的任务越多越好；2）低延迟：每个任务所花费的时间越少越好。

（5）一致性

分布式系统为了提高可用性和可靠性，一般会引入冗余（复制 Replication）机制。比如会在多个节点上启动同样的任务，以防止有的节点上的任务失败或者是长时间都不结束；或者是在多个节点上存储一个数据的副本，以防止数据损坏或丢失。那么如何保证这些节点上的任务/数据的状态一致，这就是分布式系统不得不面对的一致性问题。一致性有很多等级，一致性越强，对用户越友好，但会制约系统的可用性；一致性等级越低，用户就需要兼容数据不一致的情况，但系统的可用性、并发性会高很多。

5.2.3　分布式系统的 CAP 理论

2000 年，美国著名科学家 Eric Brewer 提出分布式系统的 CAP 理论。他指出，在一个分布式系统中，Consistency（一致性）、Availability（可用性）、Partition Tolerance（分区容错性）三者不可能同时得到（见图 5-1）。也就是说，一个分布式系统，同时最多只能满足上述三个特性中的两个。

一致性指的是在分布式系统中一个数据的所有副本，在同一时刻是否有同样的值。这等同于在分布式系统中，所有节点是否访问的都是同一份最新的数据副本。如果要求强一致性，那么一个数据的所有副本都需要被更新，然后才能访问。这在节点数目巨大，网络拓扑结构复杂的情况下是很难达到的，需要较长的时间让所有的副本都同步。

可用性指的是即使分布式系统的一部分节点发生故障，整个系统还是能够正常响应用户的请求。也就是说每次请求都能获取系统的响应，但是并不保证获取的数据为最新数据。即分布式系统的功能还在运行，但用户得到的数据不一定是最新的，这个是一致性的问题。

分区容错性指的是分布式系统在遇到任何网络分区故障时，仍需要保证对外提供服务，除非整个网络均已瘫痪。也就是说，它容忍错误的出现，在发生错误的情况下可以继续进行操作。

举一个简单的例子来说明 CAP 理论。假设有一个分布式系统，由两个节点构成。如果要求这两个节点都稳定运行，提供服务，同时数据也要保持同步，那么就满足了 CA；但是一旦发生网络分区，两个节点各自为政，那么要么两个节点的数据会不一致，要么只能是一个节点能够对外服务，这样的话一致性和可用性就不可兼顾。这就是三者不能同时满足的佐证。

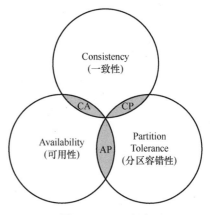

图 5-1　CAP 理论

总结 CAP 理论，就是说要么选 CA，要么选 CP，要么选 AP，但是不存在 CAP。

如果选 CA，则优先保证一致性和可用性，放弃分区容错。这也意味着放弃系统的扩展性，系统不再是大规模可扩展的，有违分布式系统设计的初衷。

如果选 CP，则优先保证一致性和分区容错性，放弃可用性。在数据一致性要求比较高的场合是比较常见的做法，一旦发生网络故障或者消息丢失，为了保障一致性，就会牺牲用户体验，暂停服务，等系统恢复之后用户才逐渐能访问。

如果选 AP，则优先保证可用性和分区容错性，放弃一致性。现在有很多分布式的非结构化数据库，就是这种架构。用户在访问服务时，所获取的数据不一定是最新的，需要在客户端实现数据的最终一致性，但是系统可以做到大规模和快速访问。

CAP 理论给的启示是，在进行分布式架构设计时，必须根据系统最核心的需求，做出取舍。然而当前一般的大规模分布式系统，都要求满足可扩展性和可用性，不能容忍系统停止服务，因而越来越多的分布式系统选择 AP 架构，牺牲强一致性，通过在多节点之间的数据异步复制技术来实现集群化的数据最终一致性。

5.3　分布式计算的基础技术

分布式计算带来了扩展性、高性能、高可用性等一系列好处，但由于是使用分布式的计算机来完成大型任务的处理，因此，也需要一系列的分布式计算技术来管理和协同这些分布式的计算机节点和处理网络问题等。主要的技术包括进程间通信、时间同步、远程过程调用、负载均衡、分布式事务、分布式锁等。接下来将介绍其中的一些基础技术和常见的问题。

5.3.1　进程间通信

进程间通信（InterProcess Communication，IPC）就是在不同进程之间传播或交换信息。IPC 的目的主要包括：

1）数据传输：一个进程需要将它的数据发送给另一个进程，发送的数据量在一个字节到几兆字节之间。

2）共享数据：多个进程想要操作共享数据，一个进程对共享数据的修改，别的进程应该立刻看到。

3）通知事件：一个进程需要向另一个或一组进程发送消息，通知它（它们）发生了某种事件（如进程终止时要通知父进程）。

4）资源共享：多个进程之间共享同样的资源。为了做到这一点，需要内核提供锁和同步机制。

5）进程控制：有些进程希望完全控制另一个进程的执行（如 Debug 进程），此时控制进程希望能够拦截另一个进程的所有陷入和异常，并能够及时知道它的状态改变。

进程通过与内核及其他进程之间的互相通信来协调它们的行为。Linux 支持多种进程间通信机制，信号和管道是其中的两种。

5.3.2　IPC 程序接口

进程间通信是一组编程接口，让程序员能够协调不同的进程，使之能在一个操作系统里同时运行，并相互传递、交换信息。这使得一个程序能够在同一时间里处理许多用户的要求。因为即使只有一个用户发出要求，也可能导致一个操作系统中多个进程的运行，进程之间必须互相通话。IPC 接口就提供了这种可能性。每个 IPC 方法均有它自己的优点和局限性，一般对于单个程序而言，使用所有的 IPC 方法是不常见的。IPC 方法包括管道、信号量、消息队列、共享内存以及套接字。

（1）管道

管道是 Linux 支持的最初 IPC 方式，管道可分为无名管道、有名管道等。

无名管道只能用于父子进程或者兄弟进程之间，管道是半双工的，只能支持数据的单向流动；两进程间通信时需要建立起两个管道。

有名管道提供了一个路径名与之进行关联，它允许没有亲缘关系的进程间进行通信，它也是半双工的。

（2）信号量

信号量是一种计数器，可以控制进程间多个线程或者多个进程对资源的同步访问，它常实现为一种锁机制。实质上，信号量是一个被保护的变量，并且只能通过初始化和两个标准的原子操作（P/V）来访问。

（3）消息队列

消息队列就是消息的一个链表，它允许一个或者多个进程向它写消息，一个或者多个进程向它读消息。消息队列克服了信号传递信息少，管道只能支持无格式字节流和缓冲区受限的缺点。

（4）共享内存

共享内存映射为一段可以被其他进程访问的内存。该共享内存由一个进程所创建，然后其他进程可以挂载到该共享内存中。共享内存是最快的 IPC 机制。

（5）套接字

套接字也是一种进程间的通信机制，不过它与其他通信方式主要的区别是：它可以实现不同主机间的进程通信。一个套接口可以看作是进程间通信的端点，每个套接口的名字是唯一的；其他进程可以访问、连接和进行数据通信。比如基于套接字，就可以很容易地实现一个客户端和一个服务端的分布式通信工具，互相可以发送消息。

5.3.3　时间同步

时间同步就是通过对本地时钟的某些操作，达到为分布式系统提供一个统一时间标度的过程。在集中式系统中，由于所有进程或者模块都可以从系统唯一的全局时钟中获取时间，因此系统内任何两个事件都有着明确的先后关系。而在分布式系统中，由于物理上的分散性，系统无法提供统一的全局时钟，而由各个进程或模块各自维护它们的本地时钟。由于这些本地时钟的计时速率、运行环境存在不一致性，因此即使所有本地时钟在某一时刻都被校准，一段时间后，这些本地时钟也会出现不一致。为了这些本地时钟再次达到相同的时间值，就必须进行时间同步操作。就像经常在军事行动中所看到的那样，在执行一个任务之前，所有的参与人员都要进行"对表"的操作，然后再各自分头行动。分布式系统的时间同步就相当于一次行动之前的对表操作，有利于各个独立的计算机或模块之间在时间上能够统一。

一般情况下会使用基于网络的网络时间协议（Network Time Protocol，NTP）来进行时间同步。它的目的是在国际互联网上传递统一、标准的时间。具体的实现方案是在网络上指定若干时钟源网站，为用户提供授时服务，并且这些网站间应该能够相互比对，提高准确度。NTP 从 1982 年最初提出，到 2001 年 NTPv4 精确度已经达到了 200ms。

5.3.4　死锁和超时

死锁是指两个或两个以上的进程在执行过程中，由于竞争资源或者彼此通信而造成的一种阻塞现象。若无外力作用，它们都将无法推进下去。此时称系统处于死锁状态或系统产生了死锁，这些永远在互相等待的进程称为死锁进程。

虽然进程在运行过程中可能发生死锁，但死锁的发生也必须具备以下四个必要条件：

1）互斥条件：指进程对所分配到的资源进行排它性使用，即在一段时间内某资源只由一个进程占用。如果有其他进程请求资源，则只能等待占有资源的进程用毕释放。

2）请求和保持条件：指进程已经保持至少一个资源，但又提出了新的资源请求，而该资源已被其他进程占有，此时请求进程阻塞，但又对自己已获得的其他资源保持不放。

3）不剥夺条件：指进程已获得的资源，在未使用完之前不能被剥夺，只能在使用完时由自己释放。

4）环路等待条件：指在发生死锁时，必然存在一个进程和资源的环形链，即进程集合 {P0，P1，P2，…，Pn} 中的 P0 正在等待一个 P1 占用的资源；P1 正在等待 P2 占用的资源，以此类推，最后 Pn 正在等待已被 P0 占用的资源。

理解了死锁的原因，尤其是产生死锁的四个必要条件，就可以最大可能地避免、预防和解除死锁。尤其在系统设计、进程调度等方面注意如何不让这四个必要条件成立，如何确定资源的合理分配算法，避免进程永久占据系统资源。此外，也要防止进程在处于等待状态的情况下占用资源，在系统运行过程中，对其进行动态检查，并根据检查结果决定是否分配资源。

如果在系统中已经出现了死锁的情况，则需要及时检测到死锁的发生，并采取适当的措施来解除死锁。常用的实施方法是撤销或挂起一些进程，以便回收一些资源，再将这些资源分配给已处于阻塞状态的进程，使之转为就绪状态，以继续运行。

除了死锁之外，超时也是分布式计算经常会遇到的问题。超时是指系统中某个特殊事件超过了特定的时间周期都还没有发生或者结束。在网络中发送消息会出现超时的情况，比如网络拥堵、网络故障，或者是消息接收者出现问题，都会造成超时的发生。前述的死锁，也会造成进程一直处于等待资源的状态，如果设置一个超时检测，就会检测到死锁的发生。此外，数据的读写、任务的执行都可能出现超时的情况。

一般超时发生时，都会选择重试，比如重新发送消息，或者重新执行任务。在进行多任务调度的时候，有时还会选择多"副本"的方式，就是一个任务会生成多个同样的副本，发送到多台服务器上运行，只要其中的一个任务顺利完成和返回，就中止其他的任务。这样做的原因是为了给用户提供快速的服务反应，包括谷歌的服务都采用了这种方式。

5.3.5　远程过程调用

在分布式计算体系中，一个大型计算/服务会被拆分成很多独立的小的计算/服务，每个小的计算/服务会由独立的进程去管理和运行。当用户的请求到来时，需要将用户的请求分散到这些进程去各自处理，然后又需要将这些子计算/服务的结果汇总起来返回给用户。那么服务之间该使用何种方式进行交互呢？远程过程调用（Remote Procedure Call，RPC）可以解决服务之间的信息交互。

RPC 是分布式系统常见的一种通信方法，允许程序调用另一个地址空间（通常是通过网络连接到另一台机器上）的过程或函数，而不用程序员显式编码这个远程调用的细节。RPC 的目的是能够让用户更容易地构建分布式应用。简单地说，程序 A 使用某种通信协议，通过参数传递远程调用程序 B 提供的服务，并得到返回的结果，这样一个调用过程称之为 RPC。

1. RPC 的组成

RPC 主要包含以下两个部分：

（1）序列化和反序列化

客户端怎么把参数值传给远程的函数呢？在本地调用中，只需要把参数压到栈里，然后让函数自己去栈里读就行。但是在远程过程调用时，客户端跟服务端是不同的进程，不能通过内存来传递参数。这个时候就需要客户端把参数先转成一个字节流，传给服务端后，再把字节流转成自己能读取的格式。

序列化和反序列化的定义是：

将对象转换成字节流的过程叫作序列化,将字节流转换成对象的过程叫作反序列化。常见的序列化协议包括 JSON、XML、Hession、Protobuf、Thrift、Text、Bytes 等。

(2)网络通信协议

所有的数据都需要通过网络传输,网络传输层需要把被调用的函数和序列化后的参数字节流传给服务端,然后再把序列化后的调用结果传回客户端。它所使用的协议其实是不限的,能完成传输就行,但最常用的是 TCP 协议和 HTTP 协议两种。

当前主流的 RPC 实现方式及其通信协议包括 Web Services、RESTful、XML-RPC、JMI、Thrift、Protobuf 等。

2. RPC 的调用过程

一个完整的 RPC 调用过程如图 5-2 所示,它包含以下九个步骤:

1)服务调用方调用服务提供方对外暴露的接口 API,然后把相关数据以参数进行传输。

2)将数据进行序列化。

3)把序列化的数据通过网络进行传输,网络的传输协议通常是 TCP 协议,当然还有上面讨论的 HTTP 协议。

4)服务提供方接收到调用请求,把数据反序列化为可以解析的数据。

5)调用提供方的过程,执行响应业务逻辑进行计算和处理。

6)返回处理结果给调用方,把返回数据进行序列化。

7)通过网络把数据传输到调用方。

8)调用方把数据进行反序列化,得到可解析的数据。

9)调用方解析处理数据,得到结果。

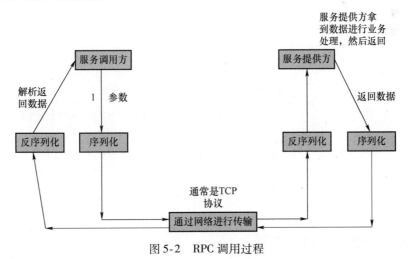

图 5-2 RPC 调用过程

5.3.6 负载均衡

负载均衡是一种计算机技术,用来在多个计算机(计算机集群)、网络连接、CPU、磁盘驱动器或其他资源中分配负载，以达到最优化资源使用、最大化吞吐率、最小化响应时间、同时避免过载的目的。在分布式计算中，要将由一个大任务所划分出的很多小的任务分配到很多节点上去执行，如果每个节点分配到的任务数量和它的处理能力不匹配的话，就会出现很多节点已经处理完了，而其他的还积压着大量任务，造成执行时间延长以及效率损失，而负载均衡就是要解决这种分配不均的问题。

负载均衡依赖负载均衡算法来实现任务的有效均衡分配。算法主要分为静态和动态两类。静态负载均衡算法是以固定的方式和概率分配任务，不考虑服务器的状态信息，如轮询算法、加权轮询算法等；动态负载均衡算法则以服务器的实时负载状态信息来决定任务的分配，如最小连接法、加权最小连接法等，这几类负载均衡算法的说明见表5-1。

表 5-1　负载均衡算法

算 法 名 称	说　　明
轮询算法（Round Robin）	将用户的请求轮流分配给服务器 比较简单，具有绝对均衡的优点 不一定能保证分配任务的合理性，无法根据服务器的处理能力来分配任务
加权轮询算法（Weighted Round Robin）	在轮询的基础上，根据服务器的性能差异，为服务器赋予一定的权值。权值大的会被分配到更多的任务
随机法（Random）	随机选择一台服务器来分配任务 保证了请求的分散性达到了均衡的目的 但是随着任务量的增大，它的效果也会具有轮询算法的部分缺点
最小连接法（Least Connection）	将任务分配给此时具有最小连接数的节点，是动态负载均衡算法 适用于各个节点处理的性能相似时，任务分发单元会将任务平滑分配给服务器 但当服务器性能差距较大时，就无法达到预期的效果
加权最小连接法（Weighted Least Connection）	在最小连接的基础上，根据服务器的性能为每台服务器分配权重，再根据权重计算出每台服务器能处理的连接数
源地址哈希法（IP Hash）	通过对客户端IP哈希计算得到的一个数值，用该数值对服务器数量进行取模运算，取模结果便是目标服务器的序号 优点是保证同一IP的客户端都会被Hash到同一台服务器上 缺点是不利于集群扩展，后台服务器数量变更都会影响Hash结果。可以采用一致性Hash进行改进

5.4　分布式计算的应用实例

5.4.1　主流的分布式计算模式及框架

当前比较主流的分布式计算模式及框架有：

1）MapReduce 编程模型。比较适合大规模数据的迭代批处理，最早是谷歌用来支持其搜索引擎后台所需的强大的文档处理而发明的，其后又有了基于开源平台 Hadoop 的 MapReduce 计算引擎的实现。MapReduce 会在后面的章节详细介绍。

2）整体同步并行计算模型（Bulk Synchronous Parallel Computing Model，BSP 模型），又名大同步模型。主要面向图计算和数据挖掘。

一个 BSP 计算由一组通过通信网络互连的处理器完成。它主要有三个部分：

① 一组具有局部内存的分布式处理器。

② 全局数据通信网络。

③ 支持所有处理单元间全局路障同步的机制。

其执行过程是由一系列并行执行的超步和路障同步操作交叠而成的。每一次同步也是一个超步的完成和下一个超步的开始。

3）交互式计算框架 Spark。Spark 是加州大学伯克利分校的 AMP Lab 开源的类 MapReduce 的通用并行计算框架，主要用来加快数据分析的运行和读写速度。Spark 在拥有 Hadoop MapReduce 所有优点的基础上，其任务的中间结果还可以保存在内存中，不用再读写 HDFS，从而实现快速查询，速度比基于磁盘的系统更快。因此，Spark 在处理迭代算法（如机器学习、图挖掘算法）和交互式数据挖掘算法等方面具有更大的优势。

4）实时流计算框架。流计算可以很好地对大规模流动数据在不断变化的运动过程中实时地进行分析，捕捉到可能有用的信息，并把结果反馈给下一个计算节点。流计算的模式是：接收数据采集系统源源不断发来的实时数据后，流计算系统在流数据不断变化的运动过程中实时地进行计算分析，实时地提供数据服务（见图 5-3）。数据是流式的，计算与服务也是流式不间断的，整个过程是连续的，其响应也是实时的，可以达到秒级别以内。

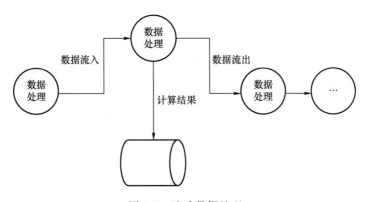

图 5-3　流式数据处理

Spark Streaming 是构建在 Spark 上的实时流处理计算框架。它将流数据以秒为单位分成一段一段的时间片，以类似于批处理的方式去处理每一个时间片的流式数据。这种处理方式可以使 Spark Streaming 在处理数据时兼顾批量处理和实时数据处理的逻辑和算法。

Storm 是 Twitter 的一个分布式、容错的实时流计算系统，已经正式开源。Storm 可以方便地在一个计算机集群中编写与扩展复杂的实时计算。Storm 定义了一批实时计算的原语，大大地简化了并行实时数据处理。在一个小集群中，每秒可以处理数以百万计的消息，而且可以使用任意编程语言来开发。

5.4.2　应用实例——国家电网实时运营监测系统

"十二五"期间，国家电网公司在发展规划中明确提出，建设支撑智能电网和国家电网公司集约化管理的一体化通信信息平台，并逐步过渡到大范围的统一集中和数据共享。通过应用系统的一级部署建设，逐步实现一体化通信信息平台的建设目标，促进业务的标准化建设，提高业务系统的集约管控力度；简化优化 IT 架构，提升对业务发展的服务与响应能力，同时提高软硬件资源利用率，降低建设和运维成本。

运营监测信息支撑系统是以国家电网公司现有的一体化平台和业务应用系统为基础，在汇集相关功能的基础上，建设的具有全面监测、运营分析、协调控制、全景展示和综合管理功能的业务系统。其建设目的是为了实现对电网运营关键指标、重要资源、核心业务的在线监测、分析，及时发现问题并协调解决，提高公司的整体运营效率效益。随着数据量的激增和对数据处理的实时性要求的不断提高，当前国家电网公司的运营监测系统面临以下主要挑战：

（1）复杂计算的挑战

随着监控业务对数据监控范围的扩展，以及云计算、物联网采集数据量的指数增加，以运营监控为代表的实时监控系统，必须在有限的时间内完成 GB 乃至 TB 级别数据量的复杂计算，参与计算的数据条数在千万级别以上。

（2）横向扩展性的挑战

通过增加节点，提高系统总体吞吐量的横向扩展模式，由于其廉价、性能提升稳定，成为平台首选，为此新架构支持横向线性扩展，通过机器的叠加获得吞吐量的提升。

（3）高并发访问的挑战

针对计算结果查询，新架构应能够满足单表上亿条数据，并发上千查询时，响应时间在秒级别，同时运行架构简单透明。

通过分析包括金融监控、视频监控、趋势预测等实时监控业务系统的需求，并结合综合的统计分析及展示的要求，提出下述设计原则：

（1）增量数据流式计算，保证计算的实时性

由于增量数据实时产生，价值随时间的流逝而降低，所以应该先计算再存储，保证计算的实时性，详细数据根据业务需求，可在计算完毕后另行存储。

（2）预计算模式结合实时计算模式

由于实时监控数据具有强烈的周期性特征及时效性特征，故将要计算的指标均采用预先处理的模式，先计算好结果，存入到高效的缓存引擎中，从而实现快速的高并发查询。

基于流处理的实时监控架构如图 5-4 所示。

（1）流处理引擎

该模块的核心采用 Storm 流处理引擎实现，在 Storm 底层通过使用高效的消息中间件传送消息，保证了系统的高可扩展性，同时中间排队的过程也被消除，使得消息能够直接在任务之间流动。另外 Storm 还支持多种分组模式，有利于数据流的进一步分发优化。

而对于数据源接入上，Storm 可以通过扩展支持包括消息队列、数据库、文本文件、网络协议等多种方式数据接入方法。

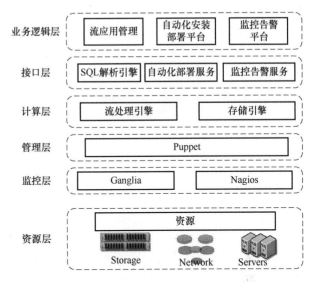

图 5-4　基于流处理的实时监控架构

（2）存储引擎

存储引擎需要提供高并发性及扩展能力。HBase 作为分布式的、面向列的开源数据库，通过廉价硬件集群，提供了高可靠的 TB 级别的数据存储能力，并且能够同时支持结构化及非结构化数据存储。

（3）SQL 解析引擎

通过为流处理平台提供 SQL 支持将有助于用户快速实现业务的迁移，提高平台的整体易用性和业务灵活度。

（4）流应用管理

流应用管理在 Storm 基础之上构建权限管理层，保证资源的合理分配，同时维护数据源、数据结构与流应用之间的关联，实现多数据源的复用。

其他还有自动化安装部署平台及监控告警等。

结合电力系统运营监控的实际业务需求，进行性能对比测试，在采用 7 个流处理节点，数据流量为 350 万条/s，5min 的数据总量为 10GB 时，系统处理时间仅为 9s，通过增加系统节点，系统具备很好的扩展性，可以有效地支持 TB 级别的流量处理，证明该监控架构能够满足快速复杂计算的需求。对比传统方案，基于流式处理的实时监控架构，优势见表 5-2。

表 5-2　运营监控现有方案与流计算方案对比

对 比 选 项	传 统 架 构	流处理架构
实时监控	分钟级别及以上	秒级别
计算效率	小数据量表现良好	大数据量表现良好
扩展性	差	好
易用性	好	一般

第6章

云计算网络技术

随着科学技术的不断进步与发展，云计算数据始终呈现迅猛增加的态势，传统数据中的集散中心与现代网络环境格格不入，无法适应当前云计算的实际需求，进一步催生了云计算的新技术发展。云计算环境下网络技术的出现使企业信息化成本降低，使系统的资源利用率提升，推动了网络技术的进步和信息化服务的快速发展。

本章将主要围绕计算机网络的概念与结构体系，解析传统网络的局限性，提出云计算环境下的网络新需求，并重点介绍新时代新的网络技术，包括 SDN、5G 等，使读者了解各类网络技术的概念、特点、架构以及应用领域等。

6.1 计算机网络的概念与体系结构

从 1945 年第一台计算机的诞生到计算机网络的普及应用，计算机网络提高了人们之间信息传递的速度，缩短了人与人之间的距离，使全人类的资源共享、信息交流成为可能。计算机不再是孤立的一台机器，它成为连接整个信息社会的基础设施。随着科技的进步，计算机网络技术发展迅速，被广泛地应用在社会的各个领域。

6.1.1 计算机网络技术的发展与特征

计算机网络技术是指将地理位置不同的具有独立功能的多台计算机及其外部设备，通过通信线路连接起来，在网络操作系统、网络管理软件及网络通信协议的管理和协调下，实现资源共享和信息传递的计算机系统的一种技术（见图 6-1）。换句话说，计算机网络技术就是将通信技术与计算机技术有效地结合起来，以更充分地发挥出计算机的效能，凭借计算机的网络系统实现网络互联和资源共享，这样也可以大大地提高计算机的处理能力与利用率。

随着计算机技术和通信技术的不断发展，计算机网络也经历了从简单到复杂，从单机到多机的发展过程，其发展过程大致可以分为四个主要的阶段。

第一阶段，面向终端的计算机网络。20 世纪 50 年代至 20 世纪 60 年代，计算机网络进入面向终端的阶段，以主机为中心，通过计算机实现与远程终端的数据通信（见图 6-2）。这一阶段的主要特点是：数据集中式处理，数据处理和通信处理都是通过主机来完成，这样

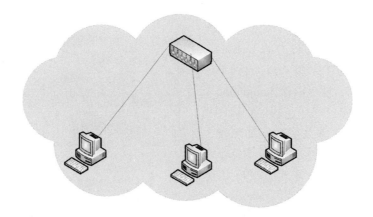

图 6-1　简单的计算机网络

数据的传输速率就受到限制；而且系统的可靠性和性能完全取决于主机的可靠性和性能，但这样却能便于维护和管理，数据的一致性也较好；然而主机的通信开销较大，通信线路利用率低，对主机依赖性大。

　　第二阶段，多台计算机互连的计算机网络。计算机网络发展的第二个阶段是以通信子网为中心的网络阶段（又称为"计算机-计算机网络阶段"），于 20 世纪 60 年代中期发展起来，由若干台计算机相互连接成一个系统，即利用通信线路将多台计算机连接起来，实现了计算机与计算机之间的通信。这一阶段主要有两个标志性的成果：提出分组交换技术；形成 TCP/IP 协议雏形。分组交换技术也称包交换技术，是将用户传送的数据划分成一定的长度，每个部分叫作一个分组，通过传输分组的方式传输信息的一种技术（见图 6-3）。这一阶段虽然有两大标志性的成果，并建立了计算机与计算机的互连与通信，实现了

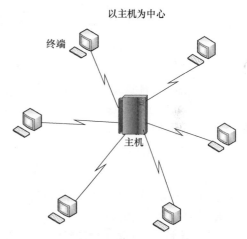

图 6-2　面向终端的计算机网络

计算机资源的共享，但缺点是没有形成统一的互连标准，使网络在规模与应用等方面受到限制。

　　第三阶段，面向标准化的计算机网络。20 世纪 70 年代末至 20 世纪 80 年代初，微型计算机得到了广泛的应用，各机关和企事业单位为了适应办公自动化的需要，迫切要求将自己拥有的为数众多的微型计算机、工作站、小型计算机等连接起来，以达到资源共享和相互传递信息的目的。但这一时期计算机之间的组网是有条件的，在相同网络中只能存在同一厂家生产的计算机，其他厂家生产的计算机无法接入。这种情况阻碍了网络的互连发展，也促使了网络标准化的产生。1984 年国际标准化组织（ISO）公布了 OSI/RM-开放系统互连参考模

型，该模型已被国际社会普遍接受，是目前计算机网络系统结构的基础。在 ARPANET 的基础上，也形成了以 TCP/IP 为核心的 Internet。任何一台计算机只要遵循 TCP/IP 协议族标准，并有一个合法的 IP 地址，就可以接入 Internet。

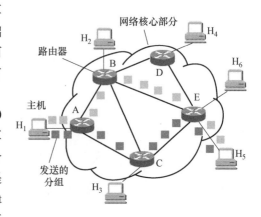

第四阶段，面向全球互连的计算机网络。20 世纪 90 年代以后，随着数字通信的出现，计算机网络进入第四个发展阶段，其主要特征是综合化、高速化、智能化和全球化。1993 年美国提出了"信息基础建设（Next Generation Internet Initiative，NGII）"的计划，掀起了建设信息高速公路的热潮，这一举动极大地推进了计算机网

图 6-3　分组交换技术的示意图

络技术的发展。这一时期在计算机通信与网络技术方面以高速率、高服务质量、高可靠性等为指标，出现了高速以太网、VPN、无线网络、P2P 网络、NGN 等技术，计算机网络的发展与应用渗入人们生活的各个方面，进入一个多层次的发展阶段。

在计算机网络技术的发展中，其也呈现出以下特点：

1）可靠性。在一个网络系统中，当一台计算机出现故障时，可立即由系统中的另一台计算机来代替其完成所承担的任务。同样地，当网络的一条链路出了故障时可选择其他的通信链路进行连接。

2）高效性。计算机网络系统摆脱了中心计算机控制结构数据传输的局限性，并且信息传递迅速，系统实时性强。网络系统中各相连的计算机能够相互传送数据信息，使相距很远的用户之间能够即时、快速、高效、直接地交换数据。

3）独立性。网络系统中各相连的计算机是相对独立的，它们之间的关系既互相联系，又相互独立。

4）扩充性。在计算机网络系统中，人们能够很方便、灵活地接入新的计算机，从而达到扩充网络系统功能的目的。

5）廉价性。计算机网络使微机用户也能够分享到大型机的功能特性，充分体现了网络系统的"群体"优势，能节省投资和降低成本。

6）分布性。计算机网络能将分布在不同地理位置的计算机进行互连，可将大型、复杂的综合性问题实行分布式处理。

6.1.2　计算机网络体系结构

前文提到，为了解决网络之间不能兼容和不能通信的问题，国际标准化组织（ISO）提出了网络模型的方案，即开放系统互连参考模型 OSI/RM（Open Systems Interconnection Reference Model，简称 OSI）。

OSI 从逻辑上，把一个网络系统分为功能上相对独立的七个有序的子系统，这样 OSI 体

系结构就由功能上相对独立的七个层次组成，如图 6-4 所示。它们由低到高分别是物理层、数据链路层、网络层、传输层、会话层、表示层和应用层。

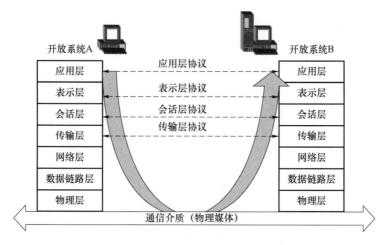

图 6-4　OSI 的七层协议体系结构

（1）物理层（Physical，PH）

在 OSI 参考模型中，物理层是参考模型的最低层，也是 OSI 模型的第一层。物理层的主要功能是利用传输介质为数据链路层提供物理连接，实现比特流的透明传输工作。

（2）数据链路层（Data-link，D）

数据链路层是 OSI 模型的第二层，负责建立和管理节点间的链路。该层的主要功能是通过各种控制协议，将有差错的物理信道变为无差错的、能可靠传输数据帧的数据链路。

（3）网络层（Network，N）

网络层是 OSI 模型的第三层，是 OSI 参考模型中最复杂的一层，也是通信子网的最高一层。它在下两层的基础上向资源子网提供服务。其主要任务是通过路由选择算法，为报文或分组通过通信子网选择最适当的路径。

（4）传输层（Transport，T）

OSI 下三层的主要任务是数据通信，上三层的任务是数据处理。而传输层是 OSI 模型的第四层。因此该层是通信子网和资源子网的接口和桥梁，起到承上启下的作用。该层的主要任务是向用户提供可靠的端到端的差错和流量控制，保证报文的正确传输。

（5）会话层（Session，S）

会话层是 OSI 模型的第五层，是用户应用程序和网络之间的接口，主要任务是向两个实体的表示层提供建立和使用连接的方法。

（6）表示层（Presentation，P）

表示层是 OSI 模型的第六层，对来自应用层的命令和数据进行解释，对各种语法赋予相应的含义，并按照一定的格式传送给会话层。其主要功能是处理用户信息的表示问题，如编码、数据格式转换和加密解密等。

（7）应用层（Application，A）

应用层是 OSI 参考模型的最高层，是计算机用户以及各种应用程序和网络之间的接口，其功能是直接向用户提供服务，完成用户希望在网络上完成的各种工作。

OSI 的七层协议体系结构的概念清楚，理论也较完整，但它既复杂又不实用，因此，得到最广泛应用的不是法律上的国际标准 OSI，而是非国际标准传输控制协议/国际协议（Transmission Control Protocol/Internet Protocol，TCP/IP）。TCP/IP 是 Internet 上所有网络和主机之间进行交流时所使用的共同"语言"，是 Internet 上使用的一组完整的标准网络连接协议。

TCP/IP 共有四个层次，它们分别是网络接口层、网际层、传输层和应用层。TCP/IP 层次结构与 OSI 层次结构的对照关系如图 6-5 所示。

（1）网络接口层

TCP/IP 模型的最底层是网络接口层，也被称为网络访问层，它包括可使用 TCP/IP 与物理网络进行通信的协议对应着 OSI 的物理层和数据链路层。TCP/IP 标准并没有定义具体的网络接口协议，而是旨在提供灵活性，以适应各种网络类型，如 LAN、MAN 和 WAN。这也说明，TCP/IP 协议可以运行在任何网络上。

（2）网际层

网际层是在 Internet 标准中正式定义的第一层。网际层所执行的主要功能是处理来自传输层的分组，将分组形成数据包（IP 数据包），并为该数据包在不同的网络之间进行路径选择，最终将数据包从源主机发送到目的主机。网际层协议包括 IP、ICMP、IGMP、ARP、RARP。

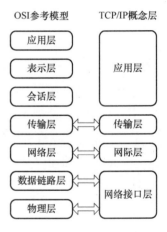

图 6-5　TCP/IP 层次结构与
OSI 层次结构的对照关系

（3）传输层

传输层也被称为主机至主机层，与 OSI 的传输层类似。它主要负责主机到主机之间的端对端可靠通信，使用两种协议来支持两种数据的传送方法，分别是 TCP 协议和 UDP 协议。

（4）应用层

在 TCP/IP 模型中，应用程序接口是最高层，它与 OSI 模型中高三层的任务相同，都是用于提供网络服务，如文件传输、远程登录、域名服务和简单网络管理等，包括 SMTP、POP3、TELNET、DHCP、THTP、DNS 等。

6.2　云计算环境下的网络新需求

随着云计算的兴起，传统的网络技术越来越无法很好地支持以云计算、大数据为代表的新型应用。云计算的整体架构建立在由计算机以及其他硬件设备构成的网络环境中。尽管不同的云计算模式对网络的具体需求有所差异，总体而言，云计算对网络的共性需求体现在无感知服务、动态资源管理和适配需求、可靠性保障、网络虚拟化和网络安全性等方面。

（1）无感知服务需求

云计算服务场景下，无论用户采用何种终端、何种接入方式或者身在何处，都应该能够获得云计算相关服务，而对服务源以及网络变化无任何感知。因此，网络覆盖范围、接入手段、带宽供给能力、自动调配水平和网络质量等因素对云计算服务的提供至关重要。

（2）动态资源管理和适配需求

无论是公有云、私有云还是混合云，应用和用户都处于不断变化的动态过程中。为了适应这种用户/应用不断变化的需求，基于网络构建的云计算需要具备动态伸缩的能力，这就要求 IP 网络不仅要具备较大的容量，还要具备网络资源动态管理和适配能力。

（3）可靠性保障需求

云计算服务基于网络实现，用户所请求的资源来自"云"，而非固定有形的实体。用户的数据和业务应用处于云计算系统中，因此服务的连续性和 SLA 保障是云计算相关业务成功的关键。尽管各类云计算平台本身会基于数据多副本容错、计算节点同构可互换等方式保障服务的可用性，但网络可靠性是云计算平台可用性的基础，必须基于网络冗余等机制保障云计算服务的高可靠性。

（4）网络虚拟化需求

云计算具有通用性，提供庞大的资源池，但并不针对特定应用而优化。在"云"的基础上可以构造出千变万化的应用，同一个"云"可以同时支撑不同的应用运行。这就需要通过网络虚拟化将计算/存储/传送等资源抽象、封装成一些便于调度管理的逻辑单元。

（5）网络安全性需求

云计算的便利性和安全性相伴而行。云计算提供服务过程中，底层资源（计算/存储/网络资源等）对用户透明，用户无需了解资源的具体实现和地理分布等细节。正是这种资源的透明性和信息流动性，为用户带来了安全性隐忧。Forrester Research 公司的调查结果显示，有 51% 的中小型企业认为安全性和隐私问题是尚未使用云服务的最主要原因。云计算安全包括平台安全、数据安全和网络安全等方面。网络安全是数据安全和平台安全的必要条件，并且对云计算服务的可用性相当重要。因此，云计算对网络安全的需求非常迫切。

6.3　SDN 概述

随着云计算、大数据、移动互联网、物联网等计算机网络领域新技术的不断发展，需要计算机网络能够更具有弹性，管理更加便利，新业务能够快速部署，采用分布式管理实现的传统计算机网络架构越来越难以适应新的需求。适时出现的软件定义网络（Software Defined Network，SDN）理念为解决这些问题提供一个很好的基础。

6.3.1 什么是 SDN

SDN 意为用软件来调度和管理网络。现有网络中，对流量的控制和转发都依赖于网络设备实现，且设备中集成了与业务特性紧耦合的操作系统和专用硬件，这些操作系统和专用硬件都是各个厂商自己开发和设计的，因而存在通用性问题。

SDN 的本质是网络软件化，提升网络可编程能力，是一次网络架构的重构，而不是一种新特性、新功能。SDN 的设计理念是将网络的控制平面与数据转发平面进行分离，从而通过集中的控制器中的软件平台去实现可编程化控制底层硬件，实现对网络资源灵活的按需调配。在 SDN 网络中，网络设备只负责单纯的数据转发，因而可以采用通用的硬件；而原来负责控制的操作系统将提炼为独立的网络操作系统，负责对不同业务特性进行适配，而且网络操作系统和业务特性以及硬件设备之间的通信都可以通过编程实现。

SDN 起源于 2006 年美国斯坦福大学的 Clean Slate 研究课题，但并不是在其产生时就具有该名称。2007 年，斯坦福大学的学生 Martin Casado 领导了一个关于网络安全与管理的项目 Ethane，该项目试图通过一个集中式的控制器，让网络管理员可以方便地定义基于网络流的安全控制策略，并将这些安全策略应用到各种网络设备中，从而实现对整个网络通信的安全控制。2008 年，基于 Ethane 和前续项目 Sane 的启发，Nick McKeown 教授等人提出了 OpenFlow 的概念，并同年在 ACM SIGCOMM 发表了题为《OpenFlow：Enabling Innovation in Campus Networks》的论文，首次详细地介绍了 OpenFlow 的概念，即将传统网络设备的数据侧和控制层两个功能模块相分离，通过集中式的控制器以标准化的接口对各种网络设备进行管理和配置，这种网络架构将为网络资源的设计、管理和使用提供更多的可能性，从而更容易推动网络的革新与发展。2009 年，基于 OpenFlow 为网络带来的可编程特性，Nick McKeown 教授和他的团队进一步提出了 SDN 的概念。同年，SDN 概念入围 Technology Review 年度十大前沿技术，自此获得了学术界和工业界的广泛认可和大力支持。由此可见，SDN 的产生与 OpenFlow 协议密切相关。现在业界普遍将基于 OpenFlow 协议的 SDN 视为狭义 SDN。

随着 SDN 的发展，越来越多的厂商加入 SDN 的研究行列。由于不同行业、不同应用对 SDN 有着各自不同的需求，因此在谈论 SDN 时通常也有着不同的理解。在网络科研领域，利用 SDN 快速地部署和试验创新的网络架构与通信协议；大型互联网公司希望 SDN 提供掌握网络深层信息的可编程接口，以优化和提升业务体验；云服务提供商希望 SDN 提供网络虚拟化和自动配置，以适应其扩展性和多租户需求；ISP 希望利用 SDN 简化网络管理以及实现快速灵活的业务提供；企业网用户希望 SDN 实现私有云的自动配置和降低设备采购成本。基于这些需求，在思科等厂商的推动下，IETF、IEEE 等标准组织去除了 SDN 与 Open Flow 的必然联系，保留了可编程特性，从而扩展出 SDN 的广义概念，即泛指基于开放接口实现软件可编程的各种基础网络架构，进而将具备控制转发分离、逻辑集中控制、开放 API 三个基本特征的网络纳入 SDN 的广义概念下。目前这一概念的发展由 IETF 主推。

6.3.2　SDN 网络架构

SDN 是一种数据平面与控制分离、软件可编程的新型网络体系架构，开放网络基金会（Open Network Foundation，ONF）作为目前 SDN 最重要的标准化组织，一直致力于 SDN 网络体系架构的标准化。ONF 定义的 SDN 体系架构图如图 6-6 所示。

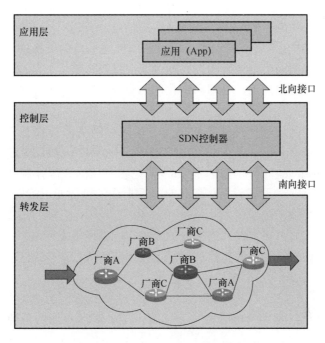

图 6-6　ONF 定义的 SDN 体系架构图

SDN 在应用中大体上可以划分为三层体系结构，即应用层、控制层、转发层；不同层次之间通过接口通信，即北向接口、南向接口。和传统网络架构相比，SDN 增加了控制层以及南向接口。SDN 采用了集中式的控制层和分布式的转发层，两层相互分离，控制层利用南向接口对转发层上的网络设备进行集中式控制。

（1）应用层

在 SDN 架构中，最上层为应用层，包括了各种不同的业务和网络应用。应用层根据 SDN 网络不同的应用需求，调用与控制层相接的北向应用编程接口（简称北向接口），实现不同功能的应用程序。利用北向接口，业务应用可以充分利用网络的服务和能力，并在一个抽象的网络上进行操作，实现常见的网络服务，包括路由、组播、安全、访问控制、带宽管理、流量工程、服务质量、处理器和存储优化、能源使用以及各种形式的政策管理，量身定制以满足业务目标。

（2）北向接口

SDN 北向接口是通过控制器向上层业务应用开放的接口，其目标是使得业务应用能够便利地调用底层的网络资源和能力。与南向接口方面已有 OpenFlow 等国际标准不同，北向接口还缺少业界公认的标准，因此北向接口的协议制定成为当前 SDN 领域竞争的焦点。不同的参与者或者从用户角度出发，或者从运营角度出发，或者从产品能力角度出发提出了很多方案。

（3）控制层

控制层在 SDN 架构中处于核心地位，由控制软件实现，摆脱了硬件设备对网络控制功能的束缚，主要负责集中维护网络拓扑及网络状态信息，实现不同业务特性的适配。利用控制数据平面接口（即南向接口），控制层可以对底层网络设备的资源进行抽象，获取底层网络设备信息，生成全局的网络抽象视图，并通过北向接口提供给上层应用。通过这种软件模式，网络管理人员可以灵活配置、管理和优化网络资源，实现了网络的可编程及灵活可控。

（4）南向接口

南向接口是连接控制层与网络设备的接口，实现对网络设备状态、数据流量转发的管控。目前主要的协议是 OpenFlow、NetConf、OVSDB。OpenFlow 协议是事实上的国际行业标准，NOX、Onix、Floodlight 等都是基于 OpenFlow 控制协议的开源控制器。作为一个开放的协议，OpenFlow 突破了传统网络设备厂商各自为政形成的设备能力接口壁垒。

（5）转发层

即基础设施层，主要由转发器和连接器的线路构成基础转发网络，这一层负责执行用户数据的转发，转发过程中所需要的转发表项是由控制层生成的。

6.3.3 SDN 的价值

SDN 已经成为网络新时代的前沿技术和新兴产业，对运营商的价值可以归纳为以下几个方面：

（1）网络业务快速创新

SDN 的可编程性和开放性，使得运营商可以快速开发新的网络业务和加速业务创新。如果希望在网络上部署新业务，可以通过针对 SDN 软件的修改实现网络快速编程，业务快速上线。不像传统网络那样，一个新业务上线需要经过需求提出、讨论和定义开发商开发标准协议，然后在网络上升级所有的网络设备，经过数年才能完成一个新业务。SDN 使得新业务的上线速度从几年提升到几个月或者更快。

（2）简化网络

SDN 的网络架构简化了网络，消除了很多 IETF 的协议。协议的去除意味着学习成本的下降，运行维护成本的下降，业务部署的快速提升。这个价值主要得益于 SDN 网络架构下的网络集中控制和转控分离。

由于 SDN 网络架构下的网络集中控制，因此被 SDN 控制器所控制的网络内部很多协议基本就不需要了，比如 RSVP 协议、LDP 协议、MBGP 协议、PIM 组播协议等。原因是网络内部的路径计算和建立全部在控制器完成，控制器计算出流表，直接下发给转发器就可以了，并不需要协议。未来大量传统的东西向协议会消失，而南北向控制协议，比如 Open-

Flow 协议，则会不断地演进来满足 SDN 网络架构需求。

（3）网络设备白牌化

基于 SDN 架构，如果标准化了控制器和转发器之间的接口，比如 OpenFlow 协议逐渐成熟，那么网络设备的白牌化将成为可能，比如专门的 OpenFlow 转发芯片供应商、控制器厂商等，这也正是所谓的系统从垂直集成开发走向水平集成。垂直集成是一个厂家供应从软件到硬件再到服务。水平集成则是把系统水平分工，每个厂家都完成产品的一个部件，有的集成商把他们集成起来销售。水平分工有利于系统各个部分的独立演进和更新，快速进化，促进竞争，以促进各个部件的采购价格的下降。

（4）业务自动化

SDN 网络架构下，由于整个网络归属控制器控制，那么网络业务网自动化就是理所当然的，不需要另外的系统进行配置分解。在 SDN 网络架构下，SDN 控制器可以自己完成网络业务部署，提供各种网络服务，比如 L2VPN、L3VPN 等，屏蔽网络内部细节，提供网络业务自动化能力。

（5）网络路径流量优化

通常传统网络的路径选择依据是通过路由协议计算出的"最优"路径，但结果可能会导致"最优"路径上流量拥塞，其他非"最优"路径空闲。当采用 SDN 网络架构时，SDN 控制器可以根据网络流量状态智能地调整网络流量路径，提升网络利用率。

6.4　5G 网络技术

5G 网络技术作为面向未来新需求的新一代通信技术，已经获得了全球范围的广泛关注。目前 5G 标准已正式发布且我国 5G 网络技术试验取得突破，为 5G 商用和产业化奠定了良好的基础。5G 将与以云为代表的新兴技术一起组成智能化基础设施，为即将到来的智慧社会赋能。

6.4.1　5G 网络的概念及特征

5G，第五代移动电话行动通信标准（5th Generation Mobile Networks 或 5th Generation Wireless Systems），也称为第五代移动通信技术。与之前的四代移动网络相比较而言，5G 网络在实际应用过程中表现出更加强化的功能，并且理论上其传输速度能够达到 10GB/s（相当于下载速度 1.25GB/s），是 4G 移动网络的数百倍。

业界认为，5G 应是一个广带化、泛在化（即广泛存在的网络）、智能化、融合化、绿色节能的大通信网络。5G 主要具有以下特征：

（1）高速度

数据传输速率远远高于以前的蜂窝网络。由于数据传输更快，5G 网络将不仅为手机提供服务，还将成为一般性的家庭和办公网络提供商，与有线网络提供商竞争。

（2）泛在网

随着业务的发展，网络业务需要无所不包、广泛存在。只有这样才能支持更加丰富的业务，才能在复杂的场景上使用。泛在网在广泛覆盖和纵深覆盖两个层面提供了影响力。

（3）低功耗

主要采用两种技术手段来实现：

1）美国高通等主导的 eMTC。基于 LTE 协议演进而来，为了适合物与物之间的通信；eMTC 基于蜂窝网络进行部署，其用户通过 1.4MHz 射频和基带宽带直接接入现有的 LTE 网络。

2）华为主导的 NB-IoT。基于蜂窝网络，通过 180kHz 就可接入 GSM 网络/UMTS 网络或 LTE 网络，部署成本降低，平滑升级。

（4）低时延

3G 网络时延约为 100ms，4G 网络时延约为 20 ~ 80ms，5G 网络时延下降到 1 ~ 10ms。5G 对于时延的终极要求是 1ms，甚至更低。因此，5G 适用于无人驾驶飞机、无人驾驶汽车、工业自动化等高速度运行且需要在高速中保证及时信息传递和及时反应的场景。

（5）万物互联

在手机时代，终端数量有了巨大的爆发，手机是按个人应用来定义的。到了 5G 时代，终端不是按人来定义，因为每人可能拥有数个终端，每个家庭可能拥有数个终端。例如，冰箱、空调、电线杆、垃圾桶等个人或者公共设施。

（6）重构安全

在 5G 的基础上建立的是智能互联网。智能互联网的基本精神是安全、管理、高效、方便。在 5G 的网络构建中，底层就应该解决安全问题，从网络建设之初，就应该加入安全机制，信息应该加密，网络并不应该是开放的，对于特殊的服务需要建立起专门的安全机制。

6.4.2　5G 网络的关键技术

目前，5G 网络的关键技术还处于研究与发展的阶段。为了实现 5G 的愿景和需求，5G 在无线技术和网络技术方面都有新的突破。5G 关键技术总体框架如图 6-7 所示。在无线技术领域，大规模天线阵列、超密集组网、新型多址和全频谱接入等技术已成为业界关注的焦点；在网络技术领域，基于软件定义网络（SDN）和网络功能虚拟化（NFV）的新型网络架构已取得广泛共识。此外，基于滤波的正交频分复用（F-OFDM）、滤波器组多载波（FB-MC）、全双工、灵活双工、终端直通（D2D）、多元低密度奇偶检验（Q-ary LDPC）码、网络编码、极化码等也被认为是 5G 重要的潜在无线关键技术。

1. 超密集异构网络

5G 网络是一种利用宏站与低功率小型化基站（Micro-BS、Pico-BS、Femto-BS）进行覆盖的融 WiFi、4G、LTE、UMTS 等多种无线接入技术混合的异构网络（见图 6-8）。随着蜂窝范围的逐渐减小，使得频谱效率得到了大幅提升。随着小区覆盖面积的减小，最优站点的位置可能无法得到，同时小区进一步分裂难度增加，所以只能通过增加站点部署密度来部署更多的低功率节点。超密集异构网络可以使功率效率、频谱效率得到大幅提升。

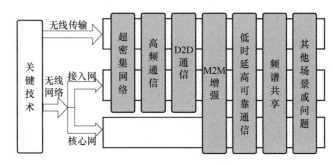

图 6-7　5G 关键技术总体框架

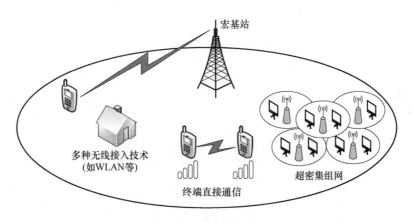

图 6-8　超密集异构网络

2. 大规模 MIMO 技术

5G 的一项关键性技术就是大规模天线技术（Large scale MIMO），亦称为 Massive MIMO。利用 MIMO 技术，信号通过基站收发信机（BTS）上使用大量的天线（超过 64 根）实现了更大的无线数据流量和连接可靠性，相对于原有标准只使用最多 8 根天线组成的扇形拓扑，新方式从根本上改变了现有标准的基站收发信机架构（见图 6-9）。这项技术有利于降低辐射功率，以数以百计的天线单元通过把无限能量指向特定用户，即使用预编码技术集将能量集中到目标移动终端上，降低对于其他用户的干扰。

3. FBMC 技术

在正交频分复用（Orthogonal Frequency Division Multiplexing，OFDM）系统中，各个子载波在时域相互正交，它们的频谱相互重叠，因而具有较高的频谱利用率。但由于无线信道的多径效应，从而使符号间产生干扰（ISI）。为了消除符号间干扰，在符号间插入保护间隔。通常保护间隔是由循环前缀（Cycle Prefix，CP）来充当。CP 是系统开销，不传输有效的数据，从而降低了频谱效率。而滤波组多载波（Filter Bank Multi-Carrier，FBMC）则利用一组不交叠的带限子载波实现多载波传输，对于频偏引起的载波间干扰非常小，不需要 CP，较大地提高了频率效率（见图 6-10）。

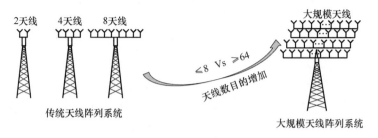

图 6-9　传统天线阵列系统与大规模天线阵列系统对比图

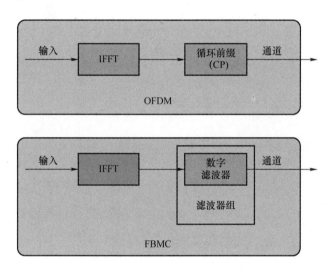

图 6-10　OFDM 和 FBMC 对比

4. 毫米波（Millimetre Waves，mmWaves）

毫米波的频段一般为 30～300GHz，毫米波通信即使在考虑各种损耗与吸收的情况下，大气窗口也能提供 135GHz 的带宽，在频谱资源紧缺的情况下，采用毫米波通信能够很有效地提升通信容量。由于 5G 的超密集异构网络，基站间距在不到 200m 的情况下，由于毫米波具有波束窄的特点，具有很强的抗干扰能力，并且空气对毫米波的吸收，会减小对相邻基站间的干扰。在图 6-11 中，加虚线框的手机处于 4G 小区覆盖边缘，信号较差，且有建筑物（房子）阻挡，此时就可以通过毫米波传输，绕过建筑物阻挡，实现高速传输。

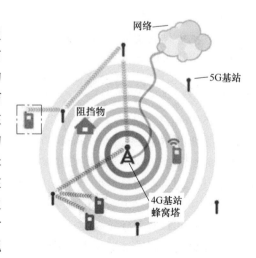

图 6-11　毫米波技术应用示例

5. D2D 技术

传统的蜂窝通信系统的组网方式是以基站为中心实现小区覆盖，而基站及中继站无法移动，其网络结构在灵活度上有一定的限制。随着无线多媒体业务的不断增多，传统方式已无法满足海量用户在不同环境下的业务需求。D2D 技术（Device-to-Device）无需借助基站的帮助就能够实现通信终端之间的直接通信，拓展网络连接和接入方式。由于短距离直接通信，信道质量高，D2D 能够实现较高的数据速率、较低的时延和较低的功耗；通过广泛分布的终端，能够改善覆盖，实现频谱资源的高效利用；支持更灵活的网络架构和连接方法，提升链路灵活性和网络可靠性（见图 6-12）。

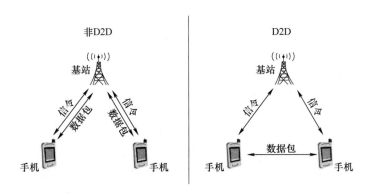

图 6-12　非 D2D 与 D2D

6. 同时同频全双工

最近几年，同时同频全双工技术吸引了业界的注意力。利用该技术，在相同的频谱上，通信的收发双方同时发射和接收信号，与传统的 TDD 和 FDD 双工方式相比，从理论上可使空口频谱效率提高 1 倍。全双工技术能够突破 FDD 和 TDD 方式的频谱资源使用限制，使得频谱资源的使用更加灵活。然而，全双工技术需要具备极高的干扰消除能力，这对干扰消除技术提出了极大的挑战，同时还存在相邻小区同频干扰问题。在多天线及组网场景下，全双工技术的应用难度更大。

6.4.3　5G 网络的应用领域

2015 年 6 月，国际电信联盟 ITU 召开的 ITU-RWP5D 第 22 次会议上明确了未来的 5G 具有三大主要的应用场景，如图 6-13 所示。

首先，eMBB，增强移动宽带。就是以人为中心的应用场景，集中表现为超高的传输数据速率，广覆盖下的移动性保证等。在 5G 的支持下，用户可以轻松地享受在线 2k/4k 视频以及 VR/AR 视频，峰值速度甚至达到 10Gbit/s。

其次，uRLLC，超可靠和低延迟通信。在此场景下，连接时延要达到 1ms 级别，而且要支持高速移动（500km/h）情况下的高可靠性（99.999%）连接。这一场景更多地面向车联网、工业控制、远程医疗等特殊应用，其中车联网的市场潜力普遍被外界看好。

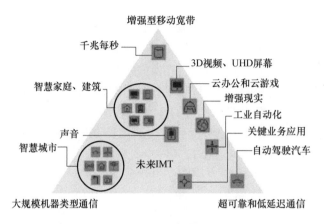

图 6-13　5G 应用场景示意图

最后，mMTC，大规模机器类型通信，5G 强大的连接能力可以快速地促进各垂直行业（智慧城市、智能家居、环境监测等）的深度融合。这一场景下，数据速率较低且时延不敏感，连接覆盖生活的方方面面，终端成本更低，电池寿命更长且可靠性更高。

随后，IMT-2020（5G）从移动互联网和物联网的主要应用场景、业务需求及挑战出发，将 5G 主要应用场景纳出为：连续广域覆盖、热点高容量、低功耗大连接和低时延高可靠四个主要的技术场景，与 ITU 的三大应用场景基本一致。

连续广域覆盖场景是移动通信最基本的覆盖方式，以保证用户的移动性和业务连续性为目标，为用户提供无缝的高速业务体验。该场景的主要挑战在于随时随地（包括小区边缘、高速移动等恶劣环境）为用户提供 100Mbit/s 以上的用户体验速率。

热点高容量场景主要面向局部热点区域，为用户提供极高的数据传输速率，满足网络极高的流量密度需求。1Gbit/s 用户体验速率、数十 Gbit/s 峰值速率和数十 Tbit/s/km^2 的流量密度需求是该场景面临的主要挑战。

低功耗大连接场景主要面向智慧城市、环境监测、智能农业、森林防火等以传感和数据采集为目标的应用场景，具有小数据包、低功耗、海量连接等特点。这类终端分布范围广、数量众多，不仅要求网络具备超千亿连接的支持能力，满足 $10^6/\mathrm{km}^2$ 连接数密度指标要求，还要保证终端的超低功耗和超低成本。

低时延高可靠场景，主要面向车联网、工业控制等垂直行业的特殊应用需求，这类应用对时延和可靠性具有极高的指标要求，需要为用户提供毫秒级的端到端时延和接近 100% 的业务可靠性保证。

总而言之，连续广域覆盖和热点高容量场景主要满足未来的移动互联网业务需求，也是传统的 4G 主要技术场景；低功耗大连接和低时延高可靠场景主要面向物联网业务，是 5G 新拓展的场景，重点解决传统移动通信无法很好支持的物联网及垂直行业的应用。

第7章

云计算的安全

  云计算将作为数字经济基础设施推动数字化转型、推动各行各业的数字化和互联互通。人工智能、大数据、区块链、边缘计算、5G、物联网等新兴技术也将在云计算的支撑下打破技术边界，合力支撑产业变革、赋能社会需求。相应地，当越来越多的价值和使命由云计算来承载和支撑，云计算的安全将成为影响国家安全、社会稳定、行业安全、企业安全，以及个人的人身安全、财产安全、隐私保护等方方面面的大事。云安全市场也将成为一个规模和影响力巨大的蓝海。云时代在召唤保卫者。因此，本章将从云安全发展与现状内容出发，落脚于当前云计算所面临的主要安全威胁及事件，介绍云计算安全体系架构、关键技术、解决方案以及合规审计等。

7.1 云计算安全现状

  云计算逐步成为支持各行各业、关乎国计民生的基础设施之一，云计算安全不仅事关国家安全、产业安全、企业安全，还与每个人的日常生活息息相关。因此，云计算安全不仅是相关领域的科学家、工程师、专业从业人员必须要关心的，也值得每个人关注和学习，积极运用学到的知识、技能、能力来武装和保护自己。

  云计算安全发展的历程与 CSA 息息相关：

  2009 年，国际云安全联盟（Cloud Security Alliance，CSA）成立，随后发布了首个云计算安全的最佳实践《针对云计算重点领域的安全指南》，简称《CSA 云安全指南 V1.0》。

  2010 年，CSA 提出云控制矩阵，被业界认为是云计算安全的黄金标准。

  2013 年，CSA 正式发布了基于 CCM 的 STAR 认证，使云服务安全性首次得到通用的自我评估和第三方评估。

  历年来 CSA 一直积极发布云计算安全报告，以帮助企业了解最新的云计算安全问题，进而采取更为明智的防护举措。根据 2020 年 9 月 CSA 发布的最新版本的《云计算的 11 个最大威胁报告》，以及本书专家团队的调查研究，将云计算面临的安全威胁归结为九大类，包括数据泄露、配置错误和变更控制不足、云安全架构和策略缺失、身份/凭据/访问和密钥管理不足、账户劫持、恶意内部人员、不安全的接口和 API、受限的云使用可见性、滥用和恶意使用云服务等。

7.1.1　数据泄露

数据泄露是指敏感、受保护或机密信息被未经授权发布、查看、窃取或使用的网络安全事件。具体事件例如：

事件一：2018 年 7 月，Timehop 公布其数据泄露事件，影响了 2100 万用户。社交媒体访问令牌也遭到了破坏。

事件二：2016 年 10 月，Uber 在亚马逊 AWS 的账户遭到黑客攻击，导致 5700 万乘客和司机的信息泄露。

事件三：2020 年 8 月，Instagram、TikTok 等社交平台大规模数据泄露，使 2.35 亿用户受到了影响。

7.1.2　配置错误和变更控制不足

当云存储资源、云网络资源等云资源设置不当时，就会产生配置错误，这些不恰当甚至是错误的配置往往会使云资源面临严重的安全风险，使它们在面对安全攻击等恶意活动时不堪一击。具体事件例如：

事件一：2017 年，一个配置错误的 AWS S3（Simple Storage Service）云存储桶（bucket）泄露了 1.23 亿美国家庭的详细私人数据。数据集属于信用机构益博睿（Experian），该公司将数据出售给一家名为 Alteryx 的在线营销和数据分析公司，而 Alteryx 泄露了这些数据。

事件二：2018 年，Exactis 的一个不安全的 Elasticsearch 数据库遭到大规模的泄露，其中包含 2.3 亿美国消费者的详细个人数据。原因是数据库服务器被配置为可公开访问。

7.1.3　云安全架构和策略缺失

当组织将现有的 IT 栈和安全控制"直接迁移（搬家式）"到云环境，数据就会暴露在各种威胁面前，因为云环境与组织熟悉的传统环境在架构设计和安全控制方面都存在着显著的差异。例如云环境增加了虚拟化安全、容器化安全等内容。具体事件例如：

事件一：2017 年，全球咨询巨头埃森哲（Accenture）证实，该公司无意中在四个不安全的 Amazon S3 存储桶中留存了大量的私人数据，如果暴露了高度敏感的口令和解密密钥，这可能会对公司和客户造成相当大的损害。S3 存储桶包括了几百 GB 的云商企业数据，亚马逊也表示该产品同时为大多数财富 100 强公司提供产品支持。这些数据可以在无需密码的情况下被任何知道该服务器地址的人员直接下载。

事件二：2018 年，Kromtech 安全中心的研究员表示发现了本田 Connect App 上的大量数据在网上曝光。这些数据存储在两个不安全的、可被公开访问的、不受保护的 Amazon AWS S3 存储桶中。

7.1.4　身份/凭据/访问和密钥管理不足

云计算给传统内部系统的身份和访问管理（IAM）带来了多种变化，在云计算环境中这将变得更加重要，一旦身份被盗用，将会导致云资源失陷和云数据泄露。具体事件例如：

事件一：2018 年 11 月，一名 20 岁的德国学生入侵了受弱密码保护的数据，并使用云平台共享了该信息。这位年轻人利用"Iloveyou"和"1234"之类的密码入侵了数百名他不喜欢其政治立场的议员和人士的在线账户。德国网络安全官员透露，与 1000 名国会议员、记者和其他公众人物相关的电话号码、短信、照片、信用卡号码和其他数据已通过 Twitter和其他在线平台被盗、整理和散布。

事件二：2017 年 9 月 25 日，会计公司德勤（Deloitte）证实，由于身份、凭据和访问管理薄弱而遭受重大的数据泄露。当时该公司宣布由于管理员电子邮件账户安全性差而检测到其全球电子邮件服务器受到破坏。此次失陷发生在 2017 年 3 月，影响德勤的 244000 名员工的电子邮件、用户名、密码、IP 地址、企业架构图和健康信息等。而这 244000 名员工的电子邮件均存储在 Azure 云服务中，该服务由微软提供。

7.1.5　账户劫持

账户劫持威胁是指恶意攻击者可能获得并滥用特权或敏感账户。在云环境中，风险最高的账户包括 root 账户及云服务或订阅账户。具体事件例如：

事件一：2014 年 6 月，前代码托管服务公司 Code Spaces 的 AWS 账户因未能通过多因素身份验证保护其管理控制台而被入侵，这家企业在资产遭到破坏后被迫关闭。

事件二：2009 年，众多亚马逊系统被劫持运行宙斯僵尸网络病毒；2010 年 4 月，亚马逊跨站点脚本（XSS）漏洞导致凭证被盗。

7.1.6　恶意内部人员

内部人员可以是在职或离职的雇员、承包商或其他值得信赖的商业伙伴。与外部参与者不同，内部人员不必穿透防火墙、虚拟专用网络（VPN）和其他外围安全防御。内部人员得到公司的信任，他们可以直接访问网络、计算机系统和敏感的公司数据。例如，有很多超级管理员的特权账号被非授权使用，其中微盟删库事件就是最典型的案例。对于内部的云管理员，拥有云上的最高管理员权限，甚至拥有对云上所有资源的控制权，如果他们利用手中的特权进行恶意破坏，必将产生灾难性的后果。具体事件例如：

事件一：2018 年，据报道涉嫌对特斯拉进行破坏的个人是一名因没有得到晋升而不满的员工。其 CEO 埃隆马斯克指出，破坏行动包括使用虚假户名对特斯拉生产操作系统中使用的代码进行更改，以及向未知第三方输出大量高度敏感的特斯拉数据。

事件二：2018 年，印度旁遮普国家银行发生了 18 亿美元的内部欺诈事件。这家银行的一名员工利用极其敏感的密码未经授权访问 SWIFT 银行间交易系统，在一个高度复杂的欺诈性交易链中操作资金交易。

7.1.7　不安全的接口和 API

云服务提供商开放了一系列软件的用户界面（UI）和 API，以允许客户管理云服务并与之交互。常见云服务的安全性和可用性取决于这些 API 的安全性。设计不良的 API 可能会被滥用，甚至数据泄露。具体事件例如：

2017 年 7 月，一个 API 访问令牌（Access Token）窃取漏洞被引入 Facebook 代码中。直至 2018 年 9 月 25 日才被识别，并于 2018 年 9 月 27 日被侦测到。该漏洞将造成超过 5000 万个账户的重大数据泄露。虽然该漏洞已经被修复并告知了执法部门，但 Facebook 表示，目前还不清楚黑客的身份和来源，还没有来得及充分评估攻击的范围。

7.1.8　受限的云使用可见性

当组织不具备可视化和分析组织内使用云服务是否安全（例如，当员工使用云应用程序和资源而没有获得公司 IT 和安全部门的特别许可和支持）时，就有可能产生安全风险。具体事件例如：

云安全公司 Lacework 2018 年的研究表明，有超过 22000 个容器编排系统和 API 管理系统被公开暴露，其中大约 300 个可以在没有任何凭证的情况下对容器进行访问，并且攻击者可以在容器上完全控制或远程执行代码。其中 Kubernetes dashboard 占暴露界面的 75% 以上，其次是 Docker Swarm（Portainer 和 Swarmpit）占 20%，Swagger API UI 占 3%，Mesos Marathon 和 Red Hat OpenShift 各占不到 1%。绝大多数（超过 95%）的被暴露系统都托管在亚马逊 AWS 上，55% 的公司位于美国的 AWS 区域。

7.1.9　滥用和恶意使用云服务

恶意攻击者可能会利用云计算能力来攻击用户、组织以及云供应商，也会使用云服务来运行恶意软件。运行在云服务中的恶意软件看起来是可信的，因为他们使用了云服务提供商的域名。具体事件例如：

事件一：2016 年，勒索软件 Locky 的变种 Zepto 病毒利用微软 OneDrive、谷歌 Drive 以及 Box 文件分享功能来传播病毒。

事件二：CloudSquirrel 攻击利用钓鱼邮件方式来攻击。攻击邮件诱使受害者打开貌似重要的链接（比如发票），一旦打开，CloudSquirrel 就会让受害者自动下载额外的加密恶意软件 Java 包，然后该恶意软件将会自动和 Box 的控制服务器建立联系，它的指令会通过明文文本文件来传递，但这些文件会以一个假的文件名存在，如 MP4、WMV、PNG、DATA 以及 WMA。

总之，云时代所面临的安全威胁在不断变化升级，上述同类安全事件还将不断上演。本文后续章节将介绍一些知识、原理来帮助应对云安全威胁，从而减少安全事件发生的概率、降低安全事件的负面影响。

7.2 云计算安全体系架构

不同服务模式下云服务提供商和客户对计算资源的控制范围不同，控制范围则决定了安全责任的边界，如图 7-1 所示。在 IaaS 模式下，用户负责分配到的虚拟网络安全，自己部署的操作系统、运行环境和应用的安全，对这些资源的操作、更新、配置的安全和可靠性负责；云服务提供商负责虚拟化计算资源层及底层资源的安全。在 PaaS 模式下，用户承担自己开发和部署的应用及其运行环境的安全责任，其他安全由云服务提供商负责。在 SaaS 模式下，用户承担客户端安全相关责任；云服务提供商承担服务端安全责任。

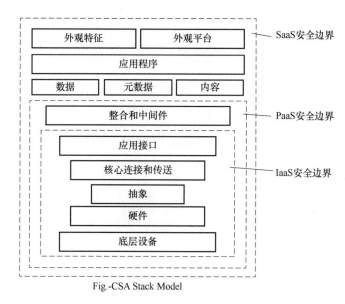

图 7-1 云计算安全体系架构

7.2.1 IaaS 层安全

7.2.1.1 IaaS 服务安全责任

根据云计算安全责任模型，IaaS 服务提供者控制了底层的物理和虚拟资源；客户控制了访问和使用 IaaS 服务的用户凭据（如用户证书、账号等）、工具（如 Web 浏览器、客户端软件等）或系统（如运行客户业务处理、应用、中间件和相关基础设施的企业系统），客户同时控制了使用物理和虚拟资源的操作系统、存储以及部署的应用。

因此除租户虚拟资源私有空间内的服务层安全由租户负责之外，其他安全都归属 IaaS 层，包括用户层安全、访问层安全、资源层安全、安全管理，以及公共的安全服务，如图 7-2 所示。

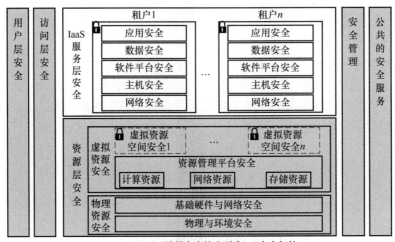

CSA《云计算安全技术要求》云安全架构

图 7-2 IaaS 服务层安全

7.2.1.2 IaaS 安全风险

IaaS 层的安全风险既有传统数据中心的边界网络的安全风险以及内部网络安全威胁，也有云计算多租户架构带来的新风险，本节重点描述一下新风险。

对于管理员而言，主要存在以下风险和威胁：

（1）虚拟管理层成为新的高危区域

云计算系统通过虚拟化技术为大量用户提供计算资源，虚拟管理层成为新的高危区域。

（2）恶意用户难以被追踪和隔离

资源按需自主分配使得恶意用户更易于在云计算系统中发起恶意攻击，并且难以对恶意用户进行追踪和隔离。

（3）云计算的开放性使云计算系统更容易受到外部攻击

用户通过网络接入云计算系统，开放的接口使得云计算系统更易于受到来自外部网络的攻击。

而对于最终用户而言，使用云计算服务带来的主要风险和威胁如下：

（1）数据存放在云端无法控制的风险

计算资源和数据完全由云服务提供商控制和管理，带来的风险包括提供商管理员非法入侵用户系统的风险；释放计算资源或存储空间后，数据能否完全销毁的风险；数据处理存在法律法规遵从风险。

（2）资源多租户共享带来的数据泄露与攻击风险

多租户共享计算资源，带来的风险包括由于隔离措施不当造成的用户数据泄露风险；遭受处在相同物理环境下的恶意用户攻击的风险。

（3）网络接口开放性的安全风险

云计算环境下，用户通过网络操作和管理计算资源，鉴于网络接口的开放性，带来的风险也随之升高。

7.2.1.3　安全措施

IaaS 层安全是云安全防护体系的核心组成部分，包括物理与环境安全、物理网络安全、虚拟化平台安全、API 安全、数据安全。

1）物理与环境安全：在机房选址、物理访问控制、安保措施三方面实施完善的安全防护策略、规程和措施。

2）物理网络安全：又可以分为不同区域的网络隔离以及边界网络安全。不同安全区域分划分与隔离，实现物理和逻辑控制并用的隔离手段，一般网络区域划分为 DMZ 区、公共服务区（PSZ）、资源交付区（POD）、数据存储区及运维管理区。边界网络安全一般部署 DDoS 异常和超大流量清洗服务、网络入侵检测与拦截（IDS/IPS- Intrusion Detection System/Intrusion Prevention System）、Web 安全防护。

3）虚拟化平台安全：虚拟化平台通过对服务器物理资源的抽象，将 CPU、内存、I/O 等物理资源转化为一组统一管理、可灵活调度、可动态分配的逻辑资源，并基于这些逻辑资源，在单个物理服务器上构建多个同时运行、相互隔离的虚拟机执行环境。通过 CPU 隔离、内存隔离和 I/O 隔离等技术手段实现虚拟主机操作系统与访客虚拟机操作系统之间的隔离，并通过 Hypervisor 让虚拟主机操作系统与访客虚拟机操作系统使用不同的权限运行，来保证平台系统资源的安全。

4）API 安全：API 安全具体涉及身份认证及鉴权，令牌（token）认证、访问密钥 ID/访问密钥（AK/SK- Access Key ID/Secret Access Key）认证、传输保护（一般 https）、边界防护以及 API 流量控制。

5）数据安全：具体涉及的技术措施有身份认证和访问控制、数据隔离、数据脱敏，传输安全、存储安全、数据删除与销毁。

7.2.2　PaaS 层安全

PaaS 模型中云服务供应商通常向云客户提供多种操作系统以供选择。云服务供应商负责系统的补丁、管理和更新，云客户可以在平台上安装任何适用的应用软件。

7.2.2.1　PaaS 服务的安全责任

PaaS 服务所需的基础资源可以由 IaaS 服务提供商提供，也可以由传统的数据中心提供。当基础资源由 IaaS 服务提供商提供时，基础资源的安全责任由 IaaS 服务提供商承担，PaaS 服务提供商需要选择安全能力满足自身业务需求的 IaaS 服务提供商；当基础资源由传统数据中心提供时，基础资源的安全由 PaaS 服务提供商负责。

根据云计算安全责任模型，PaaS 服务提供商负责包括网络、主机、软件平台在内的 PaaS 平台安全，同时为 PaaS 租户提供一个安全的虚拟资源空间。该虚拟资源空间的控制权为 PaaS 租户所有，虚拟资源私有空间内的安全由租户负责。例如，云数据库作为 PaaS 的资源，数据库的 Admin 账号需要租户管理。

7.2.2.2 PaaS 风险

PaaS 模式除了 IaaS 模式的风险外，还具有其他风险，例如：

1）互操作性：由于操作系统由云服务提供商管理和更新，所以当环境调整时，云客户的软件可能不能正常工作。

2）后门：因为云客户可以在云环境中安装任何软件并通过远程访问，因此可能留下后门。如果后门被发现和利用，可用作攻击媒介。

3）虚拟化：大多数 PaaS 产品都使用虚拟化操作系统，因此必须考虑与虚拟化相关的威胁和风险。

4）资源共享：云客户与其他云客户共享相同的设备，有时候甚至会同时运行，因此必须考虑信息泄露和侧信道攻击的风险。

7.2.2.3 网络安全措施

PaaS 系统应保护用户访问 PaaS 系统中的资源时通信消息的完整性和机密性，并支持在用户访问 PaaS 系统中的资源前对用户的鉴别和鉴权。因此，PaaS 网络应该满足如下需求：

1）网络隔离：PaaS 系统应支持将网络划分为不同的区域并对不同区域进行逻辑隔离，包括管理网络与业务网络之间的逻辑隔离，业务网络和管理网络与租户业务网络的逻辑隔离。应该支持在不同安全等级的区域之间以及对网络设备（包括虚拟化网络设备）远程管理时采用安全传输。

2）弹性和可用：主要网络设备和安全设备应可以根据业务处理能力弹性扩展，支持网络高可用性部署。在系统出现部分故障时可以自动进行业务切换。

3）访问和控制：系统管理员可以登录管理网络进行访问控制，对管理网络的最大流量及单用户网络连接数进行限制，对进出 PaaS 系统业务网络和管理网络的信息内容进行过滤。应该对远程管理网络时可以使用的特权命令进行限制，对 PaaS 系统网络边界管理设备受控接口 ACL 策略进行自动化更新。支持 PaaS 租户采用 VPN 通道访问 PaaS 服务，支持对管理员登录采用多因素身份验证并对管理员登录地址进行限制，同时管理员权限应该最小化。

4）监测：根据与当前运行情况相符的网络拓扑结构图实时更新和集中监控网络资源，对 PaaS 系统网络边界流量进行监控及攻击和入侵行为检测。支持对登录网络设备的失败进行处理，支持区域边界处的网络设备和安全设备的日志记录、审计报表。

5）防护：PaaS 系统应该支持对 DDoS 的攻击防护。

7.2.2.4 主机安全

对主机安全的加固应该涵盖主机的生命周期，支持主机入侵检测和防范，以及对主机恶意代码防护的能力。

7.2.2.5 软件安全

PaaS 平台的软件安全包括管理平台安全和租户虚拟资源空间的安全。

管理平台安全应该满足如下需求：

1）代码和加固：对代码进行安全测试和缺陷修复，支持安全加固的能力，支持对 Web 应用漏洞的检测和防护。

2）监测和处置：支持对攻击行为进行监测和告警的能力。检测到攻击行为时，能够记录攻击的源 IP、攻击的类型、攻击的目的、攻击的时间，支持对恶意代码进行检测和处理，支持监视远程管理连接，中断未经授权的管理连接，支持对资源集中监控。

3）最小化权限：支持对远程执行 PaaS 平台软件特权管理命令进行限制。支持最小化安装，仅安装必要的组件和应用程序。

租户虚拟资源空间的安全应该满足如下需求：

1）可用性：应支持租户故障的安全隔离。单个 PaaS 租户应用故障不应该影响其他租户，部分系统故障也不应该影响提供 PaaS 服务的能力。

2）权限控制：禁止系统管理员直接访问查看租户数据，同时支持用户的权限控制，可以限制用户功能权限和数据访问权限。用户权限的设置应该最小化。

3）监测：控制 PaaS 用户对资源的使用，限制用户超范围使用资源。对 PaaS 用户的资源使用监控，在发现异常时给予提醒。记录 PaaS 系统的登录日志，包括记录用户成功或失败的认证、登录、用户注销、超时退出等活动。记录用户信息管理日志，包括记录用户和用户权限的增删改以及密码的修改和重置等活动。记录数据操作日志，包括应记录应用系统中存放的业务数据进行操作（查询、修改、删除等）的活动等。支持向 PaaS 租户提供审计日志。日志本身需要按照服务水平协议（Service Level Agreement，SLA）经常备份。

在 PaaS 模式中云服务提供商负责安装、维护和管理操作系统，但在操作系统上运行的程序和数据属于云客户。因此为了提供一个安全可信的运营环境，云服务提供商应该承担相应的责任并采取恰当的措施，同时给予云客户对于日志的适当访问权限，以提升客户对于平台的信心。

7.2.3　SaaS 层安全

7.2.3.1　SaaS 环境的常见问题

1. 数据安全

在 SaaS 环境下，企业的应用数据存储在 SaaS 供应商的 DC 中。企业应用数据的安全性在企业本身看来是不透明的，数据的安全性取决于 SaaS 供应商的安全防护能力。数据在用户端上传至云端之后，需要保证数据是时刻加密的；SaaS 供应商需要使用强加密策略，并确保严格的数据访问控制；所有对用户数据的访问都应该被记录，并按时审计。即便是实力强的公司，如苹果公司和 Facebook，也被爆出大量用户隐私数据泄露的情况。因此 SaaS 的数据安全问题还是任重而道远。

2. 数据未隔离

一个拥有多租户的 SaaS 供应商，为了节约存储成本，可能将多个用户的数据存储在相同的数据位置。若不同租户的数据之间没有隔离防护，或者防护措施不到位，则有可能发生数据泄露。SaaS 的应用体系结构和数据模型的设计应确保严格的租户间数据隔离。如果 SaaS 的应用程序部署在一个第三方公有云中，则需要第三方供应商拥有相应的安全能力，以保护数据安全，防止数据泄露。

3. SaaS 程序的安全漏洞

任何一款程序，其代码都有可能存在安全漏洞。一旦这些漏洞被恶意使用，其危害将比本地化部署更严重。由于企业存在着对外隔离、权限管控等安全机制，且不同企业的实际环境大不相同，使得漏洞危害性的广度不会很明显。但只要黑客攻破了某个 SaaS 供应商的防护，则所有在使用该 SaaS 的租户数据都有被泄露的可能性，且租户自身并不知晓。

4. 网络安全

在 SaaS 的部署模式中，企业和 SaaS 供应商之间的数据流在传输过程中必须实时加密保护，以防止企业数据的泄露。SaaS 的供应商必须使用诸如基于 TLS 协议的 https 加密确保数据在互联网上流动的安全性，或者在 SaaS 的部署网络中采取加密技术。此外，还需要具备其他安全保障措施，如防 MITM 攻击、防 IP 欺骗、防端口扫描和数据包嗅探等。

5. 高可用性与灾备

SaaS 的应用程序需要具备能够水平扩展的弹性能力、支持高可用性，杜绝单点故障，以确保其能够 $7 \times 24h$ 不间断地提供服务。除了应用程序本身的高可用性以外，SaaS 供应商需要有充分的安全防护能力来应对 DDos 攻击、APT 攻击或 0Day 等危害。与此同时，SaaS 供应商需要定制完善的业务连续性和灾后恢复计划，以确保任何会导致业务受到影响的事件的时间周期达到最短。此外，灾备的数据应该得到严格防护，减少数据泄露的风险。

7.2.3.2　SaaS 服务商安全性的评估

随着 SaaS 技术的不断成熟，越来越多的 SaaS 应用呈现在用户面前。SaaS 有着简单部署、初期投入成本低、管理容易的优点，成了中小企业的最优选择。但是 SaaS 产品的安全性在目前并未被广泛认可，且频繁爆发的用户数据泄露事件使得 SaaS 产品的安全性一度被质疑。

由于 SaaS 的数据安全状况对租户不透明，且用户无法感知 SaaS 所面临的潜在安全威胁，使得租户对存放在 SaaS 云上的数据缺乏控制能力。因此，难免会发生"亡羊补牢，为时已晚"的情况。

无论是数字化转型还是"安全上云"，对云计算服务（商）的安全评估都是至关重要的工作，新型冠状病毒肺炎疫情爆发后，Zoom 和微盟安全事件已经敲响了云安全的警钟。中国企业在云服务提供商安全评估方面存在的问题尤为严峻。根据派拓网络 2019 年 10 月的调查报告，78% 的中国企业完全依赖云供应商提供的安全措施，高于亚太地区的 70%；而质疑云服务提供商安全防护不够充分的企业仅有 2%。今天，随着新型冠状病毒肺炎疫情的反复和防控常态化，远程办公和云服务的普及加速，有必要再次关注云服务的安全评估问题。

根据 Gartner 2019 年的报告，并非所有 SaaS 提供商的安全性都是透明的，企业必须对两种风险有充分的认识：一种是将重要的用户数据放入云服务的风险，另一种是充分信任云服务提供商的风险。

为了帮助企业充分认识到风险，以下总结了评估 SaaS 服务商安全性的十个要点：

1）查看 SaaS 的漏洞管理/修补策略。

2）检查 SaaS 与内部安全控制的一致性。

3）确保企业拥有数据。

4）确保 SaaS 提供商的合规性。

5）知道数据存储在哪里。

6）检查数据丢失或损坏的规定。

7）安全团队应当参与 SaaS 的采购过程。

8）识别 SaaS 提供商使用的子服务（SaaS 提供商可能使用的子服务也是需要讨论的话题）。

9）在 SaaS 免费试用期间进行彻底测试。

10）审查 SaaS 提供商的第三方安全审计报告。

7.3 云计算安全关键技术

云计算的设施层（物理环境）、硬件层（物理设备）、资源抽象和控制层都处于云服务提供商的完全控制下，所有安全责任由云服务提供商承担。应用软件层、软件平台层、虚拟化计算资源层的安全责任则由双方共同承担，越靠近底层（即 IaaS）的云计算服务，客户的管理和安全责任越大；反之，云服务提供商的管理和安全责任越大。不论安全责任在哪方，云计算安全关键技术逐步从静态防御（边界防御、纵深防御等）向动态防御的思路（零信任、安全智能编排等）发展。

7.3.1 身份管理与访问控制

身份与访问管理（Identity and Access Management，IAM）是通过包括人、流程和系统在内的多种手段对访问企业资源的实体进行管理，并确保经过身份验证的实体基于被保护资源、身份及其他条件授予正确的访问权限，基于可信身份和动态授权的现代 IAM 是零信任关键技术之一。

1. 身份管理

身份管理的"身份"部分重点关注注册、配置、传播、管理和取消配置整个身份生命周期的流程和技术。数十年来，身份管理一直是信息安全领域的关键问题。

云消费者可以在云服务提供商的系统中创建所需的所有身份，但存在扩展的局限性，并带来运维问题，所以大多数的组织会选择联动型的技术方案，即联邦身份管理（Federated Identity Management，FIM）服务。联动型技术方案中云消费者需要确定唯一身份标识的授权源，通常是组织内部的目录服务器。联动型技术的实现有两种抽象架构，一种是对云端开放组织原有的授权源，另外一种是对云端联动请求进行集中式代理，以访问原有授权源。

2. 认证

认证是证明或确认身份的过程，在信息安全中常常被认为是指用户的登录行为，但实际上是指实体在任何时间点证明自己是其所声称的身份的过程。认证是身份提供方的责任。

广泛的网络访问很可能导致凭据的丢失甚至被攻击者利用，为减轻认证频率而采用的单点登录（SSO）增加了云服务的攻击面。通常通过多因素认证来减少该风险，多因素认证可以减少账户被恶意利用的概率，并且可以在联动型技术方案中被作为状态属性进行传递。

3. 授权与访问控制

授权是被允许做某事，如允许访问某个网络地址或调用某个 API。而访问控制就是允许或拒绝某个授权来确保用户在被允许访问之前经过相应的认证。权利是身份与授权及附加属性的映射。

在实际应用中云服务提供商通常会通过策略的形式进行强制的授权与访问控制，例如对某些身份授权绑定某些允许调用的 API，但同时策略中又附加了其他额外的限制条件（如网段限制），实现身份的合理权利的同时减少了风险。

4. 特权管理

在风险控制方面，没有什么比特权账户管理更重要。前面提到的强认证方式应该作为特权账户管理重点考虑的一点。另外应该应用账户、会话日志以提高特权用户审计强度。条件允许时应当尽可能地采用更高水平的保证措施，如数字证书、物理和逻辑上的独立访问控制点及堡垒机等控制系统。

7.3.2　网络安全

云计算通过某种形式的虚拟网络来抽象物理网络并创建网络资源池。通常，云消费者从该池中获取所需的网络资源，然后可以在所使用的虚拟化技术的限制内进行配置。例如，某些云平台仅支持在特定子网内分配 IP 地址，而其他云平台则允许云用户配置整个 B 类虚拟网络并完全定义子网架构。

虽然虚拟网络受到与物理网络相同的安全问题的影响，但重要的是要记住它们确实有更多的逻辑攻击选项，因此限定仅允许授权用户的远程访问是关键。

1. 虚拟网络安全

（1）虚拟网络受到与物理网络一样的安全问题的影响

（2）虚拟网络始终在物理网络上运行

2. 虚拟网络可以提供一个简单的堆栈来构建私有云（通过 SDN 提供更好的控制）

有多种实现方式，包括标准和专有选项。根据实施情况，SDN 可以提供更高的灵活性和隔离度。例如，在同一物理网络之上的多个隔离虚拟网络的重叠 IP 范围。与标准 VLAN 不同，SDN 提供了有效的安全隔离边界。SDN 通常还提供任意 IP 范围的软件定义，允许客户更好地将现有网络扩展到云中。如果客户需要 SDN 能够支持的 10.0.0.0/16 子网范围，那么 SDN 可以支持，而且不需要考虑底层网络寻址。它甚至可以使用相同的私有网络 IP 段支持多个客户。

从表面上看，对于云用户来说，SDN 可能看起来像一个普通的网络，但作为一个更完整的抽象，在其表面之下的功能将非同寻常。底层技术和 SDN 的管理看起来与云用户访问的内容完全不同，并且会更加复杂。例如，SDN 可以使用包封装，以便虚拟机和其他"标准"资产不需要对其底层网络堆栈进行任何的更改。虚拟化堆栈从通过虚拟网络接口连接的标准操作系统接收数据包，然后封装数据包以在实际网络中传输它们。除了由管理程序提供的兼容虚拟网络接口之外，虚拟机不需要对 SDN 有任何的了解。

SDN 提供了一个基于软件的交换层，它从传统的网络中分离出来。根据 6.3 节的介绍，与传统的网络硬件相比，SDN 由基于软件的控制器控制，这使得工程师可以在异构网络中支持交换结构。这在云场景中尤其有趣，因为它允许增加对 OSI 模型第二层（数据链路层）的管理和抽象。

7.3.3　数据安全

数据对企业的重要性不言而喻。因数据安全导致企业运营陷入困境甚至企业倒闭的事件时有发生。云平台的出现，更是给数据安全带来了全新的挑战。备份和恢复是基本的数据保护技术，但随着时间的推移，数据的存储日益复杂，采取的技术也不断发展。

要在云环境中实现数据安全，通常采用以下常见的技术。

1. 加密和模糊化

云计算对加密有着巨大的依赖性，不同的加密技术分别用于保护储存的（静态数据）、传输中的（动态数据）和使用中的数据。加密密钥的存储方式和位置将以不同方式影响数据的整体风险。对加密密钥的保护必须和被加密数据保持相同或更高的安全水平。只有私钥未泄露，密码系统才是有效的。

考虑到数据的敏感性问题，有必要使用一些技术对数据进行模糊化，以便在云环境中使用。这些技术包括随机化、散列、混淆、遮蔽、空值等。

2. 数据访问控制

数据访问控制至少可以在以下三个层面执行：

1）管理平面：对云平台提供的管理平面的用户访问的控制，在默认情况下的策略应该是拒绝访问。

2）公共和内部共享控制：有时数据需要共享给公众或者不直接访问云平台的用户或合作伙伴，这时应在共享层面设置控制。

3）应用程序级别控制：除了云平台的控制外，在平台上的应用程序内部同样需要构建应用层的访问控制。

3. 监控、审计和告警

数据离开生产环境时应该检查，识别并警示对敏感数据的任何访问权限变更或异常操作，必要时可用标记协助警报。在云环境中，数据可能采用卷存储、文件存储或数据库等不同方式，因此需要监控 API 和存储访问，而数据库监视等活动监视可能是一个选项。使用持续监测工具了解云环境中的系统和安全控制如何运作、检测异常活动，以及执行策略可以采用安全信息、事件管理和 DLP。

数据是组织重要的资产，随着组织将系统迁移到云端，组织对于数据的责任并没有发生改变。无论是云服务提供者还是云客户，都需要确保数据安全。然而相比于传统的 IT 环境，云计算尤其特殊，组织应该根据数据价值，按照数据生命周期的不同阶段，确保云服务提供商采取适当的保护措施。

7.3.4 管理安全之 DevSecOps

DevSecOps 是 Development、Security 和 Operations 的缩写，是 DevOps 开发运维一体化运动的一种延伸。在开发运维中融入安全管理的实践，实现在云计算平台中快速、安全地进行软件持续交付。

DevSecOps 跨越整个 IT 堆栈，包括网络、服务器、容器、云和应用程序安全性。所有这些层都越来越多地转变为软件，这使得应用程序安全性成为 DevSecOps 的关键焦点。

DevSecOps 是完整的 SDL：DevSecOps 还涵盖整个软件生命周期，包括开发和运营。在开发过程中，重点是识别和预防漏洞；而在运营中，监控和防御应用程序是目标。在 DevOps 开发运维一体化的模式下，安全将贯穿整个流程，每个参与人都是安全责任人，要保障 IT 软件或服务安全开发运行，需要对特定风险进行管理。

如何有效地实施 DevSecOps，具体包括以下六个实践建议：

1）使安全成为每个人工作的一部分。

2）将预防性控制集成到我们的共享源代码库中。

3）将安全与部署管道集成。

4）保护我们的部署管道。

5）将我们的部署活动与我们的变更审批流程相集成。

6）减少对分离职责的依赖。

最小化的 DevSecOps 需要在上线发布时验证软件的安全性。此处的 DevSecOps 扫描可分为两大类：扫描已知漏洞和已知/重用代码中的错误配置；扫描自定义代码中的未知漏洞。在现代 DevOps 开发中，应用程序中的大部分代码都是"组装"而不是开发出来的，都是从开源和第三方库，框架和组件重用的。首先扫描已知漏洞和已知错误配置将解决大部分的风险。

在这种情况下，可以使用具有治理功能的软件组合分析（SCA）解决方案，在下载组件时执行组织的开源软件（OSS）策略，从而可以主动进行验证，从本质上创建"已知良好"组件的存储库开发人员可以在项目开始时利用，这可以自动执行其他项目。

为了扫描自定义代码，传统的静态和动态应用程序安全测试（SAST 和 DAST）可与

SCA 一起应用，以帮助理解项目对底层开源代码（例如 Struts）的依赖。SAST 技术通常在编码阶段分析应用程序的源代码或二进制文件的语法、结构、过程、接口等来发现程序代码存在的安全漏洞。DAST 技术在测试或运行阶段分析应用程序的动态运行状态。它模拟黑客行为对应用程序进行动态攻击，分析应用程序的反应，从而确定该 Web 应用是否易受攻击。随着 DevOps 更加广泛的应用，SAST 供应商开始提供"快速扫描"，静态代码扫描，只查找最常见的错误，在几分钟内完成。WhiteHat Scout 就是一个典型的例子。这并不能消除对全面扫描的需求，这些扫描仍应定期运行，但更轻、更快的扫描可作为 DevOps 组织的一部分并入，而不会对产品产生较大的影响。

交互式应用程序安全测试（IAST）是验证阶段的关键技术，IAST 是 DAST 的一种改进形式，其中应用程序从内部进行检测，而从外部执行扫描。IAST 是在运行代码上执行的，可以集成到整个 DevOps 流程中。在 IAST 中，代码是经过检测的，以便在测试或受到攻击时生成可用于提高安全性或响应攻击的数据。运行时应用程序自我保护（RASP）是 IAST 产生的右移技术。

7.3.5　容器安全

容器的安全防护应该覆盖整个容器的生命周期，即容器的构建、分发、运行三个阶段，这样才能确保持续的安全性。容器全面防护的本质是控制风险，从全生命周期角度进行安全威胁识别，更加容易选择安全控制措施。根据容器安全指南 SP800-190 的建议，全生命周期容器安全应最少考虑容器构建安全性、容器分发安全性、容器运行安全性三个方面。

1）容器构建安全性：在构建容器时，应只使用受信任的镜像、加强镜像安全扫描工作、定期扫描镜像注册中心、及时更新镜像版本与补丁、删除任何不必要的包、对镜像进行精简及加固，从而限制容器容量与能力、减少容器攻击面。

2）容器分发安全性：在分发容器时，应进行安全认证、加强访问控制、设置统一的访问控制策略、保证网络及连通性安全。

3）容器运行安全性：在运行容器时将不断地受到扫描和攻击，确保安全响应团队应该能够检测并及时响应容器的安全威胁。应进行限制容器使用特权、基线管理并检测异常行为、补救潜在威胁、对安全事件进行事后分析、限制环境运行时策略、检查隔离机制。

如上所述，对于容器来说，安全性是必须要重视的问题，并且在容器安全管理方面还会遇到新的挑战。云计算云服务提供商及云消费者应熟悉云服务提供商交付的安全工具，并根据全生命周期的容器安全建立起云计算的深度防御模式来保障容器的安全运行，通过管理与技术的安全措施，实现云计算安全运营。

7.3.6　云访问安全代理

云访问安全代理（Cloud Access Security Broker，CASB）是由 Gartner 在 2012 年提出的

云安全方案和工具，目前已被标准组织 NIST 和安全机构 SANS 作为云安全的必须解决方案放在其标准和指南中，广泛应用于国外企业。CASB 可以是公司内部部署，或基于 SaaS 云部署的安全策略实施工具。CASB 位于云服务使用者和云服务提供商之间，在各种云服务界面结合和插入企业安全策略。

CASB 解决方案整合了多种类型的安全策略，例如身份验证、单点登录、权限控制、身份属性和权限映射、设备指纹、数据加密、令牌、日志记录、警报、恶意软件检测/预防等。CASB 提供了传统控件（如安全 Web 网关（SWG）和企业防火墙）中通常不具备的功能。CASB 跨多个云服务同时提供策略和治理，并提供对用户活动的精细可见性和对用户活动的控制。

CASB 具有以下四个主要功能：

1）可视化：未知的云应用会导致不受控制的信息资产，并且超出企业的治理、风险和合规性流程。诸如 BYOD（自带设备）策略，SaaS 和云应用程序的日益普及以及影子 IT（Shadow IT）等现象的兴起更是使云应用的安全成为艰巨的任务。受管和不受管的设备通常需要不同的策略来有效地保护公司数据。CASB 能够帮助实施发现并且可视化影子 IT 的应用。

2）数据安全：CASB 能够强制执行以数据为中心的安全策略，以防止基于数据分类、数据发现以及对敏感数据访问或特权升级的用户活动监视而进行的有害活动。数据安全策略可以通过各种安全控制来实现，例如审计、警报、阻止、隔离、删除和查看。另外，CASB DLP（数据防泄露）通过互联网内容自适应协议（ICAP）或 RESTful API 集成在本地运行，并与企业 DLP 产品结合使用。

3）威胁防护：CASB 通过提供自适应访问控制（Adaptive Access Controls，AAC）来防止有害的设备、用户和应用程序版本访问云服务。可以根据登录期间和登录之后观察到的信号来更改云应用程序功能。例如，可用于识别异常行为的嵌入式用户和实体行为分析（User and Entity Behavior Analytic，UEBA），以及威胁情报、网络沙箱与恶意软件识别和补救的使用。大多数 CASB 供应商主要依赖现有企业级反恶意软件和沙盒工具的 OEM 版本，也有一些 CASB 供应商拥有他们自己的分析团队，专门研究针对云的特殊攻击和针对云原生的攻击。

4）合规：CASB 帮助企业证明在使用云服务过程中满足合规需求。CASB 利用可见性、权限控制、报表等功能帮助企业满足数据驻留地和其他安全合规要求。许多 CASB 供应商已在其产品中添加了云安全状态管理（Cloud Security Posture Management，CSPM）功能来评估和降低 IaaS、PaaS 和 SaaS 云服务中的配置风险。这通常是通过直接在云服务中重新配置本机安全控制来实现的。CASB 的功能主要作为 SaaS 应用程序提供，有时还附带一个本地虚拟或物理设备。在大多数情况下，CASB 是作为 SaaS 服务提供给企业的。但是可能需要内部部署设备才能符合某些法规或数据主权规则，尤其是在执行在线加密、令牌化或需要内部部署日志聚合的情况下。

7.4　云计算安全的解决方案

2020 年 5 月，Gartner 发布《Solution Comparison for the Native Security Capabilities》，即原生云厂商的整体安全能力，从云治理和合规、应用和工作负载、基础设施、网络、日志和预警、应用和容器、数据七个方面对全球云厂商安全进行对比。微软、谷歌、亚马逊、阿里云等企业纷纷上榜。下面将对这些国内外主要云厂商的云计算安全解决方案进行介绍。

7.4.1　微软的云安全方案

1. 微软云安全概述

根据 Gartner 报告显示，微软云安全综合实力获得第一名，其特点在于应用在全球首次提出的安全开发生命周期（SDL），将软件安全集成到软件开发的每一个阶段。在 Windows Azure 中完全集成了微软的安全开发生命周期指南的建议，将云安全纳入整体生命周期进行考虑，具体内容包括安全培训、安全需求分析、安全设计、安全开发、安全测试、安全部署、安全响应七个安全开发的阶段。

微软 Azure 从安全平台、隐私与控制、合规性和透明度四个方面入手解决安全问题。注重客户数据的保密性、完整性和可用性，并通过安全技术的实现，保证云计算的安全性。

2. 微软云安全的实现方式

微软从六个技术领域入手解决云安全的常见风险，分别是 Azure 常规安全性、Azure 网络安全、Azure 存储安全、Azure 数据库安全、Azure 标识和访问管理、Azure 备份和灾难恢复实现方式内容。

3. 微软云安全的优势及特点

Azure 安全中心是帮助客户应对威胁和风险的统一云管理平台，通过 Azure 安全中心可以将配置信息、元数据信息、安全事件、故障等内容进行统一的管理与控制，并提供云安全视图、识别云平台漏洞、保证云服务的正常运行。

在 Azure 安全中心，通过安全管理策略配置，加载 ISO 27001、PCI DSS 3.2.1、Azure CIS 1.1.1、SOC TSP、SWIFT CSP CSCFV 2020 等内置的安全管理模板，实现安全标准与安全实践的高度配置化，保证安全技术与安全策略的双重双行，实现安全治理与合规性。

在 Azure 安全中心，通过安全仪表盘分析资源安全状态，并结合智能推送的安全建议，实现从资源类型和安全严重性分析安全威胁，保护 Azure 云计算的整体安全性。

7.4.2　谷歌的云安全方案

1. 谷歌云安全概述

谷歌作为世界云计算的"领头人"，在云计算的研究与开发方面做得非常出色。从谷歌的整体技术构架来看，谷歌计算系统依然是边做科学研究，边进行商业部署。依靠系统冗余和良好的软件构架来低成本地支撑庞大的系统运作、大型的并行计算、超大规模的 IDC 快速部署。

2. 谷歌云安全的实现方式

Goolge Cloud Platform（简称 GCP）为托管、服务客户和保护客户数据提供了一个非常高的标准。对于 GCP 来说，安全和数据保护是设计和构建产品的基础。GCP 能提供承诺客户拥有和控制自己的数据，客户在 GCP 系统上存储和管理的数据仅仅用于为该客户提供 GCP 服务，并使 GCP 服务更好地为客户服务，这些数据不会被用于其他的目的和用途。

GCP 是唯一提供访问透明的云厂商，其拥有强大的内部控制和审计，以防止内部人员访问客户数据。GCP 也为客户提供谷歌管理员近实时的访问日志。除了持续的安全监控之外，对存储在 GCP 中的所有数据在存储和传输的时候进行默认加密。客户也可以选择管理他们在 GCP 上的密钥，这一功能称为 Customer-Managed Encryption Keys（CMEK）。

GCP 可以让客户监控自身账号的活动。提供报告和日志，以便客户的管理员可以轻松地检查潜在的安全风险、跟踪访问权限、分析管理员活动等。另外组织中的管理员还可以使用 Cloud Data Loss Prevention（DLP）功能来保护敏感信息。DLP 增加了一层额外的保护进而标识、防止敏感或者私有信息泄露到组织外部。另外客户的管理员还可以通过组织中的移动设备实施安全策略，加密设备上的数据以及远程执行擦除、锁定丢失或者被盗设备等操作。

另外，GCP 还会进行第三方的审核认证，用以验证 GCP 数据保护实践是否符合对客户的承诺。例如，作为保护 PII（保护个人身份信息）相关的标准 ISO 27018，谷歌将会针对数据使用合法性和规范相关的一系列控制进行审核，确保 PII 不会被用于商业目的。谷歌一直持续投资安全、创新和运营流程，进化和发展 GCP 平台，使客户能够以安全透明的方式从 GCP 服务中受益。

3. 谷歌云安全的优势及特点

目前谷歌具有超过 500 人的全职安全专家团队，并拥有一个超过 15 年的成熟安全模型，以支撑谷歌云平台的安全性，保护着 Gmail、谷歌搜索等明星产品和服务。

7.4.3 亚马逊的云安全方案

1. Amazon AWS 云安全概述

作为全球最大的云计算供应商，AWS 始终跟随产业的发展进行持续改进并保持领先地位。AWS 十分重视安全问题，在进行整体架构设计时就将安全作为五大支柱的其中一根进行规划设计。AWS 安全框架在设计时遵循健壮的身份验证体系、实现可追溯性、在所有层面应用安全机制、自动化安全最佳实践、保护动态数据和静态数据、限制对数据的访问以及做好应对安全性事件的准备七项原则，并从身份识别与访问管理、检测控制、基础设施保护、数据保护以及事件响应五个最佳实践领域依据责任共担模型进行实现。

2. Amazon AWS 云安全的实现方式

AWS 依照责任共担模型对身份识别与访问管理、检测控制、基础设施保护、数据保护以及事件响应五个最佳实践领域进行设计与实现，具体见表 7-1。

表 7-1　AWS 云安全的实现方式

云安全技术领域	实现方式	说　明
身份识别与访问管理	AWS 凭据保护	提供 AWS STS 及 IAM instance profiles for EC2 instances 关键服务以支持对凭据和相关策略的管理
	精细化授权	提供 AWS Organizations 关键服务，通过基于服务控制策略（SCP）的方式实现对多个 AWS 账户中的 AWS 服务进行集中管理
检测控制	日志的分析与捕获	提供 Amazon GuardDuty、AWS Config、Amazon CloudWatch Logs、Amazon S3 and Amazon Glacier 及 Amazon Athena 关键服务帮助用户灵活地实现不同级别的日志捕获需求，并提供鲁棒的智能日志分析服务
	审计控制与通知和工作流的集成化	提供 AWS Config Rules、Amazon CloudWatch and CloudWatch Logs、Amazon CloudWatch API and AWS SDKS 及 Amazon Inspector 关键服务，通过基于规则的引擎设置实现对用户关心的事件、日志的清洗，并将经过筛选的数据导入相关工作流进行处理
基础设施保护	网络及主机层边界防护	提供 Amazon VPC Security Groups、AWS Sheild、AWS WAF、AWS Firewall Manager、AWS Direct Connect 关键服务，支持在 Amazon VPC 上定义网络拓扑并设定安全能力区，并通过对 VPC 内主机的安全组设定及流量路由引导对跨 VPC 边界的流量实现基于规则的安全检测流程编排，达到对 VPC 边界的按需防护
	系统安全配置及维护	提供 Amazon Inspector、AWS CloudFormation 关键服务，帮助用户通过对资产漏洞进行扫描、修复实现攻击面的收缩
	强化服务级别防护	提供 AWS KMS、Amazon S3、Amazon Simple Notification Service 关键服务，配合 IAM 可以帮助用户实现对服务资源最小权限的精细化授权管理
数据保护	数据分类	提供 AWS KMS 关键服务，帮助用户结合 IAM 实现对资源可自定义的标签化管理
	加密/令牌	提供 AWS CloudHMS、Amazon DynamoDB 关键服务，可与 AWS KMS 一起帮助客户实现易用、安全、冗余的密钥管理
	静态数据保护	提供 Amazon S3、Amazon EBS、Amazon Glacier 关键服务，结合 AWS KMS 实现静态数据在 AWS 上的安全防护
	传输中的数据保护	提供 Elastic Load Balancing、Amazon CloudFront 关键服务，结合 AWS Certificate Manager 服务实现不同系统间的加密传输
	数据备份/复制/恢复	提供 Amazon S3 Cross-Region Replication、Amazon S3 lifecycle polices and versioning、Amazon EBS snapshot operations 关键服务，实现用户在 AWS 上的数据备份/复制/恢复
事件响应	干净房间	提供 IAM、AWS CloudFormation、AWS CloudTrail、Amazon CloudWatch Events、AWS Step Functions 关键服务，帮助用户在对安全事件的响应中实现态势感知、实例隔离、镜像回滚及快速安全环境构建等能力，缩短调查小组在"干净房间"中开展调查分析工作的前置时间

3. Amazon AWS 云安全的优势及特点

AWS 责任共担模型对云供应商和云使用者在不同层次的安全责任进行了精确的边界定义，并依据此模型在整个业务框架的设计中特别针对安全进行了专门的细粒度设计，基本实现了从基础设施到应用数据的基础安全能力的提供。最终，使得 AWS 的安全架构拥有强壮的认证及授权控制、对安全事件的自动化响应、对基础设施在多层面的防护以及对业务数据实现带加密的良好分类的纵深防御。实现了用户在 AWS 上实现商业价值时对其信息、系统及资产的保护。

7.4.4　阿里云的云安全方案

1. 阿里云安全概述

阿里云创立于 2009 年，是全球领先的云计算及人工智能科技公司，为 200 多个国家和地区的企业、开发者和政府机构提供服务。阿里云致力于以在线公共服务的方式，提供安全、可靠的计算和数据处理能力，让计算和人工智能成为普惠科技。根据 Gartner 报告显示，阿里云安全在综合实力方面获得第二名，数据安全和用户隐私则是阿里云最重要的原则。

2. 阿里云安全的实现方式

阿里云通过安全责任共担、安全合规和隐私、基础设施、安全架构、云产品提供的安全功能、云盾提供的安全产品服务以及云上数据安全体系来实现阿里云安全。

1）安全责任共担：基于阿里云的客户应用，其安全责任由双方共同承担。阿里云要保障云平台自身安全并提供安全产品和能力给云上客户；客户负责基于阿里云服务构建的应用系统的安全。

2）安全合规和隐私：阿里云的安全流程机制已得到国内外相关权威机构的认可，其将基于互联网安全威胁的长期对抗经验融入云平台的安全防护中，将众多的合规标准融入云平台合规内控管理和产品设计中，同时广泛参与各类云计算服务相关的标准制定并贡献最佳实践，通过独立的第三方验证阿里云如何符合标准。

3）基础设施：阿里云为客户提供全球部署、多地域多可用区的云数据中心；采用多线BGP 网络提高网络访问体验；飞天分布式云操作系统为所有云产品提供高可用基础架构和多副本数据冗余；全球领先的热升级技术使得产品升级、漏洞修复都不会影响客户业务；高度自动化的运维及安全，国内外相关权威机构认可的合规性；高可用、安全、可信的云计算基础设施。

4）安全架构：阿里云提供了"五横两纵"的七个维度的安全架构保障。两个纵向维度分别为账户安全（身份和访问控制），以及安全监控和运营管理。这两个纵向包括了租户侧和云平台侧的不同实现。在五个横向维度中，包括了从最底层的云平台层面安全到对外租户层面的基础安全、数据安全、应用安全和业务安全。

3. 阿里云安全的优势及特点

1）自主研发：飞天大数据平台是我国唯一自主研发的计算引擎。拥有 EB 级的大数据存储和分析能力、10K 任务分布式部署和监控。

2）最佳实践：经受双 11、12306 春运购票等极限并发场景挑战。利用领先的数据智能技术，解决交通拥堵等世界性难题。

3）安全生态：阿里云建有较好的云安全产品与服务生态，可以像淘宝一样采用阿里云原生和第三方的云安全产品与服务。

4）安全合规：合规领域认证最多的"全满贯"，保护中国超过 40% 的网站，防护全国 50% 的大流量 DDoS 攻击，每天成功抵挡 50 亿次攻击；全年帮助用户修复超 833 万个高危漏洞。

7.4.5　腾讯云的云安全方案

1. 腾讯云安全概述

腾讯云以安全、值得信赖为理念；安全是腾讯云的基石。基于全面规划的整体架构，通过多元化的产品与安全属性，腾讯云实施了全方位的防护，从基础网络到系统应用、从业务流程到数据环境，将"大数据 + 人工智能"的力量注入整个安全防护体系。同时，腾讯云不断地优化云计算服务的安全性能与其管理体系的安全管控能力，为云用户提供从云到端的开放、灵活、可定制的全方位安全防护能力。

腾讯云一直坚持以创建安全、开放、共建的云生态与提供稳定、优质的服务为理念，来响应国家对于"网络安全和信息化工作扎实推进"的号召，促进整个云计算安全的构建，并发布《腾讯云安全白皮书》。

2. 腾讯云安全的实现方式

腾讯云提出安全建设的几个关键步骤如下所述：

第一步：协同的云安全防护体系，实现东西向安全、纵深防御、态势感知；基于业务驱动的安全建设理念，以业务流程视角审视 IT 服务的交付过程，利用强健的 IaaS、PaaS、SaaS 云计算服务安全技术，全面保障协同的安全防护。

第二步：全生命周期的数据安全，数据分级、审计、脱敏、访问控制等。

第三步：强化的终端安全加固，BYOD 安全、APP 加固、办公终端安全。

第四步：全方位的安全保障-应急响应服务。

第五步：基于腾讯云安全合规能力，助力云上客户安全合规。

3. 腾讯云安全的优势及特点

由于腾讯公司多年的互联网行业经验，积累了大量丰富的安全能力，为腾讯云安全建设和向云上客户提供安全服务提供了优质的基础，融聚七大安全联合实验室，开放 TOP 安全对抗与研究能力，腾讯云安全能力实现了从 IaaS、PaaS 到 SaaS 的全面覆盖，打造可持续的云安全生态，为实现产业互联网安全提供强大的助力。

《腾讯云数据安全白皮书》提出了腾讯云数据安全的承诺：

1）数据保护承诺。数据是客户的重要资产，腾讯云承诺绝不主动触碰客户数据。腾讯云在《腾讯云服务协议》中明确声明"未经客户授权，腾讯云公司不得访问客户存储在腾讯云中的内容"，但"可以在事先获得客户授权的前提下，访问客户的存储内容，以便客户顺利使用腾讯云服务。"在此数据保护承诺的基础上，腾讯云将数据安全的理念融入产品生命周期的各个环节，并指引腾讯云一路打造客户值得信赖的云服务。

2）数据保护六大原则。为了更好地践行腾讯云的数据保护承诺，腾讯云在数据保护的过程中谨遵"同等保护原则""数据私密原则""质量保障原则""最小授权原则""公开透明原则""安全审计原则"六大原则，并将这六大原则贯穿于腾讯云数据安全实践的每一个环节。

7.4.6 华为云的云安全方案

1. 华为云安全概述

华为云秉承华为公司创始人、CEO 任正非先生提出的"将公司对网络和业务安全性保障的责任置于公司的商业利益之上"。在安全至上的企业文化氛围中，华为云不断汲取公司安全养分，脚踏实地，不断前行。华为云承诺：华为云以数据保护为核心，以云安全能力为基石，以法律法规业界标准遵从为城墙，以安全生态圈为护城河，依托华为独有的软、硬件优势，打造业界领先的竞争力，构建起面向不同区域、不同行业的完善云服务安全保障体系，并将其作为华为云的重要发展战略之一。

网络安全和隐私保护是华为的最高纲领。华为云在遵从所有适用的国家和地区的安全法规政策、国际网络安全和云安全标准，参考行业最佳实践的基础上，从组织、流程、规范、技术、合规、生态等方面建立并管理完善、高可信、可持续的安全保障体系，并与有关政府、客户及行业伙伴以开放透明的方式，共同应对云安全的挑战，全面满足云服务用户的安全需求。

2. 华为云安全的实现方式

在云安全生态方面，华为云认识到单靠一个公司、一个组织的力量不足以应对日益复杂的云安全威胁与风险。因此，华为云诚邀全球所有安全伙伴，携手共建云安全商业和技术生态体系，共同向租户提供安全保障与服务。华为云的云市场欢迎具备技术竞争力的安全技术企业、组织和个人发布云安全服务；同时，华为云诚邀云业务商业合作伙伴，利用自身对云服务云安全行业的独到经验和见解，组合安全服务，形成行业级云安全解决方案。华为云愿意与所有志同道合的伙伴分享云安全市场。

在业务流程方面，安全保障活动融入研发、供应链、市场与销售、工程交付及技术服务等各主业务流程中。安全作为质量管理体系的基本要求，通过管理制度和技术规范来确保其有效实施。华为通过内部审计和接受各国政府安全部门、第三方独立机构的安全认证和审计等来监督和改进各项业务流程。2004 年起，华为的安全管理体系通过了 BS7799-2/ISO27001 认证。华为云在公司级的业务流程基础上，将已在华为全面采用的安全周期管理（Security Development Lifecycle，SDL）集成于当前适合云服务的 DevOps 工程流程和技术能力，形成有华为特色的 DevSecOps 方法论和工具链，既支撑云业务的敏捷上线，又确保研发部署的全线安全质量。

在人员管理方面，华为云严格执行华为长期以来行之有效的人事和人员管理机制。华为全体员工、合作伙伴及外部顾问都必须遵从公司的相关安全政策，接受安全培训，使安全理念融入整个组织之中。华为对积极执行网络安全保障政策的员工给予奖励，对违反的员工给予处罚，违反相关法律法规的员工，还将依法承担法律责任。

在云安全技术能力方面，依托华为自身强大的安全研发能力，以数据保护为核心，开发并采用世界领先的云安全技术，致力于实现高可靠、智能化的云安全防护和自动化的云安全运维运营体系。同时，通过对现网安全态势的大数据分析，有目的地识别出华为云存在的重要安全风险、威胁和攻击，并采取防范、削减和解决措施；通过多维、立体、完善的云安全防御、监控、分析和响应等技术体系支撑云服务运维运营安全，实现对云安全风险、威胁和攻击的快速发现、快速隔离和快速恢复，让租户受益于华为云先进技术带来的便捷、安全与业务增值。

在云安全合规方面，面向提供云服务的地区，华为云积极与监管机构对话，理解他们的担忧和要求，贡献华为云的知识和经验，不断巩固华为在云技术、云服务和云安全方面与相关法律法规的契合度。同时，华为也将法律法规的分析结果共享给客户，避免信息缺失导致的违规风险，通过合同明确双方的安全职责。华为一方面通过跨行业、跨区域的云安全认证满足监管机构的要求，另一方面通过获得重点行业、重点区域所要求的安全认证，建立并巩固华为云业务的客户信赖度，最终在法律法规制定者、管理者、客户三者间共建安全的云环境。

3. 华为云安全的优势及特点

华为云的安全优势可以总结为五大能力。

能力一：云平台安全合规。"安全合规"是指组织要满足所在国家和区域的法律法规中对安全的相关要求以及行业相关标准的要求。它有两个方面的意义：一方面，满足这些要求，就满足了基本的安全规范，是保障组织的网络安全的基础；另一方面，不满足这些要求，则可能面临法律风险或者进入不了行业门槛。所以，企业能否持续获得权威的安全合规认证，是衡量企业在网络安全投入以及安全能力的重要指标之一。华为云通过各种主流的安全认证，总计50多个，具体认证列表参考华为云官网。

能力二：基础设施安全。基础设施安全是华为多维全栈的云安全防护体系的核心。包括物理与环境安全、网络安全、平台安全、API 应用安全以及数据安全五个部分。

能力三：优秀实践化为标准。华为云为用户提供安全可信的云服务的同时，也不断把优秀安全实践变为行业标准。华为云参与制定了多个云计算、云安全相关的国家标准。2018年 8 月，由四川大学牵头、华为云等参与制定的两项云安全国家标准获得"中国标准创新贡献奖"，华为云是国内唯一获得该奖项的云服务提供商。这两项标准也是我国首批发布的云安全国家标准。具体实践参考华为云官网上的各类安全白皮书。

能力四：安全保障体系。华为云构建了 7×24h 不间断的安全保障体系，涵盖 DDoS 攻击、舆情监控、平台安全运维、租户安全事件响应等，确保云上业务的可用、可靠和快速恢复。该体系协助租户处理各类入侵事件等达每月数百次，发送各类安全预警千余次，成功抵御 10Gbit/s 以上大流量攻击 2 万多次，并对违规业务 IP 以及违规的账户进行实时清理。

能力五：面向租户的安全服务。可以粗略地分为华为自研的安全能力，以及来自华为云生态合作伙伴。后者即华为云严选商城的安全产品及服务。据了解，截至 2020 年 7 月，华为云已与 50 家国内外安全伙伴展开合作，在华为云上提供 160 余项安全产品和服务，覆盖网络安全、主机安全、应用安全、数据安全、安全管理等领域。

7.5　云计算安全的合规审计

云计算安全的合规要求，在全球范围内，以标准建设和法律法规为表现形式，不断地在演进和发展。同时，各项安全合规审查也越来越严格和频繁。各项安全合规要求的符合和满足情况，需要通过各类安全合规测评或认证审核来进行验证和确认；应用云的企业也需要云服务提供商提供各种安全合规证据，来建立信任和打消安全顾虑。

以下将介绍一些世界范围内广泛认可的云计算安全合规要求。

7.5.1　CSA 的云计算安全指南和控制框架

云安全联盟（CSA）是全球领先的致力于云计算安全定义和最佳实践的组织，其利用行业从业者、协会、政府及其企业和个人成员的专业知识，提供特定于云安全的研究、教育、认证以及相关活动。

2009 年，CSA 发布了《云计算关键领域安全指南》，为希望安全地采用云模式的管理者提供了一个实用、可操作的路线图。2010 年，CSA 推出了世界上唯一的针对云安全的控制元框架——云控制矩阵（CCM），并映射到国际范围内广泛认知且领先的标准、最佳实践和法规。

《云计算关键领域安全指南》目前为第 4 版，融合了云技术、安全技术和支持技术的先进性，反映了现实世界的云安全实践，整合了最新的云安全联盟研究项目，并为相关技术提供了指导。云计算关键领域安全指南的目标是提供指导和灵感，以支持业务目标，同时管理和降低与采用云计算技术相关的风险。另外，CSA 每年都会发布云计算领域的重大风险和威胁白皮书，如 2020 年发布的《Top Threats to Cloud Computing The Egregious 11》。

CSA 云控制矩阵是一个用于云计算的网络安全控制框架，由 133 个控制目标组成，这些目标划分为 16 个领域，涵盖了云技术的所有关键领域。它可以作为对云计算安全的实施进行系统评估的工具，并为实施云计算安全控制提供指导。控制框架与安全指南保持一致，被广泛视为云安全保证和合规性的事实上的标准。

CSA STAR 是由 CSA 运营的针对云计算安全的认证计划，STAR 意味着安全、信任与保证注册中心，包括自我评估、第三方审计和持续监控组成的三级保证计划。其中第三方审计认证由 CSA 与 BSI 英国标准协会联合推出。BSI 协助规划 CSA STAR 评估体系并在 2012 年开始面向全球推广，从结果上对云服务提供商的安全能力进行分级区分，包括金、银、铜等。

2018 年 5 月，欧盟通用数据准则 GDPR 正式开始实施。这对在全球范围内广泛提供云计算服务的云服务提供商带来了合规性的巨大挑战。CSA 提出了《CSA GDPR 合规行为准则》，为遵守欧盟 GDPR 提供了一个一致和全面的框架，帮助云服务提供商实现 GDPR 合规性、提供合规工具以及数据保护级别透明度指导。

7.5.2　ISO/IEC 27000 系列标准

ISO/IEC 27001 信息安全管理体系是世界上第一个也是迄今为止得到最广泛认可的信息安全方面的国际标准。它提供了信息安全管理系统（ISMS）的基本要求，并成为广泛采用的信息安全认证标准。

ISO/IEC 27001 中提出了信息安全管理体系的基本框架，以及基于最佳实践总结出来的安全控制措施，包括组织安全、人员安全、运维安全、开发安全、访问控制、供应商安全管理、应急响应、安全合规管理等控制域。

同时，国际标准组织 ISO/IEC 以 ISO 27001 为核心，形成 ISO 27000 系列标准，覆盖信息安全主题的不同领域，包括云计算的信息安全、电信领域、政府管理领域等的信息安全，以及信息安全风险管理和审计等的实践指导。

ISO 27017 是专门针对云服务信息安全的实用标准，为云服务提供商和云服务客户提供特定的信息安全控制及实施指南。ISO 27017 是基于 ISO 27002 延伸的标准，主要目的在于提供云厂商一个云端建设与运维的安全规范。包括在 ISO 27002 的框架下，针对安全控制提出额外的实施指南，以及考虑云环境下的特殊要求，补充云计算环境下需特殊考虑的控制措施。

ISO 27018 是首个专注于云中个人信息保护的国际行为准则，提出适用于公有云的个人可识别信息（PII）控制体系，旨在补充 ISO 27002 中的满足公有云 PII 保护要求的安全控制措施。

7.5.3　我国的安全合规和审计要求

2017 年，我国正式实施《网络安全法》，其中第二十一条提出"国家实行网络安全等级保护制度"。网络安全等级保护标准 GB/T 22239 明确了信息安全技术网络安全等级保护的基本要求，以信息系统为评估对象，包括基础信息网络、云计算、移动互联、物联网、大数据和工业控制系统等各个领域，实现了等级保护对象的全覆盖。

2019 年，我国正式发布《云计算服务安全评估办法》，与评估配套的国内标准包括 GB/T 31168 云计算服务安全能力要求、GB/T 31167 云计算服务安全指南，分别从两个方面对采用和提供云服务提出了严格的安全措施要求，覆盖了云计算服务生命周期中采取的措施和具备的能力，涉及安全技术和管理措施，从而保障数据和业务的安全。

第 8 章

云计算数据中心

随着云计算服务的日趋成熟及市场应用的日益广泛，IT 架构全面步入云时代，数据中心也在发生着相应的变革。对于传统互联网数据中心（Internet Data Center，IDC）企业而言，"先订单，再建设，后运营"的经营模式，已经被公有云模式颠覆，数据中心云化是当前数据中心发展的典型趋势之一，传统 IDC 企业转型迫在眉睫，"向云看齐"成了不谋而合的一致选择。

因此，本章将围绕云计算数据中心展开，主要介绍其概念、特征、与传统 IDC 的差异，以及如何科学化地建设云计算数据中心，并为读者详细阐述华为分布式云数据中心的解决方案。

8.1 云计算数据中心概述

以云计算、大数据、移动互联为代表的新一代创新技术在全球范围内迅速普及，越来越多的企业采用新技术来完成构建自己新一代的 IT 基础架构。万物互联、云、管、端的创新技术发展，无疑成为促进云计算数据中心建设的驱动力。云计算数据中心从何发展而来？什么是云计算数据中心呢？它又具有什么样的特征？

8.1.1 数据中心的发展

数据中心是全球协作的特定设备网络，用来在 Internet 网络基础设施上传递、加速、展示、计算、存储数据信息。数据中心是一整套复杂的设施，它不仅仅包括计算机系统和其他与之配套的设备（例如通信和存储系统），还包含冗余的数据通信连接、环境控制设备、监控设备以及各种安全装置。数据中心是 20 世纪 IT 界的一大发明，标志着 IT 应用的规范化和组织化。

随着数据中心的发展，尤其是云计算技术的出现，数据中心已经不只是一个简单的服务器统一托管、维护的场所，它已经衍变成一个集大数据量运算和存储为一体的高性能计算机的集中地。各 IT 厂商将之前以单台为单位的服务器通过各种方式变成多台为群体的模式，在此基础上开发诸如虚拟化、云计算、云存储等一系列的服务，以提高单位数量内服务器的使用效率。

从传统数据中心到云计算数据中心是一个渐进的过程。进入一个云计算数据中心，除了规模化、集中程度更高，可见的基础设施与传统数据中心差异并不会很大，但是服务会不断升级。

从提供的服务方面划分，数据中心向云计算数据中心进阶的过程可以划分为四个阶段，托管型、管理服务型、托管管理型和云计算管理型（就是所谓的云计算数据中心）。

（1）托管型——典型服务：提供 IP + 宽带 + 电力

在托管型数据中心里，服务器由客户自行购买安装，期间对设备的监控和管理工作也由客户自行完成。数据中心主要提供 IP 接入、带宽接入和电力供应等服务。总体来说，提供服务器运行的物理环境。

（2）管理服务型——典型服务：安装、调试、监控、湿度控制 + IP/带宽/VPN + 电力

客户自行购买的服务器设备进入管理服务型数据中心，工程师将完成从安装到调试的整个过程。当客户的服务器开始正常运转，与之相关联的网络监控（包括 IP、带宽、流量、网络安全等）和机房监控（机房环境参数、机电设备等）也随之开始。对客户设备状态进行实时的监测以提供最适宜的运行环境。除 IP、带宽资源外，也提供 VPN 接入和管理。

（3）托管管理型——典型服务：服务器/存储 + 咨询 + 自动化的管理和监控 + IP/带宽/VPN + 电力

相比管理服务型数据中心，这一型数据中心不仅提供管理服务，也向客户提供服务器和存储，客户无需自行购买设备就可以使用数据中心所提供的存储空间和计算环境。同时，相关 IT 咨询服务也可以帮助客户选择最适合的 IT 解决方案以优化 IT 管理结构。

（4）云计算数据中心——典型服务：IT 效能托管 + 服务器/存储 + 咨询 + 自动化的管理和监控 + IP/带宽/VPN + 电力

云计算数据中心中托管的不再是客户的设备，而是计算能力和 IT 可用性。数据在云端进行传输，云计算数据中心为其调配所需的计算能力，并对整个基础构架的后台进行管理。从软件、硬件两方面运行维护，软件层面不断根据实际的网络使用情况对云平台进行调试，硬件层面保障机房环境和网络资源正常运转调配。数据中心完成整个 IT 的解决方案，客户可以完全不用操心后台，就有充足的计算能力（像水电供应一样）可以使用。

8.1.2 云计算数据中心的定义及要素

云计算数据中心是一种基于云计算架构，计算、存储及网络资源松耦合，完全虚拟化各种 IT 设备、模块化程度较高、自动化程度较高、具备较高绿色节能程度的新型数据中心（见图 8-1）。

从上面的定义当中，可以得出云计算数据中心的要素有以下几点：

1）虚拟化程度。这其中包括服务器、存储、网络、应用等虚拟化，使用户可以按需调用各种资源。

2）计算、存储及网络资源的松耦合程度。用户可以单独使用其中任意一、二项资源而不拘泥于运营商的类似套餐打包服务等。

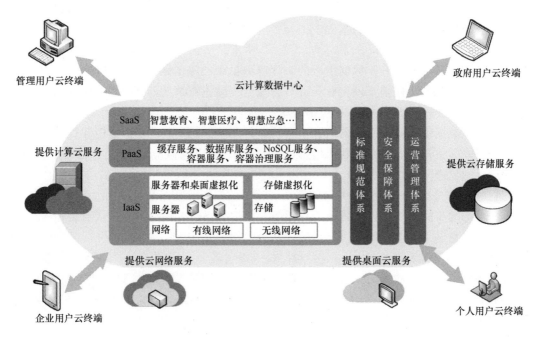

图 8-1　云计算数据中心示意图

3）模块化程度。数据中心内的软硬件分离程度、机房区域模块化程度。

4）自动化管理程度。机房内对物理服务器、虚拟服务器的管理，对相关业务的自动化流程管理、对客户服务的收费等服务自动化管理等。

5）绿色节能程度。真正的云计算数据中心在各方面符合绿色节能标准，一般 PUE（Power Usage Effectiveness，PUE = 数据中心总设备能耗/IT 设备能耗）值不超过 1.5。

云计算数据中心提供虚拟化的基础资源和集成公共信息服务。云计算数据中心的服务方式是利用分布式计算机系统，整合高速互联网、无线通信网的传输能力，把数据的计算、存储移到网络上的计算机集群中。在大型的云计算数据中心，主要功能是管理分布式计算机，对基础资源进行虚拟化，对数据进行自动化的管理，按照客户所需分配各种 IT 资源，动态地负责资源的分配、负载的均衡，云计算数据中心的管理员实现对软件的部署、安全的控制等，在数据层实现数据的管理，在平台层实现面向数据管理为辅、面向信息服务为主的服务方式。

在这种服务模式下，用户不需要考虑存储容量、计算资源的调度、数据的存储位置、系统的安全策略等，只需要按照需求付费，就能获取相应的服务响应。云计算数据中心的重要价值就在于软硬件的按需扩展能力，为数据的存储提供无限的空间，为数据提供自动化的管理，为数据的处理提供无限的计算能力。

8.1.3　云计算数据中心的特征

云计算数据中心应具备以下几个特征：

（1）快速扩展按需调拨

云计算数据中心应能够实现资源的按需扩展。在云计算数据中心中，所有的服务器、存储设备、网络均可通过虚拟化技术形成虚拟共享资源池。根据已确定的业务应用需求和服务级别并通过监控服务质量，实现动态配置、定购、供应、调整虚拟资源，实现虚拟资源供应的自动化，获得基础设施资源利用的快速扩展和按需调拨能力。

（2）自动化远程管理

云计算数据中心应该是 7×24h 无人值守，可以进行远程管理的。这种管理涉及整个数据中心的自动化运营，它不仅仅包括监测与修复设备的硬件故障，还包括实现从服务器、存储到应用的端到端的系统设施的统一管理。甚至，数据中心的门禁、通风、温度、湿度、电力都能够远程调度与控制。

（3）模块化设计

模块化设计在大型云计算数据中心和高性能计算（HPC）中已变得很常见。模块化数据中心的优势主要体现在快速部署、扩展性强、更高的空间利用率、降低投资成本、灵活性高、可移动等方面，解决了传统数据中心建设周期长、一次性投入大、能源消耗高、不易扩展等问题。

（4）绿色低碳运营

云计算数据中心将大量使用节能服务器、节能存储设备和刀片服务器，并通过先进的供电和散热技术，解决传统数据中心的过量制冷和空间不足的问题，并实现供电、散热和计算资源的无缝集成和管理。从而降低运营维护成本，实现低 PUE 值的绿色低碳运营。

8.2　云计算数据中心与传统 IDC 的对比分析

当前，云计算数据中心的发展势头迅猛，百度、腾讯、阿里以及中国电信等大型企业，都有已建、在建和筹建规划。一段时间内，云计算数据中心和传统 IDC 将并存；据预测，在 5 年之内，云计算中心每年将以 50% 的增速发展。那么，云计算数据中心与传统 IDC 的差异到底在哪里？

（1）云计算和传统 IDC 在资源集约化速度和规模上的区别

归根到底，云计算是通过资源集约化实现的动态资源调配。传统 IDC 服务也能实现简单的集约化，但两者在资源整合速度和规模上有着很大的区别。传统 IDC 只是在硬件服务器的基础上进行有限的整合，例如多台虚拟机共享一台实体服务器性能。但这种简单的集约化受限于单台实体服务器的资源规模，远远不如云计算那样跨实体服务器，甚至跨数据中心的大规模有效整合。更重要的是，传统 IDC 提供的资源难以承受短时间内的快速再分配。

（2）云计算和传统 IDC 在平台运行效率上的区别

更加灵活的资源应用方式、更高的技术提升，使云服务商拥有集合优势创新资源利用方式，促进整个平台运作效率的提升。且与传统 IDC 服务不同，云计算使用户从硬件设备的管理和运维工作中解脱出来，专注内部业务的开发和创新，由云服务商负责云平台本身的稳定。这种责任分担模式使整个平台的运行效率获得提升。

简单地说，云计算是在传统 IDC 服务上的延伸和发展。云计算是将多台计算节点连接成一个大型的虚拟资源池来提高计算效率，使资源再分配的效率和规模不受限于单台实体服务器甚至单个 IDC 数据中心。无论从交付/服务方式、资源分配规模、资源分配速度，还是整个平台的运行效率方面，相比传统 IDC 服务，云计算均有着极大的提升，这种提升将为各行业的企业和开发者创造更高的价值。

（3）云计算和传统 IDC 在服务类型上的区别

常用的传统 IDC 服务包括实体服务器托管和租用两类。前者是由用户自行购买硬件发往机房托管，期间设备的监控和管理工作均由用户单方独立完成，IDC 数据中心提供 IP 接入、带宽接入、电力供应和网络维护等，后者是由 IDC 数据中心租用实体设备给客户使用，同时负责环境的稳定，用户无需购买硬件设备。

而云计算提供的服务是从基础设施到业务基础平台再到应用层的连续的整体的全套服务。数据中心将规模化的硬件服务器整合虚拟到云端，为用户提供的是服务能力和 IT 效能。用户无需担心任何硬件设备的性能限制问题，可获得具备高扩展性和高可用的计算能力。

（4）云计算和传统 IDC 在资源分配时滞上的区别

由于部署和配置实体硬件的缘故，传统 IDC 资源的交付通常需要数小时甚至数天，将增加企业承受的时间成本，以及更多的精力消耗，并且难以做到实时、快速的资源再分配，且容易造成资源闲置和浪费。

云计算则通过更新的技术实现资源的快速再分配，可以在数分钟甚至几十秒内分配资源实现快速可用，并且云端虚拟资源池中庞大的资源规模使海量资源的快速再分配得以承受，并以此有效地规避资源闲置的风险。

（5）云计算和传统 IDC 收费模式的区别

传统数据中心一般按照月或者年收费，计算的标准就是机柜数量、带宽大小、用电量这些数据，这些数据是粗放型的，统计不够精确，往往造成很多资源的浪费。比如一个客户租下十个机柜，但实际上只用了五个，另外五个可以日后慢慢上线，但必须要提前支付这十个机柜的费用，让客户多花了不少钱。而云计算数据中心就不同，甚至可以按照小时或者分钟收费，而客户使用的就是计算、带宽和存储数据，就像家里用的燃气费，只要不开启煤气灶，就不会花费燃气费，燃气表只有在打开燃气灶的时候才开始走。精确度量的云计算数据中心就是按照这样的模式来收费的，客户用了多少计算和带宽资源，就收多少费用，这个费用可以精确到分钟，为客户节省了开支。

（6）云计算和传统 IDC 对于光学器件的要求有区别

与传统器件相比，用在数据中心的器件密度要求更高，在同一块板卡上要求可以插上更多的模块。功率需求直线下降为八分之一的水准。对速度的需求也是越来越高，因为在有限的空间、有限的板卡上为了实现更大的数据量，要求模块的速度直线上升，所有的这些要求加在一起，对于器件要求的集成度越来越高。

8.3 云计算数据中心的规划与建设

对于企业而言，如何让数据中心变得更加灵活，同时降低能耗与运营成本，已经变成了发展过程中面临的重大难题。为了解决这一问题，随之出现了云计算数据中心。因此，如何建设云计算数据中心显得尤为重要。云计算环境下的数据中心基础设施各部分的架构应该是什么样的呢？又该如何实现科学化的系统建设呢？本节中将一一进行介绍。

8.3.1 云计算数据中心的体系框架

对于云计算而言，应着重从高端服务器、高密度低成本服务器、海量存储设备和高性能计算设备等基础设施领域提高云计算数据中心的数据处理能力。云计算要求基础设施具有良好的弹性、扩展性、自动化、数据移动、多租户、空间效率和对虚拟化的支持。那么，云计算环境下的数据中心基础设施各部分的架构应该是什么样的呢？

1. 云计算数据中心总体架构

云计算数据中心总体架构如图 8-2 所示。其本质上由云计算平台和云计算服务构成。

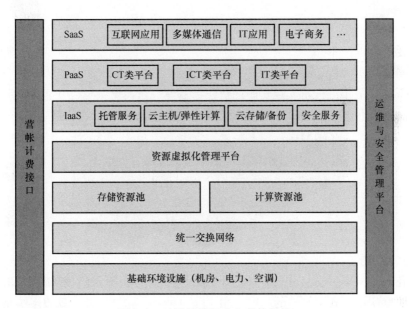

图 8-2 云计算数据中心总体架构

云计算平台是云计算数据中心的内部支撑，处于云计算技术体系的核心。它以数据为中心，以虚拟化和调度技术为手段，通过建立物理的、可缩放的、可调配的、可绑定的计算资源池，整合分布在网络上的服务器集群、存储群等，结合可动态分配和平滑扩展资源的能力，提供安全可靠的各种应用数据服务。

云计算服务是云计算数据中心的外在实现，包括通过各种通信手段提供给用户的应用软件（SaaS）、系统平台（PaaS）和计算资源（IaaS）等服务。其特点是无需前期投资、按需租用服务、获取方式简单以及使用安全可靠等，可以满足不同规模的用户根据需要动态地扩展其服务内容。

2. 云计算机房架构

为了应对云计算、虚拟化、集中化、高密化等服务器发展的趋势，云计算机房采用标准化、模块化的设计理念，最大程度地降低基础设施对机房环境的耦合。模块化机房集成了供配电、制冷、机柜、气流遏制、综合布线、动环监控等子系统，可提高数据中心的整体运营效率，实现快速部署、弹性扩展和绿色节能。

模块化机房能满足 IT 业务部门对未来数据中心基础设施建设的迫切需求，如标准化设计、组件工厂预制、快速上线部署、有效降低初期投资、模块内能源池化管理、动态 IT 基础设施资源高利用率、智能化运维管理、保障重要业务连续性、提供共享 IT 服务（如跨业务的基础设施、信息、应用共享等）、快速响应业务需求变化、绿色节能型数据中心等（见图 8-3）。

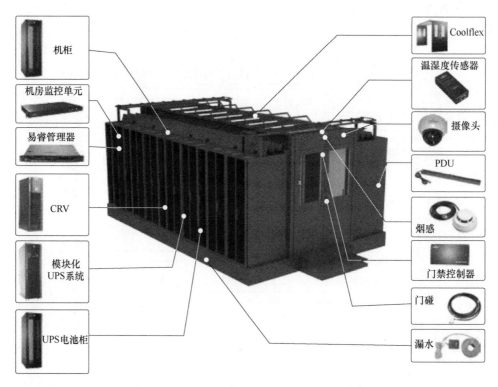

图 8-3　模块化机房示意图

模块化机房包括集装箱模块化机房和楼宇模块化机房。集装箱模块化机房可以在室外无机房场景下应用，减轻了建设方在机房选址方面的压力，帮助建设方将原来半年的建设周期缩短到两个月，而能耗仅为传统机房的 50%，可适应沙漠炎热干旱地区和极地严寒地区的极端恶劣环境。楼宇模块化机房采用冷热风道隔离、精确送风、室外冷源等领先制冷技术，可适用于大中型数据中心的积木化建设和扩展。

3. 云计算网络系统架构

网络系统总体结构规划应坚持区域化、层次化、模块化的设计理念，使网络层次更加清楚、功能更加明确。

云计算数据中心网络根据业务性质或网络设备的作用进行区域划分，可从以下几个方面的内容进行规划：

1）按照数据的等保级别来划分。比如，信息安全等级保护二级和信息安全等级保护三级应划分不同的网络安全域，使用不同的安全策略，来对传送的数据进行保护。

2）按照面向用户的不同，网络系统还可以划分为内部核心网、业务专网、VPN 安全接入域、公众服务网等区域。

3）按照网络层次结构中设备作用的不同，网络系统可以划分为核心层、汇聚层、接入层。

4）从网络服务的数据应用业务的独立性、各业务的互访关系及业务的安全隔离需求综合考虑，网络系统在逻辑上可以划分为存储区、应用业务区、前置区、系统管理区、托管区、外联网络接入区、内部网络接入区等。

此外，还有一种 Fabric 的网络架构。在数据中心部署云计算之后，传统的网络结构有可能使网络延迟问题成为一大瓶颈，使得低延迟的服务器间通信和更高的双向带宽需要变得更加迫切。这就需要网络架构向扁平化方向发展，最终的目标是在任意两点之间尽量减少网络架构的数目。Fabric 网络结构的关键之一就是消除网络层级的概念，Fabric 网络架构可以利用阵列技术来扁平化网络，可以将传统的三层结构压缩为二层，并最终转变为一层，通过实现任意点之间的连接来消除复杂性和网络延迟。不过，Fabric 这个新技术目前仍未有统一的标准，其推广应用还有待更多的实践。

4. 云计算主机系统架构

云计算核心是计算力的集中和规模性突破，云计算数据中心对外提供的计算类型决定了云计算数据中心的硬件基础架构。

从云端客户需求看，云计算数据中心通常需要规模化地提供以下几种类型的计算力，其服务器系统可采用三（多）层架构：

一是高性能的、稳定可靠的高端计算，主要处理紧耦合计算任务，这类计算不仅包括对外的数据库、商务智能数据挖掘等关键服务，也包括自身账户、计费等核心系统，通常由企业级大型服务器提供。

二是面向众多普通应用的通用型计算，用于提供低成本计算解决方案，这种计算对硬件要求较低，一般采用高密度、低成本的超密度集成服务器，以有效降低数据中心的运营成本和终端用户的使用成本

三是面向科学计算、生物工程等业务，提供百万亿、千万亿次计算能力的高性能计算，其硬件基础是高性能集群。

5. 云计算存储系统架构

云计算采用数据统一集中存储的模式，在云计算平台中，数据如何存储是一个非常重要的问题，在实际使用的过程中，需要将数据分配到多个节点的多个磁盘当中。而能够达到这一目的存储技术，当前主要有两种方式，一种是使用类似于谷歌文件系统（Google File System，GFS）的集群文件系统，另外一种是基于块设备的存储区域网络 SAN 系统。

GFS 是由谷歌公司设计并实现的一种分布式文件系统，基于大量安装有 Linux 操作系统的普通 PC 构成的集群系统，整个集群系统由一台 Master（主机）和若干台 Chunk Server（块服务器）构成。

在 SAN 连接方式上可以有多种选择。一种选择是使用光纤网络，能够操作快速的光纤磁盘，适合于对性能与可靠性要求比较高的场所；另外一种选择是使用以太网，采取 iSCSI 协议，能够运行在普通的局域网环境下，从而降低成本。采用 SAN 结构，大量的数据传输通过 SAN 网络进行，局域网只承担各服务器之间的通信任务。这种分工使得存储设备、服务器和局域网资源得到更有效的利用，使存储系统的速度更快，扩展性和可靠性更好。

6. 云计算应用平台架构

云计算应用平台采用面向服务架构 SOA 的方式，应用平台为部署和运行应用系统提供所需的基础设施资源，所以应用开发人员无需关心应用的底层硬件和应用基础设施，并且可以根据应用需求动态扩展应用系统所需的资源。完整的应用平台提供如下功能架构。

1）应用运行环境：底层网络环境、Web 前端、中间件平台、分布式运行环境、多种类型的数据存储、动态资源伸缩。

2）应用全生命周期支持：提供 Java 开发、SDK、IOS 等流程化环境，加快应用的开发、测试和部署。

3）公共服务：以 API 形式提供公共服务，如队列服务、存储服务和缓存服务等。

4）监控、管理和计量：提供资源池、应用系统的管理和监控功能，精确计量应用使用所消耗的计算资源。

5）集成、复合应用构建能力：除了提供应用运行环境外，还需要提供连通性的服务、整合服务、消息服务和流程重组服务等，来实现用于构建 SOA 架构风格的复合应用。

以上是对云计算数据中心架构的一些剖析。云计算之所以称为"云"，是因为它在某些方面具有现实中云的特征：云一般都较大；云的规模可以动态伸缩，它的边界是模糊的。云计算的商业模式给用户提供的是一种 IT 服务，其内容也是随时间变化、动态弹性的。因此，云计算数据中心的架构也会随着社会的进步不断调整和优化。

8.3.2 云计算数据中心的实施过程

云计算数据中心的实施不是一个简单的软硬件集成项目，在实施之前需要谨慎评估和整体规划，充分考虑云计算数据中心的管理模式，并将未来的运营模式纳入整体规划中，这样才可以充分发挥云计算数据中心的作用。

结合对云计算数据中心用户需求的调研和国外的实施经验,目前云计算数据中心基础架构实施主要分为以下五个阶段:

1)规划阶段:要将云计算中心建设作为战略问题来对待,管理高层要给予极大的重视和支持,并明确每一阶段所要实现的目标,从业务创新和 IT 服务转型的高度进行规划和部署。

2)准备阶段:根据本行业特性,充分了解用户采用云计算数据中心想要获得的服务与应用需求,并对云计算平台进行充分的评估,选择合适的技术架构。同时充分考虑系统扩展和迁移的可操作性,保证基础设施平台技术的连续性和核心业务的连续性。

3)实施阶段:资源虚拟化是云计算数据中心的基础,通过构建支持异构平台的虚拟化平台,可以满足安全性、可靠性、扩展性和灵活性等各方面的服务要求。

4)深化阶段:在实现平台架构虚拟化的基础上,还要实现各种资源调度和分配的自动化,为全面管理和自助服务打好基础。

5)应用和管理阶段:云计算的基本特征是开放性,云计算平台应能提供标准的 API 实现与现有应用兼容。所有的应用移植是渐进过程,云计算基础架构要很好地支撑核心应用,而并不仅仅是新增的需求。同时,云计算平台建设是个闭环的过程,需要进行不断的改进。

总之,建立新一代云计算基础设施,应以云计算数据中心的高效率、低运行成本,灵活的业务适应性和服务可用性为目标,分阶段地建设与实施。当然随着社会的进步和技术的发展,云计算数据中心的架构也会不断地调整和优化。

8.3.3 云计算数据中心建设的成本要素

前面分析了云计算数据中心与传统 IDC 的区别要素,事实上建设一个云计算数据中心的成本其实与建设一个传统 IDC 也是有一定区别的。

传统 IDC 的建设成本包括以下七个方面:

1)土地成本:购置土地相关成本,其中要考虑数据中心的位置、交通及周边环境、未来发展等方面。

2)土建成本:一般数据中心的机房建设标准都是较高等级的,特别是抗震、防火、防水、防风等方面的等级要求是很高的。

3)电力电源设施:电力引入是数据中心需要考虑的重大因素,也是其位置选择的一个重要参考指标。电力电源设施的购置、建设成本在整个数据中心建设当中只有相当大的比例。

4)基础网络、网络安全设施建设:网络引入是数据中心(特别是 IDC)建设需考虑的非常重要的因素。很多数据中心建设地点一般都选在能最接近各电信运营商的骨干节点附近。这对运营性数据中心来说是其未来市场的一个重要保证。网络安全设施也是机房安全的重要保证。

5)空调及消防设施建设:空调及消防对于数据中心的持续运营有着重要作用,其效能也影响着数据中心的运营成本。

6）机房内饰、网络布线及机架建设：传统数据中心在这些方面的要求可能会比较简单，但是一个高标准的数据中心对这一块的要求会非常关注，因为机房内饰、网络布线及机架建设都是会影响到机房整体能耗的重要因素。

7）客户专区、监控专区及外围设施建设：这些区域的建设其实与整个数据中心的安全有着密切的关系，也是机房建设必不可少的要素。

以上七大要素其实也是建设一个数据中心必须具备的要素，无论是传统 IDC 或者是云计算数据中心都需要具备。但是，如果建设云计算数据中心的话，除了上面七大要素以外，还需要具备以下两个要素：

1）IT 设备采购及建设：云计算数据中心的所有 IT 设备（含网络设备）应该一体化、定制化，这与客户托管数据中心不太一样。相对来说，这一块成本会较高。

2）虚拟化软件、云计算管理系统及相关系统的建设：此要素主要是系统层面的建设，建设周期与采用的软件及集成商有非常大的关系。因为是系统层面的关系，这中间有一段时间的调测期，也有一定的时间成本。

当然，对于云计算中心，仍然有些其他要素需要关注，这里暂不一一列举。不过，云计算数据中心建设成本不是在传统数据中心建设成本的基础上简单加上最后两项成本即可。事实上，建设同等规模（相同能力）的数据中心，云计算数据中心能力建设成本并不比传统数据中心高。

8.4 华为云计算数据中心解决方案

一直以来，云计算都是华为公司的核心战略之一。云计算服务的核心能力是基于数字化的高效运营和经营，因此华为大力投入云计算数据中心数字化运营平台项目，在数据中心规划、供应、建设、运维、运营等全生命周期数字化转型，结合全球云市场、用户、资源、建设、消耗等数字化运营，进行整体规划操盘和运筹。通过数字化、人工智能分析资源效率、成本、营收多维分析和建模，提升华为云运营和经营水平。

8.4.1 华为云计算数据中心解决方案架构目标

为了应对数据中心面对的挑战并顺应技术发展趋势，华为提出了分布式云数据中心的理念。分布式云数据中心是物理分散、逻辑统一、业务驱动、云管协同、业务感知的数据中心。

分布式云数据中心不再仅限于解决单个数据中心的效率和用户体验，而是将多个数据中心看成一个有机整体，围绕跨数据中心管理、资源调度和灾备设计，包括实现跨数据中心云资源迁移的云平台、多数据中心的统一资源管理和调度的运营运维管理系统、大二层的超宽带网络和软件定义数据中心能力，为客户带来前所未有的价值和全新的使用体验。

从能力来讲，分布式云数据中心要提供以下关键能力：

（1）采用虚拟数据中心方式为租户提供数据中心即服务（DCaaS）

虚拟数据中心（VDC）为租户提供 DCaaS 服务，是软件定义数据中心（SDDC）的一种具体实现。VDC 的资源可以来自于多个物理数据中心的不同资源池，资源类型分为虚拟化的计算、存储和网络资源等。VDC 的资源容量在创建时由 VDC 管理员申请或系统管理员指定，在申请审批后提供给 VDC 用户使用。

VDC 用户使用 VDC 内的资源需要提交申请并由 VDC 管理员审批。VDC 管理员的管理范围包括服务审批、服务模板、服务管理、资源配置、资源发放、自助运维等。VDC 管理员对 VDC 内提供的服务进行全生命周期的管理，可以定义服务并发布到服务目录供用户申请，可以审批用户申请，也可以取消发布的服务。VDC 内的资源支持访问权限控制。VDC 的网络可以由管理员自助定义，将 VDC 划分为多个 VPC，VPC 包括多个子网。VDC 内支持 IaaS 层的多种计算、存储、网络服务。VDC 服务提供部分自助运维能力，包括查看 VDC 告警、性能、容量、拓扑信息。VDC 提供 VDC 级别的资源使用计量信息，方便租户计算计费信息。

（2）针对多种应用场景优化的云基础设施

在不同的应用场景下，对云数据中心的基础设施需求会有差异。分布式云数据中心解决方案针对不同的应用场景提供了不同的基础设施，以满足上层应用的差异化需求，提高基础设施效率和快速交付能力。目前主要针对四大场景：标准虚拟化场景，提供对普通应用虚拟化以及桌面云等虚拟化方案的基础设施；高吞吐场景，主要针对 OLAP 分析型应用的支持，在存储和网络方面提供了优化，支持 InfiniBand 等高性能网络连接；高扩展场景，对于需要快速水平扩展的应用，采用计算存储一体机方案提供快速扩展能力；高性能场景，主要对于 OLTP 应用、X86 服务器替代小机等场景，在服务器提供了多种 RAS 技术增强可靠性，存储支持百万级 IOPS，服务器微秒级稳定响应能力等。

（3）统一灵活的云数据中心管理能力

分布式云数据中心的资源来自于多个物理数据中心，资源类型多样，管理需求复杂。针对这种情况，分布式云数据中心提出了统一管理，包括：多数据中心统一管理，支持对多个数据中心资源的统一接入和管理；物理虚拟统一管理，物理服务器、存储、网络资源和上面虚拟化出来的资源提供一致性的管理，提供拓扑对应关系，在同一个管理界面上呈现；多种虚拟化平台统一管理，现有的虚拟化技术多种多样，需要提供统一的能力。

（4）提供不同 SLA 的灾备服务能力

分布式云数据中心基于 OpenStack 云环境架构，目前可以提供云硬盘备份服务、主备容灾服务两大灾备服务，基于租户 SLA 按需提供/分配灾备服务资源，实现云数据中心多租户自助的虚拟机数据安全保护和业务连续性容灾能力。

8.4.2　华为云计算数据中心解决方案总体架构

分布式云数据中心解决方案逻辑架构如图 8-4 所示，由基础设施层、资源池、服务域、业务域和管理域组成。

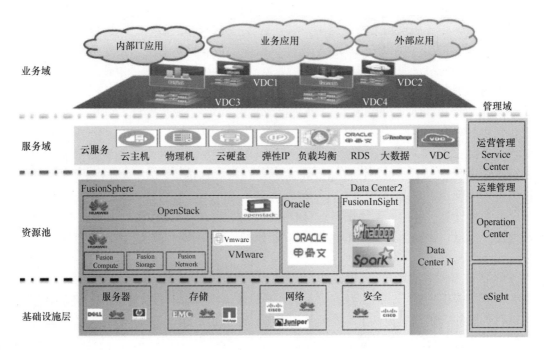

图8-4　分布式云数据中心解决方案逻辑架构

（1）基础设施层

服务器、存储、网络等物理基础设施，构成融合资源池的基础架构。基础设施层提供构建数据中心计算、存储和网络的资源池能力。分布式云数据中心解决方案提供针对多种场景的基础设施方案。基于物理资源构建了虚拟计算、虚拟存储、虚拟网络资源池。

（2）资源池

数据中心管理层提供对虚拟计算、存储、网络的资源管理能力。分布式云数据中心解决方案提供资源池管理能力：提供对异构虚拟化平台管理能力，例如：VMware、FusionSphere等多种虚拟化平台；也能够对物理资源池提供管理能力。

（3）服务域

基于管理层提供的运营和运维能力，匹配业务场景，通过服务目录实现资源的二级运营服务。

1）通过 VDC 服务的形式进行资源的灵活分配，实现 VDCaaS。

2）VDC 内部通过云主机服务、云磁盘服务，实现 IaaS。

（4）业务域

基于分布式云数据中心提供的服务，构建用户的业务系统，满足客户的业务需求。

（5）管理域

提供对多个云数据中心的统一管理调度能力，提供以 VDC 为核心的 DCaaS，VDC 内提供多种云服务能力。该层也提供对虚拟物理资源的统一运维能力。

8.4.3 华为云计算数据中心解决方案逻辑部署

华为分布式云数据中心解决方案基于 OpenStack 作为云管理平台的基础,通过 Open-Stack 对异构虚拟化的支持能力,实现对多种虚拟化平台的统一管理和调度,实现分布式云数据中心统一管理能力。在这个基础上,通过构建跨数据中心的统一运营与运维管理平台,实现分布式云数据中心的架构目标。

在 OpenStack 架构下各部件的部署及连接关系如图 8-5 所示,其中 keystone 部署在 domain 域,实现对多个 OpenStack 实例的统一认证管理。OpenStack 平台原生提供了适配异构虚拟化平台能力,支持 VMware、FusionSphere 等多种虚拟化平台。

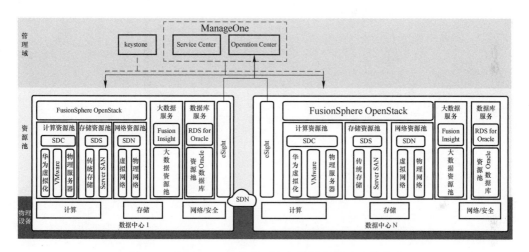

图 8-5 在 OpenStack 架构下各部件的部署及连接关系

具体分布式云数据中心的部件及功能如下:

（1）ManageOne

包括服务中心（SC）和运维中心（OC）。

SC:服务中心基于资源池提供的云和非云资源统一编排和自动化管理能力,包括可定制的异构和多资源池策略和编排、可定制的企业服务集成、可通过集成第三方系统补足资源池管理能力,特别是异构的传统资源自动化发放能力。

OC:运维中心面向数据中心业务,进行场景化运维操作和可视化的状态/风险/效率分析,基于分析能力提供主动和可预见的运维中心。

（2）eSight

提供 region 级硬件设备告警、性能、监控、TOPO 等运维能力。

（3）AgileController

作为 SDN 控制器,提供网络虚拟化能力。

（4）FusionCompute

提供网络、存储、计算资源的虚拟化，从而实现资源的池化。

（5）FusionSphere OpenStack

FusionSphere OpenStack 是开源云管理系统的华为商用版，由多个部件构成，采用 REST 接口和消息队列实现部件解耦，支持对异构虚拟化平台管理（VMware、UVP 等）。主要部件包括：虚拟计算 Nova、镜像 Glance、虚拟磁盘 Cinder、虚拟网络 Neutron、对象存储 Swift、认证 Keystone、监控 Ceilometer 等。

（6）FusionInsight

作为大数据资源池，提供大数据服务资源提供能力。

（7）RDS for Oralce

提供 Oracle 数据库服务化能力。

第9章

云计算平台介绍

云计算是利用高速互联网的传输能力，将数据的处理过程从个人计算机或服务器转移到一个大型的计算中心，并将计算能力、存储能力当作服务来提供。用户不再需要了解"云"中基础设施的细节，不必具有相应的专业知识，也无须直接进行控制，就如同电力、自来水一样按需使用和按量计费。这便是云计算——"让地球更平"的运作方式。

与以往所有的互联网产品相比，云计算是一个包罗万象的技术平台，内含数以百计的可独立使用也可联合使用的产品。在本章中将选择国内外著名的云计算平台作介绍，供读者在云计算应用时参考。

9.1 谷歌云计算平台

9.1.1 谷歌云计算基础架构模式

谷歌的云计算实施可划分为三个层次：底层是构成一个网络架构的基础硬件，包括CPU、内存；基于最底层硬件之上是一个软体层，包括支持并行计算的操作系统、中间件；位于最上层由很多具体应用构成，诸如 Gmail、Google Docs、Google Picasa Web 等。

三大核心技术 GFS（谷歌文件系统）、MapReduce（分布式计算系统）、BigTable（分布式存储系统）构成了谷歌实现云计算服务的基础。

GFS 位于这三项技术的最底层，负责众多服务器、机器数据的存储工作。它将一个大体积数据（通常在百兆甚至千兆级别）分隔成固定大小的数据块放到两至三个服务器上。这样做的目的是当一个服务器发生故障时，可以将数据迅速从另外一个服务器上恢复过来。在一定程度上，存储层面的机器故障处理由谷歌文件系统来完成。

MapReduce 是谷歌开发的 C ++ 编程工具，用于大于 1TB 数据的大规模数据集并行运算。这项技术的意义在于，实现跨越大量数据结点将任务进行分割，使得某项任务可被同时分拆在多台机器上执行。例如，把一项搜索任务拆分成一两百个小的子任务，经并行处理后，将运算结果在后台合并，最后把最终结果返回到客户端。

BigTable 作为谷歌的一种对于半结构化数据进行分布存储与访问的接口或服务，是建立在 GFS 和 MapReduce 之上的结构化分布式存储系统，可以帮助谷歌最大限度地利用已有的数据存储能力和计算能力，在提供服务时降低运行成本。

下面将对这三项技术进行具体的介绍。

9.1.2　文件系统 GFS

谷歌服务器使用的操作系统是基于 Redhat Linux 2.6 的内核，并做了大量的修改。修改了 GNU C 函数库（glibc）、远程过程调用（RPC），开发了自己的 Ipvs；修改了文件系统，形成了自己的 GFSII；修改了 linux 内核和相关的子系统，使其支持 IPv6；并采用了 Python 来作为主要的脚本语言。

谷歌文件系统中最基础的模块是 GFSII cell。任何文件和数据都可以利用这种底层模块。GFSII 通过基于 Linux 分布存储的方式，将服务器分成了主服务器（Master Servers）和块存储服务器（Chunk Servers）。块存储服务器的存储空间以 64MB 为单位，分成很多的存储块，由主服务器来进行存储内容的调度和分配。每一份数据都是一式三份的方式进行备份，并分布存储在不同的服务器集群中，以保证数据的安全性和吞吐效率的提高。当需要对于文件、数据进行存储时，应用程序之间将需求发给主服务器，主服务器根据所管理的块存储服务器的情况，将需要存储的内容进行分配，并将可以存储的消息（使用哪些块存储服务器、哪些地址空间），由应用程序下面的 GFS 接口将文件和数据直接存储到相应的块存储服务器当中。具体流程如图 9-1 所示。

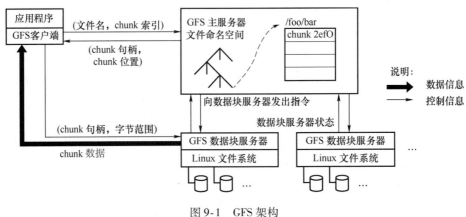

图 9-1　GFS 架构

块存储服务器要定时通过心跳信号的方式告知主服务器目前自己的状况，一旦心跳信号出了问题，主服务器会自动将有问题的块存储服务器的相关内容进行复制，以保证数据的安全性。

数据被存储时是经过压缩的，采用 BMDiff 和 Zippy 算法。BMDiff 使用最长公共子序列进行压缩，压缩速度达到 100MB/s，解压缩速度约为 1000MB/s。类似的有 IBM Hash Suffix Array Delta。Compression Zippy 是 LZW 的改进版本，压缩比不如 LZW，但是速度更快。

9.1.3　并行计算架构 MapReduce

有了强大的分布式文件系统，谷歌遇到的问题就是怎么才能让公司所有的程序员都学会些分布式计算的程序呢？于是，谷歌的工程师们从 lisp 和其他函数式编程语言中的映射和化简操作中得到灵感，推出了 Map/Reduce 并行计算的框架，并以此重新定义了 Google Search Engine 的整个索引系统。

1. Map（映射）**和 Reduce**（化简）

简单说来，一个映射函数就是对一些独立元素组成的概念上的列表（例如，一个测试成绩的列表）的每一个元素进行指定的操作（例如，有人发现所有学生的成绩都被高估了一分，他可以定义一个"减一"的映射函数，用来修正这个错误）。事实上，每个元素都是被独立操作的，而原始列表没有被更改，因为创建了一个新的列表来保存新的答案。也就是说，Map 操作是可以高度并行的，这对高性能要求的应用以及并行计算领域的需求非常有用。

而化简操作指的是对一个列表的元素进行适当的合并（例如，如果有人想知道班级的平均分该怎么做？他可以定义一个化简函数，通过让列表中的元素跟自己的相邻的元素相加的方式把列表减半，如此递归运算直到列表只剩下一个元素，然后用这个元素除以人数，就得到了平均分）。虽然化简函数不如映射函数那么并行，但是因为化简总是有一个简单的答案，大规模的运算相对独立，所以化简函数在高度并行的环境下也很有用。

2. 分布和可靠性

MapReduce 通过把对数据集的大规模操作分发给网络上的每个节点来实现可靠性；每个节点会周期性地把完成的工作和状态的更新报告回来。如果一个节点保持沉默超过一个预设的时间间隔，主节点（类同谷歌中的主服务器）会把这个节点的状态记录为死亡，并把分配给这个节点的数据发到别的节点。每个操作使用命名文件的原子操作以确保不会发生并行线程间的冲突；当文件被改名的时候，系统可能会把它们复制到任务名以外的另一个名字上去。

化简操作工作方式很类似，但是由于化简操作的并行能力较差，主节点会尽量把化简操作调度在一个节点上，或者离需要操作的数据尽可能近的节点上。这个特性可以满足谷歌的需求，因为谷歌有足够的带宽，内部网络没有那么多的机器。

在谷歌，MapReduce 用于非常广泛的应用程序中，包括分布 grep、分布排序、Web 连接图反转、每台机器的词矢量、Web 访问日志分析、反向索引构建、文档聚类、机器学习、基于统计的机器翻译等。但 MapReduce 会生成大量的临时文件，为了提高效率，可利用谷歌文件系统来管理和访问这些文件。

9.1.4　分布式数据库 BigTable

有了强大的存储与计算能力，剩下的谷歌要面对的是如何高效地管理其应用中存在的结构化、半结构化数据。谷歌需要的是一个分布式的类 DBMS 的系统，于是催生了 BigTable。

BigTable 建立于 GFS 和 MapReduce 之上，于 2004 年初由谷歌研发。BigTable 让谷歌在提供新服务时的运行成本降低，最大限度地利用了计算能力。

BigTable 中每个 Table 由行和列组成，并且每个存储单元 cell 都有一个时间戳，在不同的时间对同一个存储单元 cell 有多份拷贝，这样就可以记录数据的变动情况。同一个单元格的版本都以时间戳顺序递减方式存储，因此最近的版本可以首先阅读。谷歌的 BigTable 不支持事务，只保证对单条记录的原子性。

图 9-2 所示为一个使用 BigTable 存储网页的例子，这一"行"的名字是网页的反向 URL——"com. cnn. www"，名为"contents："的这一"列"存储网页内容，带有名为"anchor"的列存储所有引用该网页的锚（anchor）文本。CNN 的首页被"cnnsi. com"和"my. look. ca"这两个网站的首页引用，所以该行就包含了这两列："anchor：cnnsi. com"和"anchor：my. look. ca"。这两列下的单元都只有一个版本，而"contents："这一列下的单元有三个版本，分别是时间戳 t_3、t_5 和 t_6，分别对应着网页变动的情况。

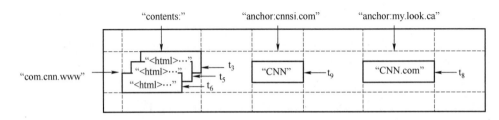

图 9-2　一个使用 BigTable 存储网页的例子

BigTable 中最重要的选择是将数据存储分为两部分。主体部分是不可变的，以 SSTable 的格式存储在 GFS 中；最近的更新则存储在内存（称为 memtable）中。读操作需要根据 SSTable 和 memtable 综合决定要读取的数据的值。

9.2　阿里云计算平台

9.2.1　飞天开放平台架构

阿里云飞天开放平台是在数据中心的大规模 Linux 集群之上构建的一套综合性的软硬件系统，将数以千计的服务器联成一台"超级计算机"，并且将这台超级计算机的存储资源和计算资源以公共服务的方式，输送给互联网上的用户或者应用系统。

阿里云基础服务平台，注重为中小企业提供大规模、低成本的云计算服务。通过构建飞天这个支持多种不同业务类型的公有云计算平台，帮助中小企业在云服务上建立自己的网站和处理自己的业务流程，打造以云计算为基础的全新互联网生态链。

飞天体系架构图如图 9-3 所示。整个飞天平台包括飞天内核（图中浅灰色组件）和飞天开放服务（图中白色组件）两大组成部分。飞天内核为上层的飞天开放服务提供存储、计算和调度等方面的底层支持，对应于图 9-3 中的协调服务、远程过程调用、安全管理、资源管理、分布式文件系统、任务调度、集群部署和集群监控模块。

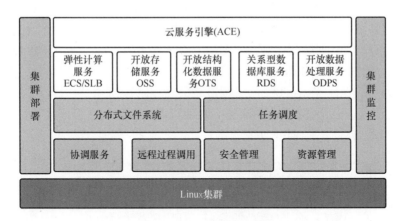

图 9-3　飞天体系架构图

飞天开放服务为用户应用程序提供了存储和计算两方面的接口和服务，包括弹性计算服务（Elastic Compute Service，ECS）、开放存储服务（Open Storage Service，OSS）、开放结构化数据服务（Open Table Service，OTS）、关系型数据库服务（Relational Database Service，RDS）和开放数据处理服务（Open Data Processing Service，ODPS），并基于弹性计算服务提供了云服务引擎（Aliyun Cloud Engine，ACE）作为第三方应用开发和 Web 应用运行与托管的平台。

飞天内核包含的模块可以分为以下几个部分：

1）分布式系统底层服务。提供分布式环境下所需的协调服务、远程过程调用、安全管理和资源管理的服务。这些底层服务为上层的分布式文件系统、任务调度等模块提供支持。

2）分布式文件系统。提供一个海量、可靠、可扩展的数据存储服务，将集群中各个节点的存储能力聚集起来，并能够自动屏蔽软硬件故障，为用户提供不间断的数据访问服务。支持增扩容和数据的自动平衡，提供类似于 POSIX 的用户空间文件访问 API，支持随机读写和追加写的操作。

3）任务调度。为集群系统中的任务提供调度服务，同时支持强调响应速度的在线服务（Online Service）和强调处理数据吞吐的离线任务（Batch Processing Job）。自动检测系统中的故障和热点，通过错误重试、针对长尾作业并发备份作业等方式，保证作业稳定可靠地完成。

4）集群监控和部署。对集群的状态和上层应用服务的运行状态与性能指标进行监控，对异常事件产生警报和记录；为运维人员提供整个飞天平台以及上层应用的部署和配置管理，支持在线集群扩容、缩容和应用服务的在线升级。

9.2.2　云服务器 ECS

作为阿里云的一种基础云计算服务，云服务器 ECS（Elastic Compute Service）提供一种处理能力可弹性伸缩的计算服务，其管理方式比物理服务器更简单高效。根据业务的需要，用户可以随时创建实例、扩容磁盘或批量删除多台云服务器实例。云服务器 ECS（以下简称 ECS 实例）是一个虚拟的计算环境，包含 CPU、内存等最基础的计算组件，是云服务器呈献给每个用户的实际操作实体。ECS 实例是云服务器最为核心的概念，用户可以通过 ECS 管理控制台完成对 ECS 实例的一系列操作。其他资源，包括块存储、镜像、快照等，只有与 ECS 实例结合后才能使用，如图 9-4 所示。

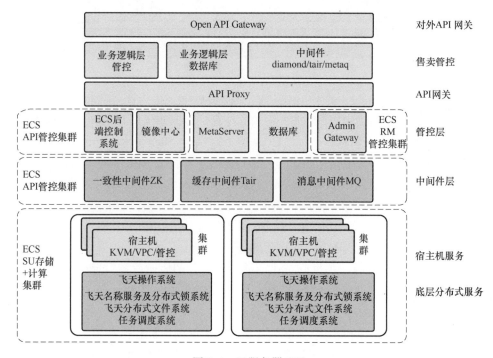

图 9-4　云服务器 ECS

虚拟化是 ECS 的基础。阿里云采用 KVM 虚拟化技术，将物理资源进行虚拟化，通过虚拟化后的虚拟资源，对外提供弹性计算服务。

ECS 包括两个重要的模块：计算资源模块和存储资源模块。

1）计算资源指 CPU、内存、带宽等资源，通过将物理服务器上的计算资源虚拟化再分配给 ECS 使用。一台 ECS 的计算资源只能位于一台物理服务器上。当一台物理服务器上的资源耗尽时，只能在另外的物理服务器上创建 ECS。通过资源的 QoS，保证同一台物理服务器上的不同 ECS 互不影响。

2）存储采用了大规模分布式存储系统，将整个集群中的存储资源虚拟化后，整合在一起对外提供服务。同一台 ECS 的数据保存在整个集群中。在分布式存储系统中，每份数据都提供三份副本，当单份数据损坏后，可实现数据的自动拷贝。

ECS 是弹性计算产品的核心部分，主要为用户提供计算服务。创建并启动一台 ECS 只需数分钟，且 ECS 一经创建即有特定的系统配置。与传统服务器相比，ECS 大大提升了用户业务开展的效率。使用 ECS 与传统托管物理服务器的使用方法完全相同，用户对 ECS 有完全控制权，可通过远程的方式或 API 的方式（控制面板）对 ECS 进行一系列的基本操作。ECS 的计算能力可用虚拟 CPU、虚拟 MEM 来表示；磁盘存储能力可用云磁盘容量来衡量。区别于传统服务器，ECS 有较为灵活的机器配置。用户可以根据需求灵活配置 ECS，在服务器运行运程中，如果现有的服务器配置不能满足业务需求，可随时调整服务器配置。ECS 的生命周期从 ECS 创建到 ECS 释放。当 ECS 释放后，所有的数据将彻底删除，不可找回。

云服务器 ECS 的应用非常广泛，既可以作为简单的 Web 服务器单独使用，也可以与其他阿里云产品（如 OSS、CDN 等）搭配以提供强大的多媒体解决方案。以下是云服务器 ECS 的典型应用场景。

（1）企业官网、简单的 Web 应用

网站初始阶段访问量小，只需要一台低配置的云服务器 ECS 即可运行应用程序、数据库、存储文件等。随着网站的发展，用户可以随时提高 ECS 的配置，增加 ECS 的数量，无需担心低配服务器在业务突增时带来的资源不足问题。

（2）多媒体、大流量的 App 或网站

云服务器 ECS 与对象存储 OSS 搭配，将 OSS 作为静态图片、视频、下载包的存储，以降低存储费用，同时配合 CDN 和负载均衡，可大幅地减少用户访问等待时间、降低带宽费用、提高可用性。

（3）访问量波动大的 App 或网站

12306 网站的访问量可能会在短时间内产生巨大的波动。通过使用弹性伸缩，实现在业务增长时自动增加 ECS 实例，并在业务下降时自动减少 ECS 实例，保证满足访问量达到峰值时对资源的要求，同时降低了成本。如果搭配负载均衡，则可以实现高可用架构。

9.2.3　云数据库 RDS

阿里云关系型数据库 RDS（Relational Database Service）基于阿里云分布式文件系统和高性能存储，提供了容灾、备份、恢复、监控、迁移等方面的全套解决方案，彻底解决了数据库运维的烦恼。阿里云关系型数据库 RDS 版包含 MySQL、SQL Server、PostgreSQL、PPAS 和 OSQL 五种存储引擎，可以方便快捷地创建出适合用户自己应用场景的数据库实例。

（1）云数据库 MySQL 版

云数据库 MySQL 版基于阿里巴巴的 MySQL 源码分支，经过双十一高并发、大数据量的考验，拥有优良的性能。云数据库 MySQL 版支持实例管理、账号管理、数据库管理、备份恢复、白名单、透明数据加密以及数据迁移等基本功能。除此之外还提供如下高级功能：

1）只读实例：在对数据库有大量读请求和少量写请求时，单个实例可能无法承受读取压力，为了实现读取能力的弹性扩展，减少单个实例的压力，云数据库 MySQL 5.6 版的实例支持只读实例，利用只读实例满足大量的数据库读取需求，以此增加应用的吞吐量。

2）读写分离：读写分离功能是在只读实例的基础上，额外提供了一个读写分离地址，联动主实例及其所有只读实例，创建自动的读写分离链路。应用程序只需连接读写分离地址进行数据读取及写入操作，读写分离程序会自动将写入请求发往主实例，而将读取请求按照权重发往各个只读实例。用户只需通过添加只读实例的个数，即可不断扩展系统的处理能力，应用程序上无需做任何修改。

3）CloudDBA 数据库性能优化：针对 SQL 语句性能、CPU 使用率、IOPS 使用率、内存使用率、磁盘空间使用率、连接数、锁信息、热点表等，CloudDBA 提供了智能的诊断及优化功能，能最大限度地发现数据库存在的或潜在的健康问题。CloudDBA 的诊断基于单个实例，会提供问题详情及相应的解决方案，为用户维护实例带来极大的便利。

4）数据压缩：云数据库 MySQL 5.6 版支持通过 TokuDB 存储引擎压缩数据。经过大量的测试表明，数据表从 InnoDB 存储引擎转到 TokuDB 存储引擎后，数据量可以减少 80%～90%，即 2T 的数据量能压缩到 400G 甚至更低。除了数据压缩外，TokuDB 存储引擎还支持事务和在线 DDL 操作，可以很好地兼容运行于 MyISAM 或 InnoDB 存储引擎上的应用。

（2）云数据库 SQL Server 版

云数据库 SQL Server 版不仅拥有高可用架构和任意时间点的数据恢复功能，强力支撑各种企业应用，同时也包含了微软的 License 费用，减少了额外支出。云数据库 SQL Server 版支持实例管理、账号管理、数据库管理、白名单、备份恢复、透明数据加密以及数据迁移等基本功能。

（3）云数据库 PostgreSQL 版

PostgreSQL 是全球最先进的开源数据库，其优点主要集中在对 SQL 规范的完整实现以及丰富多样的数据类型支持，包括 JSON 数据、IP 数据和几何数据等。除了完美支持事务、子查询、多版本控制（MVCC）、数据完整性检查等特性外，云数据库 PostgreSQL 版还集成了高可用和备份恢复等重要功能，减轻用户的运维压力。云数据库 PostgreSQL 版也支持实例管理、账号管理、数据库管理、白名单、备份恢复以及数据迁移等基本功能。

9.2.4 云分布式文件系统

盘古（Pangu）是一个分布式文件系统，盘古的设计目标是将大通用机器的存储资源聚合在一起，为用户提供大规模、数据高可靠性、服务高可用性、高吞吐和高可扩展性的存储服务，是飞天内核中的一个重要组成部分。

1）大规模：能够支持数十 PB 级的存储大小，总文件数达到亿级。

2）数据高可靠性：保证数据和元数据（Metadata）是持久保存并能够正确访问的，保证所有数据存储在处于不同机架的多个节点上面（通常设置为 3）。即使集群中的部分节点出现硬件和软件故障，系统也能够检测到故障并自动进行数据的备份和迁移，保证数据的安全存在。

3）服务高可用性：保证用户能够不中断地访问数据，降低系统的不可服务时间。即使出现软硬件的故障、异常和系统升级等情况，服务仍可正常访问。

4）高吞吐：运行时系统 I/O 吞吐能够随着机器规模线性增长，从而保证响应时间。

5）高可扩展性：保证系统的容量能够通过增加机器的方式得到自动扩展，下线机器存储的数据能够自动迁移到新加入的节点上。

同时，盘古也能很好地支持在线应用的低时延需求。在盘古系统中，文件系统的元数据存储在多个主服务器（Master）上，文件内容存储在大的块服务器（Chunk Server）上。客户端程序在使用盘古系统时，首先从主服务器获取元数据信息（包括接下来与哪些块服务器交互），然后在块服务器上直接进行数据操作。由于元数据信息很小，大的数据交互是客户端直接与块服务器进行的，因此盘古采用少的主服务器来管理元数据，并使用 Paxos 协议保证元数据的一致性。此外，块大小被设置为 64MB，进一步减少了元数据的大小，因此可以将元数据全部放到内存里，从而使得主服务器能够处理大的并发请求。

块服务器负责存储大小为 64MB 的数据块。在向文件写入数据之前，客户端将建立到三个块服务器的连接，客户向主副本（Replica）写入数据以后，由主副本负责向其他副本发送数据。与直接由客户端向三个副本写入数据相比，这样可以减少客户端的网络带宽使用。块副本在放置的时候，为保证数据可用性和最大化地使用网络带宽，会将副本放置在不同的机架上，并优先考虑磁盘利用率低的机器。当硬件故障或数据不可用造成数据块的副本数目达不到三份时，数据块会被重新复制。为了保证数据的完整性，整块数据在写入时会同时计算一个校验值，与数据同时写入磁盘。当读取数据块时，块服务器会再次计算校验值与之前存入的值是否相同，如果不同就说明数据出现了错误，需要从其他副本重新读取数据。

在线应用对盘古提出了与离线应用不同的挑战：OSS、OTS 要求低时延数据读写，ECS 在要求低时延的同时还需要具备随机写的能力。针对这些需求，盘古实现了事务日志文件和随机访问文件，用以支撑在线应用。其中，日志文件通过多种方法对时延进行了优化，包括设置更高的优先级、由客户端直接写多份拷贝而不是用传统的流水线方式、写入成功不经过 Master 确认等。随机访问文件则允许用户随机读写，同时也应用了类似日志文件的时延优化技术。

9.3　开源虚拟化云计算平台 OpenStack

9.3.1　OpenStack 简介

OpenStack 是一个由 Rackspace 公司和美国国家航空航天局（NASA）共同开发的云计算平台项目，可以为共有云和私有云服务提供云计算基础架构平台。OpenStack 使用的开发语言是 Python，采用 Apache 许可证发布该项目源代码。OpenStack 支持多种不同的 Hypervisor（如 QEMU/KVM、Xen、VMware、Hyper-V、LXC 等），通过调用各个底层 Hypervisor 的 API 来实现对客户机的创建和关闭等操作，使用 libvirt API 来管理 QEMU/KVM 和 LXC、使用 XenAPI 来管理 XenServer/XCP、使用 VMwareAPI 来管理 VMware 等。

OpenStack 项目发展迅猛，目前有超过 150 家公司和成千上万的个人开发者已经宣布加入该项目的开发。在支持 OpenStack 开发的一些大公司中，包括了 AT&T、Canonical、IBM、惠普、Redhat、Suse、Intel、Cisco、WMware、Yahoo、新浪、华为等一批在 IT 业界非常知名的公司。

OpenStack 的使命是为大规模的共有云和小规模的私有云都提供一个易于扩展的弹性云计算服务，从而让云计算的实现更加简单和云计算架构具有更好的扩展性。OpenStack 的作用是整合各种底层硬件资源，为系统管理员提供 Web 界面的控制面板以方便资源管理，为开发者的应用程序提供统一的管理接口，为终端用户提供无缝的、透明的云计算服务。OpenStack 在云计算软硬件架构的主要作用与一个操作系统类似，具体如图 9-5 所示。

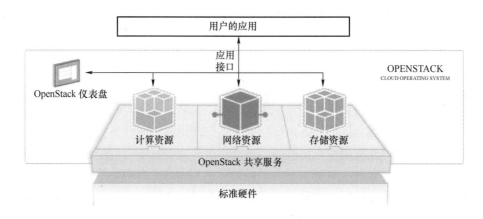

图 9-5　OpenStack 架构

由图 9-5 可见，OpenStack 作为 IaaS 层的云操作系统，主要管理计算、网络和存储三大类资源。

（1）计算资源管理

OpenStack 可以规划并管理大量的虚拟机，从而允许企业或服务提供商按需提供计算资源；开发者可以通过 API 访问计算资源从而创建云应用，管理员与用户则可以通过 Web 访问这些资源。

（2）网络资源管理

OpenStack 可以为云服务或云应用提供所需的对象及块存储资源；因对性能及价格有需求，很多组织已经不能满足于传统的企业级存储技术，因此 OpenStack 可以根据用户需要提供可配置的对象存储或块存储功能。

（3）存储资源管理

如今的数据中心存在大量的设置，如服务器、网络设备、存储设备、安全设备，而它们还将被划分成更多的虚拟设备或虚拟网络；这会导致 IP 地址的数量、路由配置、安全规则呈爆炸式增长；传统的网络管理技术无法高扩展、高自动化地管理下一代网络；因而 OpenStack 提供了插件式、可扩展、API 驱动型的网络及 IP 管理。

OpenStack 包含了许多组件。有些组件会首先出现在孵化项目中，待成熟以后进入下一个 OpenStack 发行版的核心服务中。同时也有部分项目是为了更好地支持 OpenStack 社区和项目开发管理，不包含在发行版代码中。本章将为读者重点介绍 OpenStack 的三个核心开源项目，即 Nova（计算）、Swift（对象存储）和 Glance（镜像）。

9.3.2 计算服务 Nova

作为 OpenStack 云中的计算组织控制器，Nova 处理 OpenStack 云中实例生命周期的所有活动。这样使得 Nova 成为一个负责管理计算资源、网络、认证、所需可扩展性的平台。但 Nova 并不具备虚拟化能力，相反它使用 Libvirt API 来与被支持的 Hypervisors 交互。Nova 通过一个与 Amazon Web Services（AWS）EC2 API 兼容的 Web Services API 来对外提供服务。

Nova 在组成架构上是由 Nova- Api、Nova- Scheduler、Nova- Compute 等一些关键组件构成，这些组件都各司其职，具体关系如图 9-6 所示。

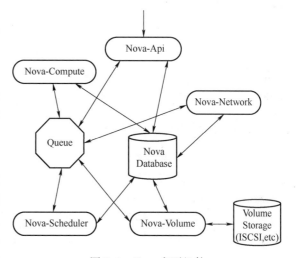

图 9-6 Nova 主要组件

（1）API Server（Nova- Api）

API Server 对外提供一个与云基础设施交互的接口，也是外部可用于管理基础设施的唯一组件。管理使用 EC2 API，通过 Web Services 调用实现。然后 API Server 通过消息队列（Message Queue）轮流与云基础设施的相关组件通信。作为 EC2 API 的另外一种选择，OpenStack 也提供一个内部使用的 OpenStack API。

（2）Message Queue（Rabbit MQ Server）

OpenStack 节点之间通过消息队列使用 AMQP（Advanced Message Queue Protocol）完成通信。Nova 通过异步调用请求响应，使用回调函数在收到响应时触发。因为使用了异步通信，不会有用户长时间卡在等待状态。这是有效的，因为许多 API 调用预期的行为都非常耗时，例如加载一个实例，或者上传一个镜像。

（3）Compute Worker（Nova- Compute）

Compute Worker 处理管理实例生命周期，通过 Message Queue 接收实例生命周期管理的请求，并承担操作工作。在一个典型生产环境的云部署中有一些 Compute Worker。一个实例部署在哪个可用的 Compute Worker 上取决于调度算法。

（4）Network Controller（Nova- Network）

Network Controller 处理主机的网络配置。它包括 IP 地址分配、为项目配置 VLAN、实现安全组、配置计算节点网络。

（5）Volume Workers（Nova-Volume）

Volume Workers 用来管理基于 LVM（Logical Volume Manager）的实例卷。Volume Workers 有卷的相关功能，例如新建卷、删除卷、为实例附加卷、为实例分离卷等。卷为实例提供一个持久化存储，因为根分区是非持久化的，当实例终止时对它所做的任何改变都会丢失。当一个卷从实例分离或者实例终止（这个卷附加在该终止的实例上）时，这个卷保留着存储在其上的数据。当把这个卷重附加载相同实例或者附加到不同实例上时，这些数据依旧能被访问。

一个实例的重要数据几乎总是要写在卷上，这样可以确保能在以后访问。这个对存储的典型应用需要数据库等服务的支持。

（6）Scheduler（Nova-Scheduler）

调度器 Scheduler 把 Nova-API 调用映射为 OpenStack 组件。调度器作为一个称为 Nova-Scheduler 守护进程运行，通过恰当的调度算法从可用资源池获得一个计算服务。Scheduler 会根据诸如负载、内存、可用域的物理距离、CPU 构架等做出调度决定。Nova-Scheduler 实现了一个可插入式的结构。

9.3.3 对象存储服务 Swift

Swift 最初是由 Rackspace 公司开发的高可用分布式对象存储服务，并于 2010 年贡献给 OpenStack 开源社区作为其最初的核心子项目之一，为其 Nova 子项目提供虚机镜像存储服务。Swift 构筑在比较便宜的标准硬件存储基础设施之上，无需采用 RAID（磁盘冗余阵列），通过在软件层面引入一致性散列技术和数据冗余性，牺牲一定程度的数据一致性来达到高可用性和可伸缩性，支持多租户模式、容器和对象读写操作，适合解决互联网的应用场景下非结构化数据存储问题。

Swift 采用完全对称、面向资源的分布式系统架构设计，所有组件都可扩展，避免因单点失效而扩散并影响整个系统的运转；通信方式采用非阻塞式 I/O 模式，提高了系统吞吐和响应能力。Swift 系统架构如图 9-7 所示。

由此可见，Swift 组件如下：

1）代理服务（Proxy Server）：对外提供对象服务 API，会根据环（Ring）的信息来查找服务地址并转发用户请求至相应的账户、容器或者对象服务；由于采用无状态的 REST 请求协议，可以进行横向扩展来均衡负载。

2）认证服务（Authentication Server）：验证访问用户的身份信息，并获得一个对象访问令牌（Token），在一定的时间内会一直有效；验证访问令牌的有效性并缓存下来直至过期时间。

3）缓存服务（Cache Server）：缓存的内容包括对象服务令牌，账户和容器的存在信息，但不会缓存对象本身的数据；缓存服务可采用 Memcached 集群，Swift 会使用一致性散列算法（Consistent Hashing）来分配缓存地址。

4）账户服务（Account Server）：提供账户元数据和统计信息，并维护所含容器列表的服务，每个账户的信息被存储在一个 SQLite 数据库中。

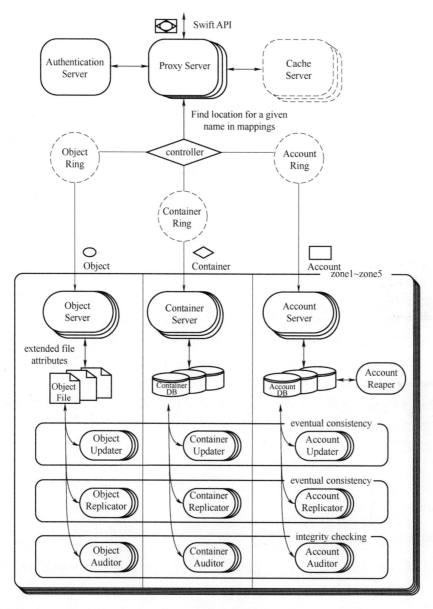

图 9-7 Swift 系统架构

5）容器服务（Container Server）：提供容器元数据和统计信息，并维护所含对象列表的服务，每个容器的信息也存储在一个 SQLite 数据库中。

6）对象服务（Object Server）：提供对象元数据和内容服务，每个对象的内容会以文件的形式存储在文件系统中，元数据会作为文件属性来存储，建议采用支持扩展属性的 XFS 文件系统。

7）复制服务（Replicator）：会检测本地分区副本和远程副本是否一致，具体是通过对比散列文件和高级水印来完成，发现不一致时会采用推式（Push）更新远程副本，例如对象复制服务会使用远程文件拷贝工具 rsync 来同步；另外一个任务是确保被标记删除的对象从文件系统中移除。

8）更新服务（Updater）：当对象由于高负载的原因而无法立即更新时，任务将会被序列化到本地文件系统中进行排队，以便服务恢复后进行异步更新；例如成功创建对象后容器服务器没有及时地更新对象列表，这个时候容器的更新操作就会进入排队中，更新服务会在系统恢复正常后扫描队列并进行相应的更新处理。

9）审计服务（Auditor）：检查对象、容器和账户的完整性，如果发现比特级的错误，文件将被隔离，并复制其他的副本以覆盖本地损坏的副本；其他类型的错误会被记录到日志中。

10）账户清理服务（Account Reaper）：移除被标记为删除的账户，删除其所包含的所有容器和对象。

11）索引环（Ring）是 Swfit 中最重要的组件，用于记录存储对象与物理位置之间的映射关系。当用户需要对 Account（账户）、Container（容器）、Object（对象）操作时，就需要查询对应的 Ring 文件（Account、Container、Object 都有自己对应的 Ring）。Ring 使用 Zone（物理位置分区）、Device（物理设备）、Partition（虚拟出的物理设备）和 Replica（冗余副本）来维护这些映射信息。Ring 中每个 Partition 在集群中都（默认）有三个 Replica。每个 Partition 的位置由 Ring 来维护，并存储在映射中。Ring 文件在系统初始化时创建，之后每次增减存储节点时，需要重新平衡一下 Ring 文件中的项目，以保证增减节点时，系统因此而发生迁移的文件数量最少。

Swift 提供的服务与 Amazon S3 相同，适用于许多应用场景。最典型的应用是作为网盘类产品的存储引擎，比如 Dropbox 背后使用的就是 Amazon S3 作为支持。在 OpenStack 中还可以与镜像服务 Glance 结合，为其存储镜像文件。另外，由于 Swift 的无限扩展能力，非常适合用于存储日志文件和数据备份仓库。

9.3.4　镜像服务 Glance

OpenStack 镜像服务 Glance 是一套虚拟机镜像查找及检索系统。它能够以三种形式加以配置：利用 OpenStack 对象存储机制来存储镜像；利用亚马逊的简单存储解决方案（简称 S3）直接存储信息；或者将 S3 存储与对象存储结合起来，作为 S3 访问的连接器。OpenStack 镜像服务支持多种虚拟机镜像格式，包括 VMware（VMDK）、亚马逊镜像（AKI、ARI、AMI）以及 VirtualBox 所支持的各种磁盘格式。镜像元数据的容器格式包括亚马逊的 AKI、ARI 以及 AMI 信息，标准 OVF 格式以及二进制大型数据。

Glance 是 OpenStack 镜像服务，用来注册、登陆和检索虚拟机镜像。Glance 服务提供了一个 REST API，使用户能够查询虚拟机镜像元数据和检索的实际镜像。通过镜像服务提供的虚拟机镜像可以存储在不同的位置，从简单的文件系统对象存储到类似 OpenStack 对象存储系统。

通过 Glance，OpenStack 的三个模块被连接成一个整体（见图 9-8），Glance 为 Nova 提供镜像的查找等操作，而 Swift 又为 Glance 提供了实际的存储服务，Swift 可以看成 Glance 存储接口的一个具体实现。此外，Glance 的存储接口还能支持 S3 等第三方商业组件。

图 9-8　Glance 与 Nova、Swift 的关系

Glance 的设计模式采用 C/S 架构模式，Client 通过 Glance 提供的 REST API 与 Glance 的服务器（Server）程序进行通信，Glance 的服务器程序通过网络端口监听，接收 Client 发送来的镜像操作请求。Glance 的基本架构如图 9-9 所示。

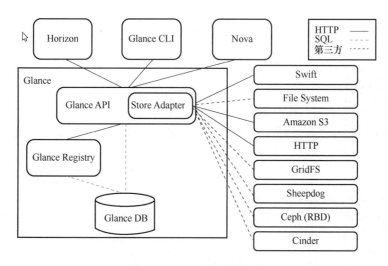

图 9-9　Glance 的基本架构

Glance-API：接收 REST API 的请求，然后通过其他模块（Glance-Registry 及 Image Store）来完成诸如镜像的查找、获取、上传、删除等操作，默认监听端口 9292。

Glance-Registry：用于与 MySQL 数据库进行交互、存储或获取镜像的元数据（metadata）；通过 Glance-Registry，可以向数据库中写入或获取镜像的各种数据，Glance-Registry 监听端口 9191。

Store Adapter：是一个存储的接口层，通过这个接口，Glance 可以获取镜像。Image Store 支持的存储有亚马逊的 S3、OpenStack 本身的 Swift，本地文件存储和其他分布式存储。

9.4　开源云计算系统 Hadoop

9.4.1　Hadoop 简介

Hadoop 是 Apache 软件基金会下的一个开源分布式计算平台。Hadoop 以分布式文件系统

HDFS 和 MapReduce（Google MapReduce 的开源实现）为核心，为用户提供了系统底层细节透明的分布式基础架构。HDFS 的高容错性、高伸缩性等优点允许用户将 Hadoop 部署在低廉的硬件上，形成分布式系统；MapReduce 分布式编程模型允许用户在不了解分布式系统底层细节的情况下开发并行应用程序。所以用户可以利用 Hadoop 轻松地组织计算机资源，从而搭建自己的分布式计算平台，并且可以充分利用集群的计算和存储能力，完成海量数据的处理。

Apache Hadoop 目前的版本（2. X 版）包含以下模块：

1）Hadoop 通用模块：支持其他 Hadoop 模块的通用工具集；

2）Hadoop 分布式文件系统（HDFS）：支持对应用数据高吞吐量访问的分布式文件系统；

3）Hadoop YARN：用于作业调度和集群资源管理的框架；

4）Hadoop MapReduce：基于 YARN 的大数据并行处理系统。

Hadoop 目前除了社区版，还有众多厂商的发行版本，如华为发行版、Intel 发行版、Cloudera 发行版（CDH）、Hortonworks 发行版（HDP）、MapR 等，所有这些发行版均是基于 Apache Hadoop 衍生出来的。现将各个主流的发行版本介绍如下：

1）Cloudera：最成型的发行版本，拥有最多的部署案例；提供强大的部署、管理和监控工具。Cloudera 开发并贡献了可实时处理大数据的 Impala 项目。

2）Hortonworks：第一家使用了 Apache HCatalog 的元数据服务特性的提供商。并且它的 Stinger 开创性地极大地优化了 Hive 项目。Hortonworks 为入门提供了一个非常好的、易于使用的沙盒。Hortonworks 开发了很多增强特性并提交至核心主干，这使得 Apache Hadoop 能够在包括 Windows Server 和 Windows Azure 在内的 Microsft Windows 平台上本地运行。

3）MapR：与竞争者相比，它使用了一些不同的概念，特别是为了获取更好的性能和易用性而支持本地 UNIX 文件系统而不是 HDFS（使用非开源的组件）。可以使用本地 UNIX 命令来代替 Hadoop 命令。除此之外，MapR 还凭借诸如快照、镜像或有状态的故障恢复之类的高可用性特性来与其他竞争者相区别。该公司也领导着 Apache Drill 项目，本项目是谷歌的 Dremel 的开源项目的重新实现，目的是在 Hadoop 数据上执行类似 SQL 的查询以提供实时处理。

4）Amazon Elastic Map Reduce（EMR）：区别于其他提供商的是，这是一个托管的解决方案，其运行在由 Amazon Elastic Compute Cloud（Amazon EC2）和 Amzon Simple Strorage Service（Amzon S3）组成的网络规模的基础设施之上。除了亚马逊的发行版本之外，也可以在 EMR 上使用 MapR。临时集群是主要的使用情形。如果用户需要一次性的或不常见的大数据处理，EMR 可能会为用户节省大笔开支。然而，这也存在不利之处。其只包含了 Hadoop 生态系统中 Pig 和 Hive 项目，在默认情况下不包含其他很多项目。并且 EMR 是高度优化成与 S3 中的数据一起工作的，这种方式会有较高的时延并且不会定位于用户的计算节点上的数据。所以处于 EMR 上的文件 IO 相比于用户自己的 Hadoop 集群或用户的私有 EC2 集群来说会慢很多，并有更大的延时。

如今，Hadoop 已被公认为是目前最流行的大数据处理平台。

9.4.2　Hadoop 生态系统

Hadoop 是一个能够对大量数据进行分布式处理的软件框架，具有可靠、高效、可伸缩的特点。Hadoop 的核心是 HDFS 和 MapReduce，在 Hadoop2. X 中还包括 YARN。图 9-10 所示为 Hadoop2. X 的生态系统。

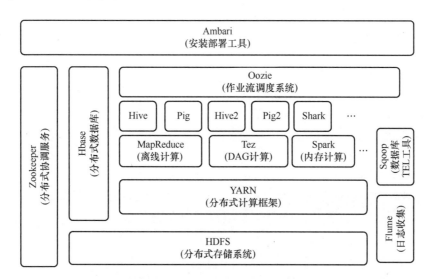

图 9-10　Hadoop2. X 的生态系统

Hadoop2. X 的生态系统主要包括 Hive、Hbase、Pig、Sqoop、Flume、Zookeeper、Mahout、Spark、Storm、Shark、Phoenix、Tez、Ambari、YARN 等。

1）Hive（基于 Hadoop 的数据仓库）：用于 Hadoop 的一个数据仓库系统，它提供了类似于 SQL 的查询语言，通过使用该语言可以方便地进行数据汇总、特定查询以及分析存放在 Hadoop 兼容文件系统中的大数据。

2）Hbase（分布式列存数据库）：一种分布的、可伸缩的大数据存储库，支持随机、实时读/写访问。

3）Pig（基于 Hadoop 的数据流系统）：分析大数据集的一个平台，该平台由一种表达数据分析程序的高级语言和对这些程序进行评估的基础设施一起组成。

4）Sqoop（数据同步工具）：为高效传输批量数据而设计的一种工具，用于 Apache Hadoop 和结构化数据存储库如关系型数据库之间的数据传输。

5）Flume（日志收集工具）：一种分布式的、可靠的、可用的服务，用于高效搜集、汇总、移动大量日志数据。

6）Zookeeper（分布式协作服务）：一种集中服务，用于维护配置信息、命名、提供分布式同步以及提供分组服务。

7）Mahout（数据挖掘算法库）：一种基于 Hadoop 的机器学习和数据挖掘的分布式计算框架算法集，实现了多种 MapReduce 模式的数据挖掘算法。

8）Spark：一个开源数据分析集群计算框架，最初由加州大学伯克利分校 AMPLab 开发，建立于 HDFS 之上。Spark 与 Hadoop 一样用于构建大规模、低延时的数据分析应用。采用 Scala 语言实现，使用 Scala 作为应用框架。

9）Storm：一个分布式的、容错的实时计算系统，由 BackType 开发，后被 Twitter 收购。Storm 属于流处理平台，多用于实时计算并更新数据库。Storm 也可以用于"连续计算"，对数据流做连续查询，在计算时就将结果以流的形式输出给用户。它还可以用于"分布式 RPC"，以并行的方式运行大型的运算。

10）Shark：即 Hive on Spark，一个专门为 Spark 打造的大规模数据仓库系统，兼容 Apache Hive。无需修改现有的数据或者查询，就可以用 100 倍的速度执行 Hive QL。Shark 支持 Hive 查询语言、元存储、序列化格式及自定义函数，与现有的 Hive 部署无缝集成，是一个更快、更强大的替代方案。

11）Phoenix：一个构建在 Apache Hbase 之上的 SQL 中间层，完全使用 Java 编写，提供了一个客户端可嵌入的 JDBC 驱动。Phoenix 查询引擎会将 SQL 查询转换为一个或多个 Hbase scan，并编排执行以生成标准的 JDBC 结果集。直接使用 Hbase API、协同处理器与自定义过滤器，对于简单查询来说，其性能量级是毫秒，对于百万级别的行数来说，其性能量级是秒。

12）Tez：一个基于 Hadoop YARN 之上的有向无环图（Directed Acyclic Graph，DAG）计算框架。它把 Map/Reduce 过程拆分为若干个子过程，同时可以把多个 Map/Reduce 任务组合成一个较大的 DAG 任务，减少了 Map/Reduce 之间的文件存储。同时合理组合其子过程，减少任务的运行时间。

13）Ambari：一个供应、管理和监视 Apache Hadoop 集群的开源框架，它提供了一个直观的操作工具和一个健壮的 Hadoop API，可以隐藏复杂的 Hadoop 操作，使集群操作大大简化。

14）另一种资源协调者（Yet Another Resource Negotiator，YARN）：YARN 是一种新的 Hadoop 资源管理器，它是一个通用资源管理系统，可为上层应用提供统一的资源管理和调度。它的引入为集群在利用率、资源统一管理和数据共享等方面带来了巨大的好处。

9.4.3 Hadoop 分布式文件系统

HDFS（Hadoop Distributed File System）作为 Hadoop 项目的核心子项目，是分布式计算中数据存储管理的基础，是基于流数据模式访问和处理超大文件的需求而开发的。它和现有的分布式文件系统有很多共同点。但同时，它和其他的分布式文件系统的区别也是很明显的：HDFS 是一个高度容错性的系统，适合部署在廉价的机器上；HDFS 能提供高吞吐量的数据访问，非常适合大规模数据集上的应用；HDFS 放宽了一部分 POSIX 约束，来实现流式读取文件系统数据的目的。

（1）HDFS 文件读操作流程

客户端通过调用 File System 对象的 open（）函数来读取希望打开的文件。Distributed FileSystem 通过 RPC 来调用元数据节点，以确定文件的开头部分的块位置。对于每一个数据块，元数据节点返回具有该块副本的数据节点的地址。DistributedFileSystem 返回一个 FSDataInputStream 对象给客户端，用来读取数据，FSDataInputStream 转而包装成一个 DFSInputStream 对象。客户端盗用 stream 的 read（）函数开始读取数据。DFSInputStream 连接保存此文件第一个数据块的最近数据节点。Data 从数据节点读到客户端，当此数据块读取完毕时，DFSInputStream 关闭和此数据节点的连接，然后连接此文件下一个数据块的最近数据节点。当客户端读取完毕数据的时候，调用 FSDataInputStream 的 close（）函数。在读取数据的过程中，如果客户端在与数据节点通信出现错误，则尝试连接包含此数据块的下一个数据节点。失败的数据节点将被记录，以后不再连接。HDFS 文件读操作流程如图 9-11 所示。

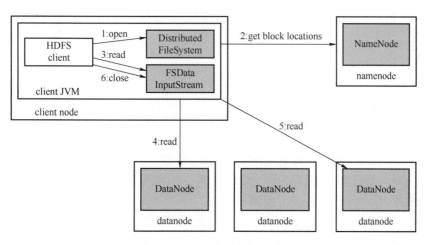

图 9-11　HDFS 文件读操作流程

（2）HDFS 文件写操作流程

客户端通过在 DistributedFileSystem 中调用 create（）来创建文件。DistributedFileSystem 使用 RPC 去调用元数据节点，在 HDFS 命名空间创建一个新的文件。HDFS 返回一个文件系统数据输出流 FSDataOutputStream，让客户端开始写入数据。FSDataOutputStream 控制一个 DFSOutputStream，负责处理数据节点和元数据节点之间的通信。客户端写入数据时，DFSOutputStream 将文件切分成一个个的 block，对于每个 block 又分成一个个数据包写入数据队列。数据队列在数据节点管线中流动。对于任意一个数据包，首先写入管线中的第一个数据节点，第一个数据节点会存储包并且发送给管线中的第二个数据节点。同样地，第二个数据节点会存储包并且传给管线中的第三个数据节点。与此同时，客户端会将当前 block 的下一个包发给第一个数据节点。DFSOutputStream 也有一个内部的包队列来等待数据节点收到确认。一个 block 只有其所有的包在被管线中所有的节点确认后才会被移除出确认队列。客户端完成数据的写入后，就会在流中调用 close（），向元数据节点发送写文件已经完成的消息。

与此同时，数据节点主动向元数据节点汇报所存储文件块的位置信息。HDFS 文件写操作流程如图 9-12 所示。

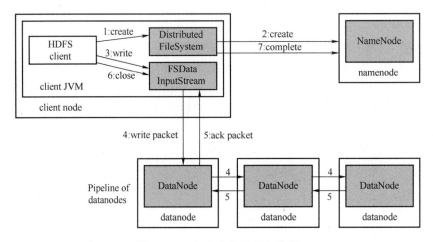

图 9-12　HDFS 文件写操作流程

9.4.4　Hadoop 应用案例

在大数据背景下，Apache Hadoop 已经逐渐成为一种标签性。随着业界对这一开源分布式技术不断加深了解，Hadoop 被广泛应用于在线旅游、移动数据、电子商务、能源发现、能源节省、基础设施管理、图像处理、欺诈检测、IT 安全、医疗保健等不同领域。下面将介绍几个国内外 Hadoop 的实际使用案例。

Hadoop 应用案例 1——全球最大的超市业者 Wal- Mart

Wal- Mart 分析顾客商品搜索行为，找出超越竞争对手的商机。作为全球最大的连锁超市，Wal- Mart 在十多年前就投入在线电子商务，但效果并不理想，在线销售的收益远远落后于亚马逊。因此，Wal- Mart 决定采用 Hadoop 来分析顾客搜寻商品的行为以及用户透过搜索引擎寻找到 Wal- Mart 网站的关键词，利用这些关键词的分析结果发掘顾客需求，以规划下一季商品的促销策略。此外，Wal- Mart 还尝试分析顾客在 Facebook、Twitter 等社交网站上对商品的讨论，期望能比竞争对手提前一步发现顾客需求。例如，Wal- Mart 能比父亲更快知道女儿怀孕的消息，并且主动寄送相关商品的促销邮件。

Hadoop 应用案例 2——全球最大的拍卖网站 eBay

eBay 用 Hadoop 拆解非结构性巨量数据，降低数据仓储负载。eBay 是全球最大的拍卖网站，8 千万名用户每天产生的数据量就达到 50TB，相当于五天就增加了一座美国国会图书馆的数据量。这些数据囊括了结构化的数据和非结构化的数据，如照片、影片、电子邮件、用户的网站浏览 Log 记录等。eBay 正是利用 Hadoop 来解决同时要分析大量结构化数据和非结构化的难题。eBay 通过 Hadoop 进行数据预先处理，将大块结构的非结构化数据拆解成小型数据，再放入数据仓储系统的数据模型中分析，来加快分析速度，也减轻对数据仓储系统的分析负载。

Hadoop 应用案例3——全球最大的信用卡公司 Visa

Visa 快速发现可疑交易，将 1 个月分析时间缩短成 13min。Visa 公司拥有一个全球最大的付费网络系统 VisaNet，作为信用卡付款验证之用。为了降低信用卡的各种诈骗、盗领事件的损失，Visa 公司需要分析每一笔事务数据，来找出可疑的交易。虽然每笔交易的数据记录只有短短 200 位，但每天 VisaNet 要处理全球上亿笔交易，2 年累积的资料多达 36TB，过去光是要分析 5 亿个用户账号之间的关联，得等 1 个月才能得到结果，所以，Visa 在 2009 年时导入了 Hadoop，建置了 2 套 Hadoop 丛集（每套不到 50 个节点），让分析时间从 1 个月缩短到 13min，更快速地找出了可疑交易，也能更快地对银行提出预警，甚至能及时地阻止诈骗交易。

Hadoop 应用案例4——全球最大的中文搜索引擎百度

百度于 2006 年就开始关注 Hadoop 并开始调研和使用，2012 年其总的集群规模达到近十个，单集群超过 2800 台机器节点，Hadoop 机器总数有上万台机器，总的存储容量超过 100PB，已经使用的超过 74PB，每天提交的作业数目有数千个之多，每天的输入数据量已经超过 7500TB，输出超过 1700TB。

百度的 Hadoop 集群为整个公司的数据团队、大搜索团队、社区产品团队、广告团队，以及 LBS 团体提供统一的计算和存储服务，主要应用包括数据挖掘与分析、日志分析平台、数据仓库系统、推荐引擎系统、用户行为分析系统等。同时百度在 Hadoop 的基础上还开发了自己的日志分析平台、数据仓库系统，以及统一的 C++ 编程接口，并对 Hadoop 进行深度改造，开发了 Hadoop C++ 扩展 HCE 系统。

Hadoop 应用案例5——全球领先的互联网公司阿里巴巴

截至 2012 年，阿里巴巴的 Hadoop 集群大约有 3200 台服务器，大约 30000 物理 CPU 核心，总内存为 100TB，总的存储容量超过 60PB，每天的作业数目超过 150000 个，每天 hive query 查询大于 6000 个，每天扫描的数据量约为 7.5PB，每天扫描的文件数约为 4 亿，存储利用率大约为 80%，CPU 利用率平均为 65%，峰值可以达到 80%。阿里巴巴的 Hadoop 集群拥有 150 个用户组、4500 个集群用户，为淘宝、天猫、一淘、聚划算、CBU、支付宝提供底层的基础计算和存储服务，主要应用包括数据平台系统、搜索支撑、广告系统、数据魔方、量子统计、淘数据、推荐引擎系统、搜索排行榜等。为了便于开发，阿里巴巴还开发了 Web IDE 继承开发环境，使用的相关系统包括 Hive、Pig、Mahout、Hbase 等。

第 10 章

企业数字化转型与企业上云

　　整体市场已经进入快速迭代的数字经济时代，企业实现与数字融合已成为发展定局。2020 年初突如其来的新型冠状病毒肺炎疫情阻碍了许多传统企业的发展，随之而来的全球化现象慢慢体现，世界经济的倒退，在严苛的环境中传统模式的运力疲乏。各行业的企业见证了寒冬的来临，疫情促进了企业数字化转型的脚步。近年来，市场需求的驱动及政府政策的推崇不断促使着企业朝着数字化迈进。

　　数字化转型包括寻找更新的商业模式，企业必须不断创新，才能在竞争中领先。在数字化转型的热潮下，我国云计算发展迎来了需求爆发期，越来越多的企业开始通过云计算来进行数字化转型。

　　本章将围绕企业数字化转型之路，以及企业借助云计算进行数字化转型的原因与内容展开介绍，并引入在金融、医疗、制造行业的典型案例，加深读者的理解。

10.1　企业数字化转型之路

　　纵观数字化转型之路，从消费互联网到产业互联网时代，企业随着数字化时代革命的脚步，其管理模式与经营模式也发生着翻天覆地的变化。

　　首先简单介绍下数字化时代的重要里程：

　　信息化时代大数据、物联网、云计算及人工智能成了众多企业追逐的新一代数字化改革方向，信息技术的高速发展促进了原有社会运作模式的变革。在变革的初期，社会各界存在着质疑与不安，但事实上在人们适应的过程中，政府、企业、消费者切身地体会到了数字化改革带来的便利。在过去的 20 多年间，经历了一系列标志性的互联网公司的崛起，如阿里巴巴、百度、今日头条、腾讯等，预示着改革之路势在必行。在这股浪潮的推动下社会各界纷纷开启了自己的数字化转型。

　　消费者的行为在过去的 20 多年里发生了翻天覆地的变化。曾经单一的传统线下模式已经慢慢转变为依据产品和服务特性而演变的新型交易模式。消费者们在演变的过程中体会到了商品对比的便利、线上购物的便利、送货上门的便利等，消费者行为逐渐发生了变化，慢慢向着线上模式和线上线下混合模式倾斜。因此，新型的商业模式顺理成章地渗透到了不同业务的各个层级中，逐渐演变成了目前所推崇的新零售、全渠道运作模式。

在经历了互联网公司野蛮的生长期后，未来的消费互联网市场的增长趋势也趋于平滑，各大互联网公司在不断壮大的过程中积累了自己庞大的消费数据，并切合着各自企业的独到的运营模式去完善整个产业链路。企业利用云计算技术实现了信息共享，实现了让数据价值转化为业务价值的目标。

未来的发展将围绕着以企业数字化转型为核心驱动而展开。企业数字化转型将业务、运营与员工、客户、企业固定资产形成更加精密的连接，增强企业对于业务各端的掌控力减少链路中的盲点与管控薄弱环节；各环节所捕获的实时数据将会被一一整合、分析并赋予业务价值（见图 10-1）。一个显著的案例，阿里巴巴通过天猫、高德地图等前端触点去触达消费者，在信息化服务的过程中捕获了大量消费者行为数据，从而帮助企业孕育了大量的智能服务来提升消费者满意度，例如：精准化营销、智能订单路由等。

图 10-1　数字化转型下企业对于业务各端的掌控力

产业互联网时代的到来已经显而易见，全球知名企业半数以上早已意识到了改革的重要性，并已经着手完善或建立企业数字化转型。令人欣慰的是中国大多数企业的转型意识在全球处于领先，在中国的千强企业中已经有超过半数把数字化转型作为企业的发展战略目标。

10.1.1　什么是企业数字化转型

企业在进行数字化转型时，应当识别自身的特色并且以企业客户为考虑核心的方针来实施企业数字化转型。在这个过程中，通过企业对自身的业务链路的识别，以业务为主导实施整体数字化改革的顶层设计，并建设数据、应用和技术架构来支撑业务运营，如图 10-2 所示。

企业数字化转型注重于连接，传统业务模式下业务各端的相对独立，信息无法共享导致需求模糊、链路响应能力弱等问题。信息技术的发展推动了业务各端的紧密连接。就产品设计而言，通过大量的数据分析提供一个切实的市场需求设计的产品形态，从而减少盲目的猜想，这将大幅提高产品在入市之后的认可度。对于组织管理方面而言，数字化的变革让整体管理流程变得简约、透明以及条理清晰。让管理者能够真正触及问题的源头，并且打破了部门与部门之间的信息壁垒，提升了整体运营效率。不仅如此，数字化转型加强了端到端供应链各环节的连接。

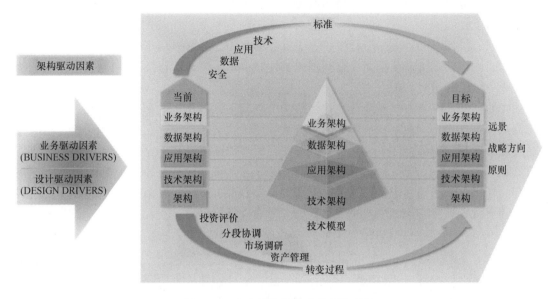

图 10-2　企业数字化转型的实施过程

　　企业的数据价值体现在企业运营过程中各端的信息数据反馈并基于数据反馈改善运营决策的精准性。通过以不同呈现形式,如文字、数字、图片等为数据载体储存,并利用信息技术将其整合、分类、分析,最后应用于实际运营中,整个转化过程将信息转化为了企业数字资产。对于一个企业的运营能力而言,数据资产的沉淀越庞大,企业对于产业链和生态的掌控力就越强。

　　企业数字化转型的智能驱动可视为智能运营能力,以企业在数字化转型过程中不断沉淀数据资产为驱动去提高企业应对未知商业变化的反应能力。对于不同的行业、不同的特性而言,商业变化和着重点也有不同。例如,对于快速消费品而言,智能运用的着重点在于商品与用户的运营。因此,需要在不同的业务模式中建立数据模型,从中获得交易数据、商品数据、用户数据、设备连接数据等,随后基于大数据的计算能力转化并输出,为业务提供快速拓展及较高的反应能力。

　　企业在进行数字化转型的开始通常会就自身的商业模式、运作模式去选择一个转型的基点,其中包含了数字化营销、工业大数据和数据管理领域。数字管理领域,即 ERP 管理,也是较早被企业广泛认知的一种数字管理系统,因为有着较长的发展历史,目前此应用已经处于比较成熟的阶段;工业数字化是近年来所追捧的热点,目前许多企业正在通过尝试探索,但是这个领域范畴较大较深,因此目前许多企业正处在观望期并且缺少综合性的工业大数据平台导致该领域发展缓慢;数字营销领域目前成为许多直接触及终端客户企业的数字化转型的主要驱动力,因为数字营销是最能直观体现效益提升的领域。

10.1.2　数字化转型后 IT 管理的改变

当企业决定迈向数字化转变时，传统企业的管理重心就要做出调整。数字化转型涉及企业上下乃至内外部的整合与共享，这一切将寄托在强大的数据处理和信息技术服务体系上。对于一些传统企业来说，在企业的发展历史中并没有重视信息部和 IT 部的职能规划，这一点成了数字化改革进程中的阻碍。在一个知名上市公司的采访中，他们的 CTO 表示此次疫情让他们 IT 部的地位突飞猛进，原因是疫情大幅度地限制了该企业传统的线下销售模式，而挑起大梁的正是企业的线上新零售渠道。由此可见，该企业之前已经意识到数字化是将来的趋势并做出了布局。因此，他们抵挡了来自疫情的冲击，并且在此次疫情的影响下企业自身也意识到了管理模式的缺陷，决定对于原有组织权利重心进行调整。

从 IBM 目前的数字信息运营来看无疑是成功的，从 IBM 高管的角度来说对于 IT 治理最重要的就是平衡。举个简单的例子：许多企业的 IT 部门目前还是以需求为主导，由于在运营中新的需求会不断地产生，IT 部门将会在不停投产的动态变化中徘徊，这将会导致系统的不稳定性。对于一些特殊的行业这可能是致命的，例如银行、保险等金融企业行业有着严格的合规要求，对稳定性的要求会相当高。另外，对于传统企业来说，企业内部 IT 架构可能已经运行多年，在稳定运营方面没有太大的问题，但是缺乏创新以及可拓展的柔性导致无法对企业未来的数字化业务做出应对，企业最终会因为无法应对快速的变化而被淘汰。因此，IT 管理要兼顾企业系统运营的稳定性，又要对企业未来发展的长远架构做出考量，在两端的博弈中寻求平衡点。有三个平衡点是企业在数字化转型中需要好好考虑的。首先，需要寻找达到业务部门和 IT 部门之间的一个平衡；其次，IT 部门的内务处理需要注重开发与运维之间的平衡点，在计划投产中保持运营维护的稳定性；最后，在运维部门中，系统管理员和流程管理员之间需要寻找一个切合的平衡点，为了在流程监管时规范系统管理的权限，将整体 IT 基础架构的不稳定性降到最低。

企业在跟进数字化脚步时，企业管理层的管理理念也需要及时地做出调整，制定相应的管理制度，其重心要有包容试错的态度及勇于创新的精神。回想企业的发展史，也许企业一路走来犯过许多错误后经过一次又一次的调整达到了如今阶段性的成功。因此，在企业尝试新业务时需吸取之前的经验，建立有效的试错机制，将试错成本控制在最低，同时包容和鼓励新的尝试。

10.1.3　企业数字化转型的方法

企业在面对数字化转型时所考量的关键问题，已经从原来考虑是否需要数字化转型转变到了该从哪里转以及如何转才是最有效的阶段。因此，当前企业数字化转型应当先从两个维度考虑。

1）变革的深度。企业需要对所在行业的竞争环境有一个明确的判断，通过对行业的变化、行业前景、跨界威胁、竞争对手等影响因子去考虑企业数字化转型的战略深度。

2）变革的广度。在广度的考量中，企业应当考虑在哪些层面中进行突破，考虑运营中的一些关键性场景、重点部门的连带关系、企业整体运营的重心、管理工作的整体梳理来决定企业数字化变革的广度。

从这两个维度出发，可以确定四项数字化转型的策略（见图10-3），具体包括精益式转型、增强式转型、创新式转型和跃迁式转型。

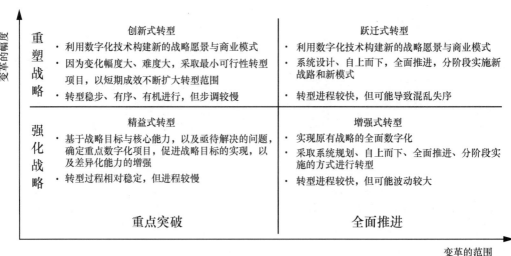

图 10-3　数字化转型策略矩阵

（1）精益式转型

精益式转型适用于行业环境相对稳定，短期内不会进行重大战略和商业模式的变革。针对企业目前在运营过程中所触及的重要场景进行数字化变革，从而更有针对性地推动战略目标实现，这是目前在许多企业数字化变革中最为流行的一种。

对于精益式转型的成功要素这里做了一个总结：首先对于场景优先级的规划，梳理运营中可能出现的场景（如销售类场景、财务类场景、人员类场景、运营类场景等）；其次对于企业核心管理者理念的培养，让他们的数字化理念与其所负责的领域相结合去判断如何才是最合适的转型方法；最后对于数字化转型的成果、阶段性的胜利弘扬、传播，使得企业上下得到高度一致性地认可，提高整体数字化转型的动力。

（2）增强式转型

增强式转型的基础同样建立在一个稳定和可预测的环境下，但是增强式转型基于全场景同步数字化升级的前提而进行的，这种转型通常需要企业由下至上配合数字化运营人员一同推进完成。增强式转型的成功往往会非常直观地体现出数字化转型的价值。因此，不少企业采取这种形式去完成一个全场景整体性的数字化变革。

企业在进行增强式转型时必须对自身特点和优势有一个深刻的了解，并且以企业战略发展目标为主导进行变革。变革初期确保战略被清晰地透析，这样才能确保变革服务于战略的中心思想，在变革中真正凸显企业的竞争优势。

（3）创新式转型

创新式转型，顾名思义就是企业的战略以及商业模式将会随着转型发生质的变化。一般适用于所在行业的趋势已经、正在或即将发生巨大变化的情况下，以及企业不得不对变化做出应对的时候。创新式转型是企业在快速变化的行业前景下维持企业持续性竞争力的重要推进策略。

因此，创新式转型应建立在高度认识商业环境变化后，将推进重点放在业务模式上的创新设计。比如数字化营销的崛起，它的辐射广度几乎覆盖了所有消费品领域，对于市场形成了巨大的冲击。企业需要结合自身的业务特征以及行业变化做出革新来顺应时代的发展。

（4）跃迁式转型

跃迁式转型对企业来说具有非常高的挑战性，企业的各个方面都同步进行到了变革的状态。高风险带来高收益，企业需要对于内外部环境进行全面的评估来做出合理的决策。通常企业通过四个维度去进行跃迁式转型前的评估，即领导力维度、文化维度、能力维度以及商业维度。

10.2 企业上云与数字化转型

在市场驱动与政策的引导下，上云顺势成了驱动各行业数字化转型的新引擎，在促进互联网、大数据、人工智能等技术与传统行业实体经济深度融合中发挥了重要的作用。

10.2.1 市场驱动

在市场的大环境下，数字引擎是企业运营能力的核心驱动这一点已经在几乎所有的头部企业中得到了证实。头部企业的成功将会成为市场中引领数字变革的动力之一；另外，消费者对于产品和服务的追求在不断地提升，企业不得不顺应市场做出改变以及对于未来的谋划。这两点已经奠定了企业数字化转型不可动摇的根基。基于大数据、云计算、人工智能的技术架构打造的数字化创新平台，即数据中台，是支撑企业走上数字化道路实现真正数字化运营的最佳选择。

产品和服务不符合市场需求导致企业市场占有率下降、原有渠道运营成本过高、竞争对手的崛起、跨界产业的打击等是企业不得不面对的问题。因此，业务创新已然成了每个企业内部争相讨论的焦点。

在数字化转型的大环境下，可以看见企业做出了许多尝试，如产品创新、触达方式的创新、技术创新、业务创新等，提前完成创新应对市场变化的企业都获得了显著的成果。这都源自于企业拥有了将数据资产沉淀转化的能力，比起僵硬的传统模式面对业务创新的有心无力，数字化能力已经成了达成企业业务创新目标的资本。

举例来说，传统的产品推广受到人员成本、地域、环境甚至天气的影响，单一的地推模式耗时耗力。现在商家可在线上举办各种营销活动，通过多渠道的触达方式将信息传递给消费者，并且可为传统的线下推广引流。整个活动的过程、时间、成本都在一个可控的范围内，并且大大增加了推广的广度。

虽然是一个有力的业务创新场景说明，但是需要一个企业具备有力的技术架构来提供稳定、安全、流畅的购物环境；这就是业务创新成为数字化转型驱动的理由之一，同样也是市场大环境竞争下的企业数字化驱动因素之一。因此，企业为了应对不断变化的市场、不断升级的消费者需求，需要拥有一个可制成拓展和创新的信息技术体系去掌握核心竞争优势。

10.2.2　政策引导

近年来，政府对于迈向数字化发展推动的系列举措已经有了显著的成效，政府部门在数字化发展道路上扮演着举足轻重的角色，也发布了若干相应的政策，对于全面数字化改革走在世界前沿的决心显而易见（见表10-1）。

表 10-1　2013～2020 年有关数字化转型的相关战略

时　　间	政策/规划
2013 年 08 月	《"宽带中国"战略及实施方案》
2015 年 05 月	《中国制造 2025》
2015 年 07 月	《关于积极推进"互联网＋"行动的指导意见》
2016 年 07 月	《国家信息化发展战略纲要》
2016 年 12 月	《"十三五"国家信息化规划》
2017 年 11 月	《深化"互联网＋先进制造业"发展工业互联网指导意见》
2019 年 05 月	《数字乡村发展战略刚要》
2019 年 08 月	《关于促进平台经济规范健康发展的指导意见》
2019 年 10 月	《国家数字经济创新发展试验区实施方案》
2020 年 03 月	《工业和信息化部办公厅关于推动工业互联网加快发展的通知》
2020 年 03 月	《中小企业数字化赋能专项行动方案》
2020 年 04 月	《关于推进"上云用数赋智"行动培育新经济发展实施方案》
2020 年 07 月	《关于支持新业态新模式健康发展 激活消费市场带动扩大就业的意见》
2020 年 09 月	《关于加快推进国有企业数字化转型工作的通知》

我国政策的推行和数字化发展的正确性从近期围绕着5G等关键数字产业的国际纷争中也得到了认可，许多国家认识到了我国发展的迅速并忌惮来自于我国数字化的威胁，与此同时让数字化发展走向了国际话题的焦点，数字化转型可视为国家经济改革的未来。对此，国家发改委研究制定了"互联网＋"和数字经济发展等一系列政策：一是搭平台降门槛，解决"不会转"的难题。重点是开展数字化转型伙伴行动，强化区域型、行业型、企业型数字化转型，促进中心等公共服务能力建设，降低转型门槛。二是优服务强支持，解决"不能转"的难题。重点是要实施好"上云、用数、赋智"行动。所谓"上云"，重点是要探索推行普惠型的云服务支持政策。所谓"用数"，重点是要更深层次地推进大数据的融合运

用。所谓"赋智"，就是要加大对企业智能化改造的支持力度，特别是要推进人工智能和实体经济的深度融合。三是聚合力建生态，解决"不敢转"的问题。重点是要实施数字经济新业态的培育形态。探索打造跨越物理边界的"虚拟产业园"和"虚拟产业集群"，支持建设数字供应链，带动上下游企业加快数字化转型。也要支持互联网企业、共享经济平台建立"共享用工平台""就业保障平台"等。

在国家的大力推崇下，各地政府也相继提出了企业数字化转型的相关政策（见表 10-2）。

表 10-2　各地政府的企业数字化转型相关政策

地区	政策/规划
北京	《北京市加快新场景建设培育数字经济新生态行动方案》
上海	《上海加快发展数字经济推动实体经济高质量发展的实施意见》
天津	《天津市促进数字经济发展行动方案（2019—2023 年)》
重庆	《重庆建设国家数字经济创新发展试验区工作方案》
黑龙江	《"数字龙江"发展规划（2019—2025 年)》
吉林	《"数字吉林"建设规划》
辽宁	《关于加快辽宁省数字经济发展的实施意见》
河北	《河北省数字经济发展规划（2020—2025 年)》
山西	《山西省加快推进数字经济发展的若干政策》
河南	《2020 年河南省数字经济发展工作方案》
湖北	《加快发展数字经济培育新的经济增长点的若干政策措施》
山东	《山东省支持数字经济发展的意见》
江苏	《智慧江苏建设三年行动计划（2018—2020 年)》
内蒙古	《内蒙古自治区人民政府关于推进数字经济发展的意见》
安徽	《支持数字经济发展若干政策》
浙江	《浙江省数字经济五年倍增计划》
江西	《江西省数字经济发展三年行动计划（2020—2022 年)》
福建	《福建省人民政府办公厅关于加快全省工业数字经济创新发展的意见》
广东	《广东省培育数字经济产业集群行动计划（2019—2025 年)》
广西	《广西数字经济发展规划（2018—2025 年)》
海南	《智慧海南总体方案（2020—2025 年)》
陕西	《陕西省推动"三个经济"发展 2020 年行动计划》
甘肃	《甘肃省数据信息产业发展专项行动计划》
青海	《青海省数字经济发展实施意见》《青海省数字经济发展规划（2019—2025 年)》
四川	《四川省人民政府关于加快推进数字经济发展的指导意见》
贵州	《贵州省数字经济发展规划（2017—2020 年)》
云南	《"数字云南"信息通信基础设施建设三年行动计划（2019—2021 年)》
西藏	《西藏自治区数字经济发展规划（2020—2025 年)》

10.3　企业上云的内容

随着信息技术的发展，企业纷纷选择云服务来帮助企业更高效地运营，即企业上云。企业上云通常指的是企业将管理、业务和基础运营系统三个方面通过网络部署至云端，在网络中能够快捷地使用云服务商们所提供的储存服务、计算能力、软件服务、数据服务，通过这些服务来提高企业整体运营效率并且降低信息化建设带来的高昂成本，提升整体共享化经济生态的发展及加快新旧动能的交替。

如今，出于稳定性、灵活性、性价比等诸多因素的考虑，越来越多的企业计划或正在计划使用云计算，但并不是每个企业都会选择相同的云模式进行数字化发展。

10.3.1　基础设施上云

说到企业基础设施上云，应该来谈一下 IaaS（Infrastructure-as-a-Service），即基础设施即服务，有时候也被称为 Hardware-as-a-Service。在第 2 章中介绍了这是一种把 IT 基础设施作为一种服务通过网络对消费者递送，然后通过消费者在服务中实际的资源使用或占用来进行收费的模式。

在整个服务链路中，消费者可通过租用的方式在网络上从 IaaS 服务供应商那里获得计算机基础设施服务，不需要用户自己构建一套数据中心的硬件设施。在之前，如果企业想要员工在办公室或者企业网站上使用一些企业应用，企业不得不去购买服务器或是其他昂贵的硬件来控制本地应用，从而让企业业务顺利运营。IaaS 的出现让企业可以直接租用基础设施而不需要在本地配置，这一方案让许多企业在初期建设降低了不少成本。目前一些国际大型的 IaaS 供应商，包括亚马逊、微软、VMWare、Rackspace、Red Hat 等，提供具有自身服务特色与优势的 IaaS 服务来吸引用户。例如，微软和亚马逊在提供 IaaS 服务的同时还会将其计算能力出租使用。

企业基础设施上云的主要目的在于推动企业的业务需求发展，更快速地在各种云服务器上使用云服务能力，并且可以通过购买资源随时从云服务器供应商的资源池中拓展所需的云服务。同时，企业避免了去做底层硬件的管理、备份以及维护，并且不必担心即使在硬件组件发生故障的情况下带来的一些困扰，这些服务将由 IaaS 供应商提供。IT 需求服务交给了云专家处理后，企业可以更专注于自身的核心竞争力，并伴随着信息化能力的增强带来更多的业务创新。

10.3.2　企业平台系统上云

企业平台系统上云涉及 PaaS（Platform-as-a-Service），即平台即服务。这是一种提供服务器平台的商业服务模式，PaaS 可以说是 SaaS（Software-as-a-Service）的一种应用模式。PaaS 可以理解为一种服务模式将软件研发平台以 SaaS 的模式提供给客户满足需求。PaaS 的出现促进了 SaaS 应用的发展。许多国内外 SaaS 服务供应商相继推出了 PaaS 平台（具体介绍详见第 2 章）。

在企业数字化转型上云的过程中，PaaS 扮演着举足轻重的角色，提供了运算平台与解决方案服务。在云计算的典型架构中，PaaS 位于 IaaS 和 SaaS 之间。在 PaaS 的模式下，用户可以在一个软件开发工具包（SDK）、测试环境、文档等开发平台上快捷便利地编写应用，并且在运行和部署的时候，用户无需担心关于服务器、网络、操作系统等资源的管理问题。这些管理责任同样由 PaaS 供应商承担。目前主要的 PaaS 产品包括 Force. com、Google App Engine、Windows Azure Platform 等。

PaaS 在许多场景中帮助企业可以更专注于开发与交付的应用程序，避免过多地关注管理与维护。例如，一家公司将应用程序软件迁移到移动设备或者网络上需要承受迁移所带来的负担，PaaS 的优势就体现出来了，可以让企业以更短的时间进入市场运营，从而避免过长的时间用于产品开发、产品上市。

对于中小型企业或者初创企业而言，这些企业有个共同的特点就是没有高度依赖性的陈旧应用需要被迁移。这些企业可以利用 PaaS 的多租户特性去获得数据资源和应用程序的共享。因此，PaaS 供应商们在中小型企业和初创企业的生态中看到了未来的发展方向，这类型的企业更多地在上云的过程中注重于应用程序的开发。

企业平台系统上云主要为了帮助企业实现多业态、多渠道的各类数据跨平台、跨业务的统一部署和管理。推动企业利用在云端的大数据服务进行产品开发、数据采集、储存、协同应用等，加快企业大数据发展的脚步。

10.3.3　企业业务系统上云

企业业务系统上云离不开应用软件的云端使用，SaaS（Software as a Service）意为软件即服务。SaaS 平台供应商将应用软件部署在自己的服务器上，客户只需按实际的工作、业务等需求去找寻订购相应的功能应用软件服务即可。SaaS 供应商通过用户订购的服务量和市场进行计费核算（具体介绍详见第 2 章）。

随着信息化技术的发展和应用软件的逐渐成熟，SaaS 的出现定义了一种新的交付模式，企业上云的本质是为了更好地完善自身运营，SaaS 减少了企业在数字化转型的过程中从前不可避免的大量本地部署的前期投入。进一步强调了软件为企业服务的原始属性，这被视为未来数字化软件市场的主要发展方向。市场上的主要产品包括 Google App、Zimbra、IBM Lotus Live 等。

SaaS 模式备受推崇的原因有许多。从技术维度来分析，SaaS 可以通过简单的部署，不需要企业有购买额外硬件的要求，只需要通过注册认证即可。企业不需要有相关 IT 的知识技术人员配备去做专门的管理维护，与此同时企业也能够获得相应的技术应用来满足企业对信息管理、业务运营的需求。另外，SaaS 在使用方面的灵活性支持了用户在任何时间、任何地点只要拥有正常的网络，基本就可以访问 SaaS 的服务。从成本维度来看，企业无需在前期有一次性较大的投入，只需要对相应功能的月租费、年租费或合同制定的费用条款结算即可。这一点充分缓解了许多企业对数字化转型的忧虑，担心一次性投入对企业的现金流造成不小的压力，同时企业也无需去关心成本折旧等问题。SaaS 模式不仅可以整合行业需求共性，呈现一个标准化成熟度高的产品去迎接大部门客户，也可以针对客户需求去做一些定制化设计来满足客户业务需求、运营需求。

企业业务系统上云的主要目的是为了推动企业整体运营的协同能力和创新能力的发展，比如在人力资源、财务、物流、销售、供应链等方面。通过企业业务系统上云，各部分的职能将得到更科学更高效的提升，会将企业拉向数字化转型的新高度。

10.4　企业上云的综合案例

随着信息化时代的到来，企业数字化转型已然成为一种适应时代发展的趋势。依据调查显示，到2021年，中国GDP中的20%将会来自企业业务数字化转型所产生的增加值。数字化转型将上升到另一个高度，在帮助企业拓展业务、改善管理及增强运营的同时也塑造了新的社会经济面貌。上面已经介绍了企业如何利用云计算等服务的内容，下面介绍一些行业的典型成功案例。

10.4.1　金融行业典型案例

（1）客户背景

中国太平洋保险（集团）股份有限公司总部位于上海，公司业务涵盖了多元化服务平台及遍布全国的营销网络，为客户提供了完善的风险保障解决方案、资产管理和投资理财服务，全国客户约为9000万。2017年，中国太平洋保险（集团）股份有限公司在世界500强企业中位列252位。

（2）业务挑战

1）高成本。投资建设以及后期运营维护成本高，为了承接业务需要建设新平台、购买服务器、构建机房空间、组建运维团队等，相对投入成本较高。

2）项目周期。业务要求项目周期短且快速上线，因为数据捕获分析属于时效性相对较强的业务，原本的自建方式和建设周期都较长，无法满足业务需要。

3）扩展性。数据活动捕获分析波动较大，高峰期的数据业务相较于常规时期有成倍增长的现象；

4）安全性。平台的用户数据属于公司的重要资产并可能涉及法律问题，需要较高的安全保护机制予以保驾护航，满足企业数据安全需求。

（3）解决方案

依据中国太平洋保险业务需求，对数据获取分析平台实施虚拟专属云的解决方案。

1）弹性的云服务器可支持快速地灵活地调整数量和配置，支持业务扩展。

2）弹性负载均衡实现流量合理分发。

3）VPC支持云端快捷组网。

4）防火墙、漏洞扫描为租户数据提供企业级护航。

（4）客户收益

1）成本。通过云服务来实现数据获取分析平台业务，中国太平洋保险无需购买配置服务器和机房建设，整体运营维护由云服务器供应商负责，投入成本大幅度降低。

2）上线速度。在云服务器上能够即时开通业务、享受云服务，无需配置服务器设备、组建团队等，业务上线周期较短。

3）扩展性。根据不同时期也无需求购买云资源，能够满足高峰期的业务需求，也不会在常规时期浪费资源。

4）安全性。公有云环境下建设的互联网数据获取平台，将内网环境与互联网业务解耦分离形成保护内网的环境；云端的漏洞扫描、防火墙的安全技术也让客户能够享受企业级的安全服务。

10.4.2　医疗行业典型案例

（1）客户背景

深圳宝安人民医院成立于 1984 年，是覆盖医疗、预防、保健、康复、研究等业务的现代化综合性医院。深圳市宝安人民医院（集团）成立于 2016 年，是公立医院的联合体，由一家三甲医院、一家二甲医院及 27 家健康服务中心组成。线上的互联网医院由深圳宝安人民医院负责建设运营。

（2）业务诉求

1）资源共享。由于医疗联合体的组成成员多，需要让医疗资源上下互通，让人民享受到更高质量的服务。

2）稳定性。医院的业务运营在数据库及应用上，单点部署较多，数据库缺乏容灾和备份的机制。在业务任何环节中出现的问题都可能会导致业务链的断联。因此，对于业务链的连续性有较高的要求。

3）协同性。多组织之间协同办公，例如文书、知识库、培训、会诊等缺乏有效的应用工具支撑。

（3）解决方案

1）资源专属储存和计算服务计划。提供专属的储存、计算资源池应用，构建云上专属的深圳宝安人民医院的处方审核平台和心电诊断平台。

2）容灾服务 SDRS。提供储存容灾服务，可大幅度地降低企业容灾 TCO，将容灾流程简化，规避业务由于多单点部署造成的风险，保证业务的稳定性。

3）Welink。构建线上消息、会议、邮件、知识互联场景，打造数字化协同作业平台，进行跨部门、跨区域远程协同诊疗。

（4）客户收益

1）稳定性。云上双可用区架构的构建，业务系统和数据库通过 SDRS 实现跨可用区的数据同步，提供了在故障发生时分钟级的切换能力，经过简单的改造业务形成了跨可用区的主备模式，确保了整体互联网业务的可靠性。

2）协同性。Welink 的使用解决了跨部门、跨组织的协同作业，也提供了优质医疗资源的共享传播，如在线授课培训，提高了整体医院的协同性和效率。通过 Welink 远程支援了西藏区域和下属社会康复中心进行远程的医疗会诊。

3）创新性。建立首个远程心电诊断中心，提供为病患在远程进行诊疗服务以及心电人工智能辅助诊断服务。远程心电诊断成了整个互联网医院运营的重要组成环节，患者能够在远程得到诊治，这样的场景下医疗资源的利用率被大幅度提升。

10.4.3 制造行业典型案例

（1）客户背景

石横特钢集团有限公司（简称"石横特钢"）位于山东省泰安市肥城市，企业业务覆盖焦化、炼铁、炼钢、轧钢、发电、机械制造、钢铁物流。石横特钢在 2019 年中国制造企业 500 强排名中位于第 196 位，年营业额达到 425 亿元，利润达到 53 亿元。信息化建设带领石横特钢在竞争激烈的市场环境中脱颖而出。

然而目前企业业务面临着钢铁行业普遍存在着的产能过剩的问题以及焦炭行业市场逐步减小的整体趋势。2020 年初，企业选择了上云之路，探索如何利用人工智能与工业互联网的结合解构焦炭生产流程降低成本。配煤是炼焦重要的前序工序之一，对于焦炭的成本有着直接的影响。因此，配煤成了解决方案关注的核心场景。

（2）业务挑战

1）产能过剩。钢铁行业的产能过剩，废钢铁的再次回炉造成了对煤炭资源的消耗。优化配煤需要考虑原料煤的配比、质量、工艺等诸多因素来制定精准、稳定的决策，这已经成了钢铁业的共同难题。

2）工艺。配煤的过程依赖于工业软件和行业专家。在诸多因素的影响下配煤环节的复杂性极高，即使经验再丰富的专家也很难在每一次的决策中做出最优的决定。

（3）解决方案

基于云 EI 的工业智能体，以配煤为核心场景，融合人工智能数据驱动与配煤工艺机理的模型打造智能优化配煤方案。过程中首先需要对于原料煤的数据及采购价格、焦炭产品数据、生产过程数据、焦炭产品数据等相关数据进行整合、分析、筛选、处理；再将配煤专家在工作中基于多种因素总结的配煤决策以及经验进行数字化呈现，形成运作规则；在这个基础上构建相应的处理模型，然后通过不断地进行数据捕获、分析，对模型进行不断的打磨、迭代。

（4）客户收益

1）降本增效。在焦炭质量的预测中模型预测的准确率超过 97%，在每吨焦炭的生产中用煤的平均成本降低了约 15 元。按一年 75 万吨的焦炭产能来计算，在配煤这个环节场景中，企业能够节省近 1200 万元的成本，在企业降本中表现耀眼，提升了企业的市场竞争力。

2）传承。经验传承、不断进取是每个匠心企业的核心，配煤的工艺、经验、数据等进行了数字的转化，从而形成了企业核心的数字化资产。专家的经验得到了传承并以数字化的方式呈现，能够帮助配煤专家在配煤的过程中更好地做出决策，有效地支撑了企业对于"数字化""智能化"双行的核心理念。

第11章

云计算的行业应用

我国云计算发展经历了观念介绍到如今的技术、产业发展与落地应用起步阶段，目前云计算的应用正在各行业各领域广泛展开。本章特选择部分典型行业云作为介绍，供读者在云计算应用时参考。

11.1 制造云

制造云是专用于制造业使用的云。制造云既有通用云计算平台的所有服务能力，又针对制造行业的特点提供行业所需的云计算服务，其核心是帮助企业构建工业互联网应用的工业互联网 IIoT 平台、基于其上的大数据处理和人工智能应用，以及各种工业场景下的 SaaS 应用服务。

11.1.1 制造云概念

制造业是我国的重要战略性支柱产业。历史上，政府相关部门持续支持了以计算机集成制造、并行工程、敏捷制造、虚拟制造、网络化制造、制造网格等为代表的相关制造业信息化课题的研究和推广应用，极大地推进了我国制造业信息化的发展。同时，我国的制造业在对存量社会制造资源的整合与利用率提升、节能减排方面，在智能化、网络化、服务化升级方面，在以用户为中心的 C2M 柔性生产模式等方面，仍存在着巨大的空间和差距需要继续探索和弥补，制造云的价值正体现于此。

制造云是指专用于工业制造行业应用赋能的云计算平台和系列云计算服务的总称，是以整体智能制造转型升级为目标，以各制造环节的降本增效、简化执行、实时决策、提升质量为目的，以设备智能化、连接泛在化、计算弹性化以及制造各环节相关数据的沉淀与价值挖掘为主要手段，将制造领域里以自动化为主的 OT 技术与互联网领域里以云计算为主的 IT 技术相结合的产物。

制造云是制造企业数字化转型的关键举措，具体如下所述：

1）产品数字化。产品加载物联模块，实现产品的网络化和智能化，实现与客户应用场景的广泛和深度连接，提升客户体验，增强产品使用场景洞察，打造差异化产品与服务，扩大市场份额。

2）研发设计数字化。构建数字驱动的研发体系，利用数字孪生技术进行投产仿真，提升一次投产成功率；打通产品的研发环节和使用环节数据，通过产品使用环节的数据采集，采集产品使用过程中的机器数据，提升产品研发效率和质量。

3）生产制造数字化。通过设备物联，实现设备的在线化、智能化改造，实现设备层与运营层的打通，基于此，进而开展设备管理数字化、生产管理数字化、能耗管理数字化工作。从而提高设备利用率、优化工艺参数，以提高生产效率、产品质量，降低能耗运营成本。进一步结合机器人自动化、5G、工艺工序改造，实现无人工厂、灯塔工厂。

4）营销数字化。通过对物联设备的开关机时间、工作量和操作频率的数据分析，结合历史销售大数据，综合进行大数据建模与分析，建立销售预测模型，作为营销管理和生产计划制定的依据，帮助企业实现在较低库存水平下的即时交付。

5）服务数字化。赋能设备制造企业和其服务商网络在后市场服务阶段实现数字化。一方面，通过对设备服务历史及设备基本状况的实时呈现，提高对客户需求的响应速度和产品问题解决效率，最终实现客户满意度的提升；另一方面，通过帮助客户开展预测性维护工作，降低非计划性停机风险，即时地提供高质量的原厂服务和配件，增加后市场服务收益，提升客户黏性和复购率。

6）商业模式创新。通过数字化改造，借鉴互联网服务经验，发展新型商业模式，如设备租赁、共享生产平台、知识服务、数据增值服务等，实现企业已有资源、能力和知识的变现，创造新的营收来源。

11.1.2　制造云模式

制造云的问题域包括设备端和云端两个大的领域。在设备端，制造云需要解决设备的接入、边缘侧计算和安全保障；在云端，制造云需要解决连接管理、设备管理、开发平台和工业应用。制造云模式如图 11-1 所示。

在图 11-1 中，制造云分为六层。

1）连接层和设备层：连接层和设备层包含工业现场的物理制造设备资源，包括加工生产设备、工具、供能设备等，以及在场外运行的设备，如卡车、起重机等。这些设备的运行数据，需要能够被采集并传输到云端，大多数情况下，这些设备也需要具备接收来自云端的下发指令并做出响应的能力。根据设备所支持的网络协议的不同，需要适配不同的物联盒、物联卡、物联 SDK 或物联网关，再通过 MQTT、CoAP、HTTPS 等协议，将数据上传到云端。

边缘层：边缘计算部分用于就近计算，解决数据传输和存储的时延、成本问题。边缘计算通常适用于无需统一进行集中处理的数据类型。例如，在使用高清摄像机进行质量检测的场景，每秒钟所拍摄的照片数据量较大，大多数的画面帧里所拍摄到的是正常的产品，如果每一帧都传输到云端处理，效率则跟不上。通过在边缘侧部署人工智能机器视觉组件，可以快速地在本地边缘侧进行视觉识别，在边缘侧识别出存在质量瑕疵的图片机器前后的若干张图片，并传输到云端，在云端进行模式优化后，云端可以把优化后的模型和控制数据下发到边缘计算节点上，进一步提升识别的效率和质量。

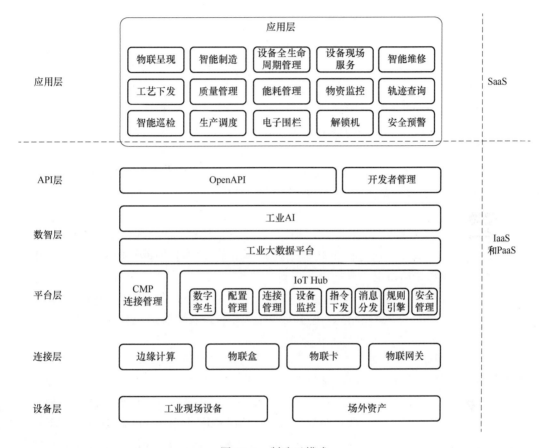

图 11-1　制造云模式

2）平台层：由 CMP 连接管理和 IoT Hub 组成，连接管理用于对网络接入开通、下线、费用进行管理，IoT Hub 提供完整的设备生命周期管理功能，支持物模型定义、设备注册、数据解析、在线调试、远程配置、固件升级、远程维护、实时监控、分组管理、设备删除等功能。

3）数智层：数据层提供物联大数据的接入、流控、消噪、存储、查询、展示、分析；人工智能层提供基于大数据和人工智能模型的人工智能处理。

4）API 层：提供制造云平台能力的 OpenAPI 封装、开发者管理、应用接入管理等功能，面向特定制造应用领域，提供不同的专业应用接口以及用户注册、验证等通用管理接口。

5）应用层：面向制造业的各个领域和行业。不同行业用户只需要通过云服务门户网站、各种用户界面（包括移动终端、PC 终端、专用终端等）就可以使用云制造服务中心的云服务。

11.1.3 制造云服务类型及特点

国内外有多家服务商推出制造云解决方案，每家平台所要解决的问题及特点各不相同，所解决的问题域也各不相同。目前没有一家服务商能覆盖制造云的全部领域，因此存在着复杂的大集成的需求。这些云服务按在制造云中所处的位置不同，包括：

（1）物联网网络服务

物联设备的网络接入需要综合考虑供电、数据传输量、时延等因素，适用于互联网和移动互联网的固网宽带和高速移动网络。由于终端体积和电量需求较大等原因，在物联网场景中并不适用。专用于物联设备的网络主要是 LoRaWAN 和 NB-IoT。

LoRaWAN 用于连接支持 LoRa 协议的设备，LoRa 工作在 1GHz 以下的非授权频段，故在应用时不需要额外付费。NB-IoT 和蜂窝通信使用 1GHz 以下的授权频段。处于 500MHz ~ 1GHz 之间的频段对于远距离通信是最优的选择，因为天线的实际尺寸和效率是具有相当优势的。

LoRaWAN 使用免费的非授权频段，并且是异步通信协议，对于电池供电和低成本是最佳的选择。LoRa 和 LoRaWAN 协议在处理干扰、网络重叠、可伸缩性等方面具有独特的特性，但却不能提供像蜂窝协议一样的服务质量（QoS）。蜂窝网络和 NB-IoT 出于对服务质量的考虑，并不能提供类似 LoRa 一样的电池寿命。由于 QoS 和高昂的频段使用费，需要确保 QoS 的应用场景推荐使用蜂窝网络和 NB-IoT，而低成本和大量连接是首选项的话，则 LoRa 是不错的选择。

LoRa 由于使用免费的非授权频段，因此制造云服务商可自主提供 LoRa 组网方案，由 LoRa 终端设备和 LoRa 网关、LoRa 基站组成。NB-IoT 服务主要由传统电信运营商提供。NB-IoT 的一个明显优势是可以通过升级现有的网络设施来提供网络部署，但是这种升级仅限于某些特定的 4G/LTE 基站，并且花费较高。并且这种升级仅适于已经具有 4G/LTE 覆盖的城区，对于偏远或者郊区等没有 4G 覆盖的来说并不合适。基于 2G/3G/4G 无线通信网络的物联接入设备也比较常见，这类设备存在资费高、电量消耗高的特点，使用与数据传输量大。

（2）CIPS 云服务

计算基础设施及平台云服务，向工业互联网客户提供弹性、按需、低成本的云端计算和网络服务，是制造云的平台及应用运行所必需的运行环境。

CIPS 云服务的主要服务包括云服务器、云数据库、带宽、网络安全防护等。CIPS 云服务主要是由通用性云计算服务商提供，本身没有行业属性。企业如果自行部署制造云所需的组件时，需要单独采购这类云服务；而在使用制造云 IIoT 平台服务时，这类基础云服务一般由 IIoT 平台集成在一起提供给企业。

随着 Docker、K8S 等容器相关技术的发展，容器服务、无服务器计算服务也成为计算基础设施及平台云服务的主流服务。

（3）IIoT 平台云服务

IIoT 平台云服务是基于 CIPS 云服务之上，专为制造云所需的设备物联接入数据处理所提供的 PaaS 层云服务。主要模块包括物联接入 IoT Hub、物联大数据、物联人工智能、OpenAPI、开发者社区等服务。IIoT 平台云起到承上启下的作用,南向解决不同终端类型、不同协议的设备接入管理、数据采集、指令下发,北向以 OpenAPI 方式向上层应用提供应用接口。IIoT 平台是工业互联网的核心。

（4）工业 APP SaaS 服务

为制造业提供覆盖产品全生命周期的系列 SaaS 服务,包括智能产品服务、智能研发服务、智能制造服务、智能市场感知服务、智能售后服务、产业链平台、产业链金融等服务内容。

制造业 SaaS 服务可开箱即用,但跟传统的 ERP、OA、HR 等 SaaS 服务在使用上存在着较大的差异。制造业 SaaS 服务的价值体现是基于物联的,而传统的管理类 SaaS 则不是。以售后服务为例,智能售后服务具有传统的 CRM、HelpDesk 等基础功能,但其基于工业互联网平台的独特功能才是其优势所在。一台加装了物联模块的设备销售出去以后,在客户使用安全工程中,制造云平台可以实时获得这台设备机器主要部件的运行健康状况,根据后台的大数据分析可以预先知晓设备是否需要维护、需要什么样的维护和部件替换,这时售后服务人员可以提前干预;售后服务人员还可以在平台上查看设备所处的定位位置,在提供服务时可以第一时间快速找到设备,这对移动中的设备意义非常大,例如叉车、挖掘机等。产品研发人员也可以参与到售后服务过程,通过专业的基于机器运行数据曲线的分析,不仅能够帮助一线服务人员的定位问题,还能够通过大数据的建模分析,定位产品设计上的薄弱点,优化产品设计,提高产品质量。

在智能研发领域,一体化设计云、仿真云也是应用广泛的领域,设计云突破了原先设计软件仅用于设计的局限,更多地强调产业链的协同,例如在定制家居行业,从消费侧客户需求、到设计师接单设计、到拆单再到工厂生产、物料准备、生产加工、物流配送,形成了一个整体的设计驱动的完整定制家居解决方案。

在装配培训系统、制造云 MES 及售后服务云中集成 AR/VR 技术,可以帮助工人和售后服务人员更准确、更快速地按照 AR/VR 的指引,完成机器的安装。

（5）人工智能云服务

制造业人工智能云服务,包括单纯提供基于 GPU 计算的机器学习服务平台,为用户提供从数据预处理、模型构建、模型训练、模型评估到模型服务的全流程开发支持。机器学习平台一般内置丰富的通用/行业算法组件、支持多种算法框架、模型迭代训练引擎等,满足多种人工智能应用场景的需求。制造企业的人工智能团队需要自己完成相关领域机器学习建模及分析;另一类人工智能服务,以音视频处理、机器视觉为主,主要应用在设备故障告警、产品缺陷检测等领域,例如使用高速摄像机替代人眼,用于检测显示器面板的缺陷。

（6）智能供应链云服务

通过整合企业供应链上下游数据,尤其是对复杂的线上线下旗舰店、直营店、加盟店销售数据、分布全国的供应链库存数据以及在途数据的全面采集、分析,建立销售预测模型和生产需求模型，从而指导供应链的管理，协助供应商优化生产计划，实现减少库存，保障供应，提升供应链效率。智慧供应链管理云服务是对 ERP、物联网、人工智能、大数据等技术的综合应用。

11.1.4　制造云的典型特征

制造云的典型特征，可以分别从其网络、平台、知识、安全四个方面展开来看。

（1）网络方面

制造云网络的第一个特征是标准不统一。制造云需要综合考虑生产现场网络、场外服务网络，以及标识解析体系的建设。传统的生产现场的设备及其控制系统一般采用现场总线连接，且各设备厂家所采用的技术标准不统一，所开发的产品自成体系，不同厂家的设备之间难以实现互联互通，这成为制约制造云应用深度的最大障碍，在短期内也看不到统一标准的可能性。在进行设备数字化、网络化改造的过程中，制造云服务商与制造企业需要一起努力，通过协议、采购条款等形式，来提高设备厂家对各自体系的开放性，以便使得协议转换、统一的云端数据集成成为可能。

制造云网络的第二个特征是网络适用性。除了前述生产现场总线网络以外，无线网络在制造业中的应用也非常广泛，不受线缆的限制，改造升级的限制性因素较少。工厂机器的运行需要实时的监控，不仅可以保证生产效率而且通过远程监控可以提高人工效率。在工厂的自动化制造和生产中，有许多不同类型的传感器和设备。一些场景需要频繁的通信并且确保良好的服务质量，这时 NB-IoT 是较为合适的选择。而一些场景需要低成本的传感器配以低功耗和长寿命的电池来追踪设备、监控状态，这时 LoRa 便是合适的选择。5G 网络具有大带宽、低时延、高可靠、广连接的特性，能够很好地满足柔性化生产、机器视觉检测、工业 AR、云化机器人等新兴融合应用场景对网络性能的要求，将在未来工业互联网，尤其是工业生产现场供电充裕、位置相对固定的应用场合中发挥至关重要的作用

（2）平台方面

制造云平台的特点体现在对差异性领域知识的需求。现代工业体系中，所有的工业总共可以分为 39 个工业大类，191 个中类，525 个小类。按照工业体系完整度来算，中国是全世界唯一拥有联合国产业分类中全部工业门类的国家。然而，在不同的制造门类，甚至是相同的门类里，每家企业在设备类型、控制器协议、工装工艺、产线工序上都没有统一的标准，每个门类的工业"Know-how"各不相同。从世界范围来看，还没有一个工业互联网平台，能够提供广泛的行业需求的深度覆盖，带来应用深度不足的挑战。相应地，云服务商在推出制造云服务时，按照最大公约数原则，优先推出那些具有通用性的云服务。理论上，在云服务服务栈上的位置越低，越能够获得广泛的应用。

（3）知识方面

制作云平台对知识的需求是复合型的，应用创新需要工业机理知识和大数据知识两方面的结合，两种知识的融合是工业数据分析的趋势。制造企业的数字化转型，尤其是在对工业机理 Know-how 要求非常高的领域，需要培养这类复合型人才，既懂各自领域的工业机理，

又能掌握大数据建模分析工具的使用。政府、教育机构也应考虑这类专项人才的培养计划。

（4）安全方面

在安全方面的特征有两点：一是，制造企业的网络安全性在意识上、技术手段上、投入上相对不足；二是，工业互联网的安全事故带来的影响比消费互联网更加严重。系统故障可能会导致设备或人的物理损伤；网络数据劫持会导致专利泄露；网络中断会引起生产中断，带来生产线甚至供应链的连锁反应；网络渗透会导致设备受控，严重影响产业安全甚至国家安全。传统的 IT 企业在企业内网运行，与互联网具有天然的物理网络隔离。在工业互联网环境下，企业内网需要与互联网打通，企业不仅要保障好内外网的安全隔离机制，处于外网的应用也需要采用互联网安全防护机制进行保护。在这个方面，公共云计算服务商的经验比较丰富，具备相关的技术、技能和实践经验。

11.1.5　典型案例

（1）华星光电基于人工智能的智能质检平台

TCL 华星光电技术有限公司是拥有中国首条完全依靠自主创新、自主团队、自主建设的高世代面板线的企业，生产新型液晶面板。在面板的瑕疵检测上，过去依靠工人用肉眼来完成，不仅对工人的眼睛有一定程度的伤害，在效率、准确率、人工成本控制上都不尽如人意。

腾讯公司与 TCL 华星光电技术有限公司合作，为华星光电实现了基于人工智能的智能质检平台，如图 11-2 所示。基于生产线的运行、维修、检测、售后等数据，应用物联网、人工智能等技术进行自动化质量检测和缺陷分析，最大化地替代重复性劳动，提升了效率和准确率。

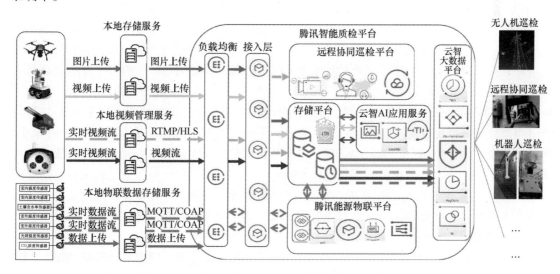

图 11-2　腾讯云人工智能智能质检平台

整体方案包括计算机视觉、人工智能建模、自主质检、二次检查四个环节。系统上线图片处理仅需15ms，分类识别准确率达88.9%以上，质检时间缩短80%，产品质量缺陷减少7%~10%，预测节省重复性人力需求60%。

基于高清摄像机机器视觉与人工智能算法的智能质检平台，可广泛应用于其他表面检测场景，如固体产品表面检查、焊接检查、酒瓶表面检查、外包装检查等。

（2）三一集团实现工业互联网创新价值

数字孪生通过在一个设备或系统的基础上，创造一个数字版的"克隆体"，来帮助企业更透彻地了解设备或系统，更快速地发现和解决问题，尤其是提升趋势感知和决策力。行业龙头三一集团，作为一家传统工程机械制造商，结合数字孪生技术实现数字化转型。

1）智能服务：设备的数字孪生，帮助工程师在他们没有到达现场之前，即可通过设备上多达70多个的采集点的数据信息对设备的整体运行情况进行查看以及诊断，保证在最短时间内甚至不到场即可远程排查解决问题。通过对每一次的设备实时运行数据、故障参数以及工程师维修的知识积累，三一集团对数据进行建模，还原设备、服务等相关参与方的数字化模型，来不断地改进对应的服务响应与质量。最终的收益是非常明显的，工程师响应时间从原来的300min缩短到15min，主要服务区域2h到现场，24h维修好，服务响应水平提高同时还把渠道的备件库存从10亿降低到7亿，一次性修复率从75%提升到92%。

2）智能研发：随着数据的积累，对于设备的整体运行工况、故障对应下的工况特征、设备的健康情况、操作手的驾驶行为等都可以给研发提供最真实的使用场景数据，基于设备数字孪生的建模，对于研发的改进有着非常大的促进作用。三一集团的研发团队每天要处理上TB的实验和应用数据，传统的人工分析不再可行。借助根云平台的大数据工坊实现对研发数据的快速导入、快速清洗以及数据标签快速准确划分；通过对专家的分析经验以及机理模型，根云的人工智能能力转换成算子，不断沉淀经验，同时结合人工智能的各种分析方法的帮助，极大地提高了数据的分析效率和准确率。数据利用率提高到80%，分析效率提升50倍。

3）智能工厂：通过设备资产的实时管理指标，可以通览全集团设备的在线、封存统计，再细化到在线、作业、待机、停机、瓶颈、冗余等状态的统计，形成在线率、开机率、作业率、利用率、瓶颈率、冗余率、总耗电量等决策数据。智能工厂帮助三一集团在不增加设备投资的情况下，实产值复合增长超过55%。

（3）上汽通用基于人工智能知识图谱的工艺诊断专家系统

汽车制造是自动化程度最高的行业之一，被誉为一国制造业的标杆，其生产过程所涉及的新技术范围之广、数量之多，是其他行业难以相比的。这些新技术的应用，在不断提升汽车生产效率的同时，也令汽车制造工艺和设备越来越复杂，故障出现的概率不断增加。故障发生虽然无法完全避免，但如何在最短时间内找到故障原因、妥善解决故障、降低损失，车企还是大有可为的。

　　上汽通用与树根互联合作，引入工业互联网，打造基于知识图谱技术的工艺诊断专家系统：

　　1）搭建统一的专家知识库系统，持续积累生产过程中出现的生产问题及与之对应的问题解决办法。

　　2）建立友好的用户诊断界面，快速定位问题潜在机理。

　　3）建立持续的反馈机制，不断优化推理决策结果。

　　4）建立知识库管理系统，方便管理者对现有工艺专家知识库做有效的管理。

　　该系统利用知识图谱技术将各种故障相关数据处理加工，在数据间建立关联，并结合自然语言解析、深度学习等技术手段，沉淀为专家"知识"，然后通过对问题的描述来匹配失效形式，并在专家制定的排查顺序指导下进行问题排故，快速定位设备故障原因，参考标准的解决办法妥善解决故障，让数据触发真正的价值。

　　系统上线以后，实现了专家知识的统一转化和存储，建立起了各种特征数据、症状、异常现象与各类故障、原因以及应对措施的语义和逻辑关联关系，再结合毫秒级工况数据分析，利用知识图谱进行关联搜索和逻辑推理，得到了问题的快速精准定位和解决。彻底改变了 Excel 记录、再逐层反馈的问题解决流程，提升了工程师整体问题解决能力、打通问题解决过程记录、事后总结环节，保证问题解决的准确性和及时性。

11.2　医疗云

　　当前医疗卫生系统的重要任务之一是：运用云计算的技术及服务模式，形成面向医疗卫生服务的一体化、高扩展、高可靠的云计算技术架构，构建新型医疗云服务模式；进而巩固和发展现代健康管理服务，建立新型卫生服务体系，促进医疗卫生资源的合理分布与充分利用，提高卫生服务生产力，并形成医疗云的产业链。通过医疗云的实施，将为我国卫生信息化发展带来巨大的发展前景，引领全国卫生信息化发展，有力保障我国医改目标的顺利达成。本节的内容综合参考了相关研究团队的成果。

11.2.1　医疗云的产生背景

　　医疗卫生信息化建设作为"新医改"的八大支柱之一，受到从中央到地方以及广大民众的普遍关注。新医改要求建立实用共享的医疗卫生信息系统，以推进公共卫生、医疗服务、医疗保障、药品管理、财务监管信息化为着力点，整合资源，加强信息标准化和公共服务信息平台建设，逐步实现统一高效、互联互通。只有加快推进卫生信息化建设工作，才能在客观监测医改工作进展，评价医改实施效果的同时，关注共享各个卫生业务信息，统筹事关民众、牵涉利益各方的重要工作。

　　自 2009 年新一轮医改将信息化建设作为支撑医改的四梁八柱以来，国务院、国家卫计委（国家卫健委）持续出台各项政策，明确医疗信息化建设的目标与任务（见表 11-1）。

表 11-1　医疗信息化行业相关政策

时　间	部门	政策名称	主要内容
2010 年 02 月	卫生部等五部委	《关于公立医院改革试点的指导意见》	以医院管理和电子病历为重点推进公立医院信息化建设，提高管理和服务水平
2012 年 03 月	国务院	《"十二五"期间深化医药卫生体制改革规划暨实施方案》	到 2015 年，基层医疗卫生信息系统基本覆盖乡镇卫生院、社区卫生服务机构和有条件的村卫生室
2012 年 10 月	国务院	《卫生事业发展"十二五"规划》	加强区域信息平台建设，推动医疗卫生信息资源共享，逐步实现医疗服务、公共卫生、医疗保障、药品供应保障和综合管理等应用系统信息互联互通
2015 年 03 月	国务院	《全国医疗卫生服务体系规划纲要（2015-2020 年）》	开展健康中国云服务计划；推动健康大数据的应用；加强人口健康和信息化建设
2016 年 06 月	国务院	《关于促进和规范健康医疗大数据应用发展的指导意见》	首次将医疗大数据正式纳入国家发展
2017 年 01 月	国务院	《"十三五"卫生与健康规划》	促进人工健康信息互通共享，实现电子健康档案和电子病历的连续记录与信息共享
2017 年 01 月	国家卫计委	《"十三五"全国人口健康信息化发展规划》	大力加强人口健康信息化和健康医疗大数据服务体系建设；大力促进健康医疗大数据应用发展；探索创新"互联网＋健康医疗"服务新模式、新业态
2018 年 01 月	国家卫计委国家中医药管理局	《进一步改善医疗服务行动计划（2018—2020 年)》	提高诊疗效率，实现配药、患者安全管理等信息化、智能化
2018 年 04 月	国家卫健委	《全国医院信息化建设标准与规范（试行）》	明确二级以上医院信息化建设的主要内容及要求
2018 年 08 月	国务院	《深化医药体卫生制改革2018 年下半年重点工作任务》	有序推进分级诊疗制度建设，建立健全现代医院管理制度，加快完善全民医保制度等
2018 年 09 月	国家卫健委	《国家健康医疗大数据标准、安全和服务管理办法》	加强健康医疗大数据服务管理，促进"互联网＋医疗健康"发展，充分发挥健康医疗大数据作为国家重要基础性战略资源的作用
2019 年 01 月	国务院	《关于加强三级公立医院绩效考核工作的意见》	三级公立医院要加强以电子病历为核心的医院信息化建设，按照国家统一规定规范填写病案首页，加强临床数据标准化、规范化管理
2019 年 06 月	国务院	《深化医药卫生体制改革2019 年重点工作任务》	继续推进全民健康信息国家平台和省统筹区域平台建设。改造提升远程医疗网络。指导地方有序发展"互联网＋医疗健康"服务，确保医疗和数据安全

（续）

时　间	部门	政 策 名 称	主 要 内 容
2020 年 02 月	国家卫健委	《关于加强信息化支撑新型冠状病毒感染的肺炎疫情防控工作的通知》	规范互联网诊疗咨询服务；引导患者有序就医，缓解线下门诊压力；鼓励在线开展部分常见病、慢性病复诊及药品配送服务，降低其他患者线下就诊交叉感染风险
2020 年 02 月	国家卫健委	《关于在疫情防控中做好互联网诊疗咨询服务工作的通知》	要充分发挥互联网医疗服务优势，大力开展互联网诊疗服务，特别是对发热患者的互联网诊疗咨询服务，进一步完善"互联网 + 医疗健康"服务功能

随着国家健康档案标准和区域卫生信息平台建设指南的发布以及相关研究的深入，应用传统技术实现区域卫生信息化，主要的矛盾是海量数据的压力。在目前的全球实践过程中，大量的实例和研究表明，为应对卫生大数据的压力，被迫采用了物理分布的多数据中心耦合建设机制，数据中心间通过数据共享平台以及数据注册机制来实现协同，导致数据一致性问题以及差错修订困难等问题；此外，卫生数据要求高速检索的需求也迫使整体硬件环境向更高投资发展，不利于区域卫生信息化的整体实现。

通过广泛搜集国内外各种医疗卫生信息化的文献资料，在医疗卫生信息化建设背景中，分别从政策背景、信息技术发展背景、医疗卫生信息化的必要性等方面，分析了发展医疗卫生信息化建设势在必行。在政策面上，从国家主管部门到卫生信息化的主管部门，分别有两化融合及信息化战略、医疗体制改革、医疗卫生信息化"十二五"总体规划、"十三五"全国人口健康信息化发展规划等政策的支持；在技术层面，云计算、物联网、新一代互联网等新技术蓬勃发展，软件服务模式发生深刻的变化，使医疗信息化建设进入了医疗云建设的新阶段。

11.2.2　医疗云概述

随着云计算在医疗卫生领域的广泛运用，医疗云随之而诞生。所谓医疗云，是指在医疗卫生领域采用云计算、物联网、大数据、5G 通信、移动技术以及多媒体等新技术的基础上，结合医疗技术，使用"云计算"的理念来构建医疗健康服务云平台；利用云计算技术巩固和发展现代健康管理服务，构建新型卫生服务体系，提高医疗机构的服务效率，降低服务成本，方便居民就医，减轻患者疾病经济负担。

由于医疗信息资源的特殊性，其信息的敏感度、隐私性、重要性非常高，对于整个社会医疗水平、社会稳定和居民健康水平有着重要的战略意义。医疗机构会根据自身切实业务需求确定云计算的运营模式。

根据云计算服务的部署方式和服务对象范围可以将云分为三类：公共云、私有云和混合云。相应的医疗云平台可以细分为以下几种运营模式。

1）医院云模式。由医院自行投资，管理权归医院所有，将医疗云平台部署在医院（或医院集团）内部，作为医院业务管理支撑系统来使用，仅对医院（或医院集团）内部的各个分支机构进行授权使用。

2）自营私有云模式。由医院自行投资，管理权归医院所有，将医疗云平台系统部署在专业机构进行托管，作为医院业务管理支撑系统来使用，针对医院（或医院集团）内部的各个分支机构进行授权使用。同时，对部分其他医疗机构开放使用。

3）区域私有云模式。由医院、第三方机构及政府管理部门共同投资，管理权归医院或政府部门所有，委托第三方机构进行技术托管和支持维护，开放给区域内的卫生医疗机构使用，并针对居民和药品厂商、专业医疗研究机构提供增值服务。采用该模式的有上海闸北区健康云、申康医疗云、上海市健康云管理平台。

4）公有云计算模式。政府部门单独或主导投资，多家医院、第三方机构参与投资，管理权归政府部门所有，委托第三方机构进行技术托管和支持服务，任何希望加入医疗云平台的医疗机构、药品服务商、医疗研究机构都可以在平台上加入自己的应用，也可以通过平台为平台用户提供细分的领域服务。采用该模式的有上海健康网云计算平台。

相对于传统的医疗卫生信息化来说，医疗云主要具有以下几个典型特征：

1）分布式（大规模）。由于医疗云的支撑范围较大，需要较高的计算能力和存储能力，所以医疗云应该具有较大的规模。

2）虚拟化。医疗云应该支持服务的用户能够在任何位置，使用任何终端来获取相应的应用服务。对于用户来说，所请求的服务来自于医疗云，而不是来自于任何实体。只需要一台笔记本或者手机，即可通过网络实现如远程会诊读片、查询诊疗信息，甚至是进行大规模数据分析这样的任务。

3）高可靠性。医疗云应该具备多副本容错，计算节点同构可互换等措施，来保障医疗服务的高可靠性，医疗云应该比任何传统的医疗信息系统更为可靠。

4）通用性。医疗云并不仅仅针对某一种医疗应用服务，而应该满足医疗卫生服务方方面面的信息化需求，可以同时支撑不同的云应用的运行。

5）高可扩展性。医疗云的规模可以进行动态伸缩，满足不断发展的医疗新应用的要求和用户数量增长的需求。

6）按需服务。医疗云可以根据具体用户的实际情况，按需提供相应的服务。医疗云就相当于一个巨大的资源池，可以像水电一样按需使用。

7）经济性。由于医疗云的特性对于节点的要求并不高，可以采用较为廉价的节点来构成医疗云。同时医疗云的自动化集中式管理可以是大量的医疗卫生服务机构，无需负担日益高昂的数据机房管理成本，医疗云的通用性又能够使资源的利用率较之传统的方式大幅提升，因此用户可以充分享受到医疗云的低成本优势。

8）安全性。医疗云运用云计算的安全技术将确保系统运行的安全，并保护广大居民的隐私安全。

11.2.3　医疗云的总体架构

构建新型医疗云服务模式，能够保障基本医疗和公共卫生服务，提高人民健康水平，促进经济发展和社会稳定和谐。医疗云在区域内服务于各卫生管理部门、医疗机构、公共卫生机构以及居民；实现居民健康档案管理与共享、一卡通、医疗业务协同、公共卫生管理、综合卫生管理等应用。

医疗云服务云平台以居民电子健康档案信息系统为基础，构建区域卫生资源信息服务平台和网络体系，提供包括医疗资源、电子病历、医学影像、医疗机构协同、远程诊断、个人健康咨询、家庭保健等服务，支持通过市民"一卡通"提供个人健康和医疗保健服务，支持发展新型医疗健康信息服务。

通过将云计算技术应用于医疗卫生应用建设，可以建设低成本、高弹性、可靠性和可用性的 IT 基础设施，在此基础上解决海量处理处理、高并发性、多租户应用多种需求，有效地提高系统的高可靠性和可扩展性，促进信息资源共享利用和开发，节约项目投资。医疗云的总体架构示意图如图 11-3 所示。

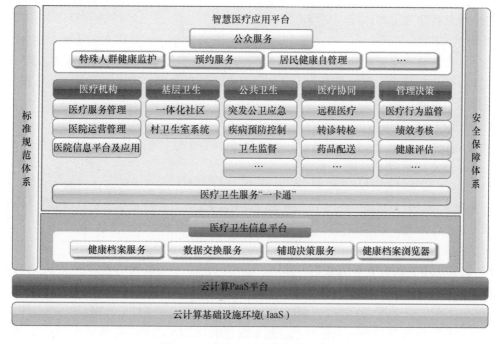

图 11-3　医疗云的总体架构示意图

采用云计算架构设计建设卫生服务行业应用主要分为以下几个层面：

1）在 IaaS 服务方面，基于虚拟化技术，利用资源的动态分配和弹性扩展，实现信息调阅、智能提示和网上预约等业务，并通过虚拟机资源的动态配置，可以把 CPU、内存、网络等资源集中在负载高的业务上，从而实现基础设施的充分利用，并降低能耗。

2）在 PaaS 平台服务方面，利用分布式存储等技术，实现影像数据、健康档案等数据按块存储在不同的节点上，提高应用的并发能力、安全性和可靠性。

3）在 SaaS 平台服务方面，通过面向健康卫生领域的多租户机制，在保证租户间信息、业务逻辑隔离的情况下实现跨租户的信息共享，同时平台所提供的业务、运营以及行业构件支撑，可以更好地促进业务的标准化，实现资源汇聚。

11.2.4 医疗云在卫生信息化中的定位和作用

医疗云在卫生信息化中的定位主要体现在实现卫生信息化领域的五个"统一"：

1）统一的数据管理中心。通过数据集中存储、虚拟化管理等技术手段，建设统一的医疗云数据中心，包括机房用地、物理环境、网络、服务器、存储、安全、监控管理平台等子系统。

2）统一的服务开发平台。通过云计算的平台服务技术，提供包括数据支撑、技术支撑以及行业应用支撑在内的统一的服务交付方式。同时建立与医院、社区等各类卫生服务机构的医疗卫生资源整合，为健康服务提供一体化的支撑，建立标准规范，提高医疗数据质量，促进健康信息共享和协同诊疗，实现医疗资源共享。

3）统一的应用部署中心。在传统的医疗卫生信息化基础上，将公共卫生、区域卫生、综合卫生管理、健康服务等几个卫生业务领域的信息系统分步骤地全面迁移到医疗云平台上，建立服务于区域卫生、公共卫生和卫生管理的云服务应用，实现应用的一次部署、多处交付使用的云模式应用。

4）统一的资源调度中心。通过虚拟化和分布式计算等技术，对服务器、CPU、存储设备、IO 设备和网络带宽等 IT 资源进行统一的管理，进而大大地提升 IT 资源的使用效率，形成统一、高效的资源调度中心。

5）统一的安全监控中心。应用云安全技术，充分利用云端的超强计算能力实现云模式的安全检测和防护，形成统一的安全监控和服务中心以应对云模式下无边界的安全防护，充分保障服务安全和用户的隐私安全。

医疗云在医疗行业的主要作用可分为：

1）提供统一的医疗卫生信息基础设施。医疗云可将不同的医疗机构的信息系统整合，形成统一的、标准的医疗卫生信息基础设施，并在此基础上提供整合的医疗业务服务，提升医疗行业的整体服务水平。例如，上海申康医院发展中心开展的集约式预约服务，将34家医院的专家挂号资源整合到一个平台上，并实践与医院 HIS 系统的联动。

2）提供健康记录服务。医疗云可以集中管理所有患者的健康档案，建立新型的医疗服务平台及服务模式，在紧急医疗事件时可以为医生提供该患者准确的信息。例如，上海申康医院发展中心开发的急诊小助手等。

3）通过医疗云达到合理使用医疗资源。如影像会诊系统。许多医疗机构都在研究以大数据为基础的技术来共享医疗图像和报告。上海申康医院发展中心使用一个大数据平台来收集和共享 34 家医院的诊断影像信息，并将其主要用于医院的临床需要。同时，影像报告可以通过 Internet，在申康门户网站上供患者查询，满足患者、医生和医院采用电子手段从医院的任何部门收集、共享和使用医学诊断图像的需要。在影像存储方式上，采取以数据中心集中式存储为主，数据分中心分布式共享存储为辅的混合存储模式，达到节省存储运维费用的目的。

11.2.5　典型案例

（1）贵州省基层医疗卫生信息系统

贵州省 2013 年采用云计算模式建设了全省基层医疗卫生信息系统，为基层医疗卫生机构用户提供统一的管理信息系统软件服务，各县基层医疗卫生机构不必重复耗资去建立、维护信息系统，只需要配置网络接入和必要的应用终端（台式机、读卡器等）即可开展各项业务工作。

贵州省基层医疗卫生信息系统数据中心采用 IaaS 云方案，采用虚拟化技术将计算资源、存储资源、网络资源等基础资源进行池化，按照实际需求进行分配；若在应用层的运行过程中资源不足，可以对资源进行动态调整，在后续应用扩展升级的过程中，仅需在硬件资源体系中增加相应的设备，即可实现资源扩容，为贵州省级卫生应用提供弹性高可靠的基础资源支撑，达到统一建设、统一运营和统一维护。

贵州省 PaaS 平台是基层医疗卫生服务软件系统的核心，可以提供丰富的通用服务引擎、行业应用引擎，实现基层医疗卫生业务可配置、流程可配置、规则可配置；同时，也提供 API、开发工具、测试工具、部署工具，提高基层医疗卫生应用的开发效率、系统二次开发、升级、部署、运维的效率，从而提高整体系统的可靠性。

贵州省基层医疗卫生信息系统功能参考了国家发改委、国家卫计委基层卫生相关规范和标准，结合贵州本地基层卫生现状及合理的个性业务需求，基于构件化的软件工程思想和 SOA 技术架构，在 PaaS 平台上构筑基本医疗服务、公共卫生服务、健康门户网站服务、基本药物制度、绩效考核、综合监管等乡村一体化管理的业务管理功能，为基层医疗机构医务人员、基层医疗机构管理者、居民提供统一的服务。

（2）上海市健康云管理平台

2015 年，上海卫计委与第三方公司推出健康管理云平台，主要是利用现在的互联网媒体技术，解决病人和医生两个重要的医疗产业链 B2C 端节点的需求，实现政府、医院、医生、病人和企业多方共赢。"上海健康云"以覆盖市区两级的"上海市健康信息网"健康档案和公共卫生数据成果为基础，整合现有系统，实现互联互通，以推进社区卫生服务综合改革政策为契机，以居民健康档案、公共卫生信息、电子病历信息等平台的数据支撑，目标是实现社区医生对签约居民健康管理在线服务、专科医生及时了解患者病情、公卫专业机构监测和周期性筛查、专业管理者获得实时可视化数据、慢病患者在线预约挂号和长处方药品的在线购买五项主要服务。通过健康管理云平台，上海市民不用出门就能够了解自己的健康状况，并且还可以实现预约挂号、健康档案、电子病历等互联互通。及时获得由社区卫生服务中心、二级、三级医院的家庭专科组成的医生团队建议，必要时及时获得转诊通道和专科诊疗服务，医疗资源可以得到更加有效的配置。

（3）上海医疗云平台

上海申康医院发展中心立足于作为上海市级公立医疗机构出资人、市政府办医主体两项基本职能，深化公立医院改革，发展混合所有制，与第三方公司共建以市级公立医疗机构为主体、多种服务业态融合发展的"上海医疗云"，发挥市场在资源配置中的基础性作用，进一步提升市级公立医疗机构的服务能力和质量，为患者提供公平、多样化、具有良好体验的医疗服务，并有效地促进基层医院和医疗服务产业发展，在保障民生福祉的同时带动产业经济发展。"上海医疗云"依托上海优质医疗资源，在"医联工程"已形成的医疗数据资源集聚共享的基础上，定位于打造国际一流的医疗资源开放协作平台、医疗科技协同创新平台、医疗人才培养交流平台、医疗服务产业培育平台、无边界医疗服务平台。

（4）医院云平台

复旦大学附属华山医院是地处上海市中心的百年老院，随着医院的飞速发展，医院承载的医教研任务越来越重，IT作为基础服务其体量也越来越大，因而受限的物理空间以及有限的IT运维与日益增长IT需求的矛盾日益突出。华山医院应用微软混合云服务（Windows Azure），充分考虑了云服务的可靠性和连续性，通过本地StorSimple部署，将热数据和暖数据放在近端，冷数据放在云远端，提高了用户的应用感受度，使得云端也不是那么遥远。微软云服务在节省物理空间、简化IT运维、提供弹性服务方面相比传统IT服务有更大的优势，同时节省了传统设备空余时段的成本支出，减少了IT支出。随着云服务的不断使用，未来与医学应用会有更多的交集和创新。

11.3 教育云

2016年12月，国务院印发《"十三五"国家信息化规划》，明确提出要实施在线教育普惠行动，到2020年，基本建成数字教育资源公共服务体系，形成覆盖全国、多级分布、互联互通的数字教育资源云服务体系。随着普惠教育理念的进一步深化，教育资源共享已然成为当前教育改革的重点。其中，教育云凭借其资源敏捷性、共享性的优势，已经成为普惠教育实践的优先工具。本节的内容综合参考了相关研究团队的成果。

11.3.1 教育云概述

所谓教育云，就是指基于云计算商业模式应用的教育平台服务（见图11-4）。在云平台上，所有的教育机构、培训机构、招生服务机构、宣传机构、行业协会，管理机构、行业媒体、法律机构等都集中云整合成资源池，各个资源相互展示和互动，按需交流，达成意向，从而降低教育成本，提高效率。

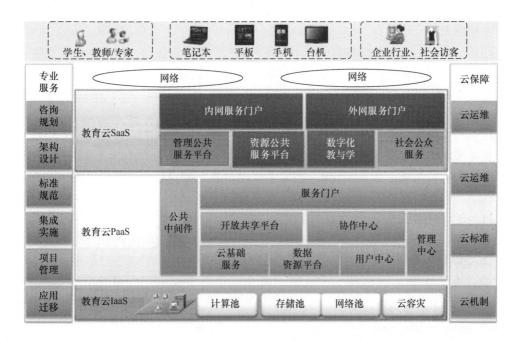

图 11-4　教育云系统架构

由此可见，教育云不仅实现了教育资源的整合与信息化，而且实现了教育资源的统一部署与规划，推动了教育资源的共享。学生或老师只需要使用简单的终端设备通过网络就可以获取学习、资料以及实验的资源，大大降低了教学成本，减少了院校的成本投入；对于高校来说，选择自有教育云基础设施的建设，推进建设业务支撑平台、科研实验平台、教学实训平台、数字化校园和智慧校园云平台、双活数据中心等子系统的建设；中小学校可以将应用接入教育部门统一构建的教育云平台上，打通教育资源之间的壁垒。

云计算作为教育信息系统的技术架构具有如下优点：

1）教育云计算资源比较集中，通过虚拟化技术提高 IT 硬件设备的利用率，低碳环保且降低硬件成本。

2）教育云平台一般由专业人员建设和维护，具有更好的稳定性和安全性。

3）教育云计算具有很强的可扩展性和可伸缩性，可以实现按需分配计算资源。

4）教育云计算以服务为导向，其服务接口基于互联网技术与标准，具有很好的开放性，便于系统集成及应用的互联互通。

云计算的特性和优点使它的三种形式（IaaS，基础设施即服务；PaaS，平台即服务；SaaS，软件即服务）均能在教育信息化获得应用。教育信息化建设新进展也为教育云发展提供了良好的发展机遇。很多教育资源甚至教育本身都将以服务的形式呈现，这与云计算以服务为导向的特性相契合，选择云计算作为新一轮教育云的技术架构显得非常自然。

目前，教育云主要包括云计算辅助教学（Cloud Computing Assisted Instructions，CCAI）和云计算辅助教育（Cloud Computing Based Education，CCBE）等多种形式。

云计算辅助教学是指学校和教师利用云计算支持的教育云服务，构建个性化教学的信息化环境，支持教师的有效教学和学生的主动学习，促进学生高级思维能力和群体智慧发展，提高教育质量。也就是充分利用云计算所带来的云服务为我们的教学提供资源共享、存储空间无限的便利条件。

云计算辅助教育，或者称为基于云计算的教育，是指在教育的各个领域中，利用云计算提供的服务来辅助教育教学活动。云计算辅助教育是一个新兴的学科概念，属于计算机科学和教育科学的交叉领域，它关注未来云计算时代的教育活动中各种要素的总和，主要探索云计算提供的服务在教育教学中的应用规律、与主流学习理论的支持和融合、相应的教育教学资源和过程的设计与管理等。

近几年来，与所有的新技术的发展一样，基于云计算的教育云至今仍处于发展和完善阶段，还需要更多的探索与实验。在新的信息技术不断出现和引领下、服务化的驱使下，能够帮助教育学体系（包括高校、高职、高专、中小学校）在信息化转型过程中实现目标。

11.3.2　教育云的部署落地

教育云的实现是云计算在教育信息化落地的体现，通过云计算技术，将教育云部署为真正能对外提供服务的系统，以下几个问题是教育云实现的关键技术，也是部署落地过程中需要重视解决的问题。

1）基础设施平台的建立，基础设施需要能够满足教育云平台部署的需要，包括架构、性能、稳定性和可靠性等。

2）系统的迁移和整合，各种教育信息化系统在基础设施平台上的部署和迁移，使其可以运行在云平台上。

3）统一的认证与授权，即哪些用户能以什么身份使用教育云平台的哪些子系统的服务。

4）所有的应用系统都必须支持虚拟化实例的创建，就像虚拟域邮件系统或者企业QQ一样，将单一的系统软件通过实例创建的方式模拟出多个独立系统的副本，不同副本将为不同的群体或者单位服务，各个副本之间互不干扰，彼此独立。

部属落地离不开各种IT厂商和产品的支持，包括硬件厂商和软件厂商等，例如华为、IBM、惠普、戴尔以及Oracle等软硬件厂商，其硬件产品、软件产品以及解决方案，都可以为云计算的落地提供强有力的支持。而有部分的厂商，也为企业的基础云计算提供整体的解决方案，例如IBM的Smart Cloud和惠普、VMware等的云计算解决方案等。

（1）构建基础设施云平台

对于基础平台的建设，业界已经有着成熟的解决方案和系统支持，包括硬件和软件、服务器系统、存储系统以及网络系统，都将为基础平台的建立提供硬件的支持，这类硬件已经在云计算构建上有着优越的性能和完善的功能。基础平台管理软件、操作系统和中间件以及数据库服务系统等，可以通过成熟的解决方案加以实现，例如 VMware EXS、Microsoft Hyper-V、RedHat Linux、Oracle Database、Rocks Cluster 等。图 11-5 所示为构建教育云基础平台方案。

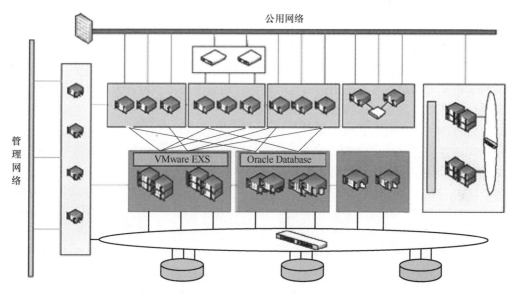

图 11-5　构建教育云基础平台方案

（2）部署软件系统

有了基础平台之后，就可以进行软件系统的部署。软件系统需要遵循一定的规范，才可以实现教育云上的服务系统，即定制教育云软件系统标准是保证软件系统可以在教育云上运行的关键。系统以统一门户系统为系统访问框架，所有的子系统均通过门户系统进行集成，用户的访问也将通过门户系统统一认证、统一登录，从而获得各子系统的使用权限。各子系统根据其访问量的性能需求，选择一定数量的虚拟机进行部署，并构建成为负载均衡集群系统，统一提供服务。

11.3.3　教育云在中国落地应用现状

现在很多省市都拥有或计划建设自己的"教育云"。从 2009 年起，无锡云计算教育数据中心开始实施全市学校"外网服务器"专业集中托管。市区内或周边偏远学校与无锡市电教馆签订协议，成为无锡云计算教育数据中心入驻用户之一，就可以免费使用该数据中心的各项服务。加入云计算数据中心之后，学校就不用自己建机房、派专人维护，让所有学校在新的平台上同步提高，从而推动教育均衡发展。学生在家打开平板计算机，就可以登录云中的英语学习平台，在数字图书馆里查资料、看视频，用在线字典辅助完成作业，用即时通信工具与老师同学交流。安装一个"社区教育高清播放系统"的数码机顶盒，普通市民就能看到教育电视台的各类节目。无锡教育公共服务平台自 2009 年起正式实施建设以来，逐渐成为由公共教育服务、三网融合运行、云计算教育数据中心、教育信息共享和教育公共服务保障等五大工程组成的终身学习平台，正在向广大市民提供全员、全程、全方位的服务。

2012 年 4 月初，上海兆民云计算科技有限公司向甘肃省镇原县三岔中学提供卓越的"教育云系统"，该公益性项目采用业内领先的兆民桌面云技术为核心，通过兆民云计算机终端，语音教学、计算机实验等多项课程内容得以实现。该系统还为三岔中学提供兆民文库、英语口语考试系统、教学相长系统等 SaaS 应用，从而与兆民云计算机完美结合，给三岔中学师生带来了丰富的教育应用。所有的教材、辅导资料都存储在云端，师生可以随时随地通过兆民云计算机终端调取阅读，实现"无纸化教学"。

各省教育部门还出炉了一批数字化校园试点，各中小学校也在构建自己的"内部云"。全国第一家被授予"基于云架构数字校园"的示范学校——山东省淄博市桓台世纪中学应用了联想集团的数字化校园整体解决方案。

除此之外，各大企业也积极投入云计算在教育中的应用，推出建设大规模共享教育资源库、构建新型图书馆、打造高校教学科研"云"环境、创设网络学习平台、实现网络协作办公等多种形式。

2011 年 6 月，思科推出教育云规划，提出打造中国教育云的愿景：建立一个甚至几十个数据中心，提供虚拟实验室、在线答辩比赛。IT 企业在云平台为 IT 培训中心的学生提供课程，学生在平台上与企业合作项目，表现突出的可以被企业直接录用。2011 年 10 月，上海华师京城高新技术股份有限公司与思科在中国正式推出联合品牌的"思科-华师京城教育云终端机"。

2011 年 1 月，戴尔公司相继为广州大学搭建"数字校园服务平台"，帮助上海数字化教育装备工程研究中心在华东师范大学建立"教育云计算联合实验室"和"数字化教学联合实验室"。

国内领先的服务器厂商曙光早期凭借其在高性能计算领域出色的技术优势、多年的行业经验以及优质的售后服务，为国内多所院校提供了具有高度适应性的高性能计算平台。进入云计算时代，曙光专门成立了教育行业事业部，并将教育行业云计算中心的开拓作为重点。同时建成了包括哈尔滨工业大学云计算中心、天津大学云计算中心、同济大学云计算中心和中山大学云计算中心等高校在内的云计算服务平台。

11.3.4　教育云计算解决方案介绍

（1）思科校园数据中心解决方案

传统的数据中心思路，可能会采用异构的主机、异构的存储子系统、教学系统和办公系统访问不同的主机和存储设备。这种方案在经济性、灵活性和性能上都有着诸多弊端。数字校园需要一个可以基于同一个物理存储空间、对不同用户分配不同虚拟存储空间的解决方案。

思科虚拟 SAN（VSAN）技术改变了 SAN 部署的方式。它能够为客户提供以太网一样的设计灵活性。思科 VSAN 技术可将相互隔离的虚拟结构安全而可靠地覆盖在相同的物理基础设施之上，并可在每个存储网络（每个网络均包括多个区和独立矩阵服务）上支持超过 1000 个 VSAN。

思科 VSAN 的最大特点是避免了故障的扩散。每个 VSAN 均独立维护自己完整的交换服务集，每个 VSAN 提供隔离的交换架构服务，提供了高可用的安全隔离，交换架构的被迫重置仅限于单个 VSAN，这样可以更快地恢复。

思科校园数据中心解决方案提供了端到端的存储网络，包括思科 SN5420 存储路由器、思科 ONS 系列光纤交换机、MDS 9000 系列存储交换机、SFS 3000 系列服务器光纤交换机等。

思科 MDS 9000 系列多层导向器和网络交换机为企业存储网络提供了无与伦比的智能性。它包含 Cisco MDS 9500 系列多层导向器和 Cisco MDS 9216 多层矩阵交换机，整个系列的产品能够满足各种规模和体系结构的企业存储网络要求。

思科 SFS 3000 服务器光纤交换机，拥有一项创新的 InfiniBand 技术，它可以将多台服务器资源整合起来，以虚拟化的方式实现存储资源共享。

（2）华为区域教育解决方案

华为区域教育解决方案中的云教育数据中心通过统一的访问门户，为高中、初中和小学提供教育云应用。教师、学生、家长或学校管理人员登录统一访问门户以后，可以根据其权限访问相应的应用。

整个平台规划是以区域为单位，涵盖教育主管部门下的所有学校，但在实际部署中，只需要在教育主管部门部署信息平台、数据库和服务器群组即可，下属单位和学校可以通过 Web 登录的方式，直接访问顶级教育主管部门平台，实现对自身事务的管理。这样，不仅各个学校和各级教育主管部门可以实现教育信息化管理的电子化，同时也有效地解决了数据的互联互通问题，教育主管部门可以随时随地查看、监控和统计下属单位和学校各方面的数据，并做出相应的决策和指导。

各个学校无需自己建设信息系统，而是通过互联网以浏览器的方式直接访问数据中心的相关应用。虽然各信息系统是统一部署，但是学校与学校之间相互隔离、互不干扰，就像在访问自己私有的信息系统一样。

业务系统包括基础资源共享平台、教务管理平台、教学管理平台、教研管理平台、C-Learning 和统一访问门户六个部分。

（3）联想网络教学平台

联想网络教学平台由网上教学支持系统、网上教务管理系统、网络课件开发系统、网上资源管理系统四个子系统组成，对网上教学进行全面支持的网络教学一体化解决方案。

它还支持同步视频流技术，提高了同步视频的在线课件开发工具和电子教鞭支持功能，能够很好地支持网络多媒体实时教学。在答疑系统中采用了词语知识库与汉语自动分词技术，构建了自我扩充的知识库系统，还提供了同步讨论、网上答辩、笔记记录等一系列进行协作学习或个别学习工具，实现了教师和学生之间、学生与学生之间的充分沟通和交流，给学生自主学习和网上交互创造了条件。

此外，它还提供成绩统计与分析等多种评价服务功能，基于教育评价的理论，提供了阅卷调查式的非量化评价模式，这两个方面结合起来，为更加合理地评价教与学提供了基础。在网络题库系统中，提供了试题管理、自动组卷、在线联机考试、定时交卷、在线联机阅卷、考试结果查询、成绩统计与分析等全面的服务功能。

11.3.5　典型案例——中山大学教育云建设方略

中山大学数字化校园的教育云服务平台主要由以下三大部分构成：

1）数字化校园的内部平台，用来构建内部应用和私有云，由学校自行建设或与运营商合作建设。

2）数字化校园的外部平台（也就是云端），用来构建外部应用和公有云，一般由运营商和互联网的服务商建设和提供服务。

3）云服务集成门户，用来整合内外部资源和服务，并为用户实现信息和应用的个性化定制和服务。

数字化校园的教育云服务平台的总体结构如图11-6所示。

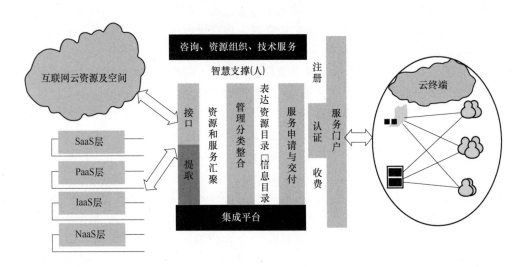

图 11-6　数字化校园的教育云服务平台的总体结构

在数字化校园云服务的模式中，为广大师生提供基于云计算的教育云服务，其主要的核心服务体现在以下几个方面：

1）计算资源云服务。计算资源云服务可以通过虚拟化传统的数据中心来实现，也可以通过运营商的服务来实现。这种计算资源云相当于一个虚拟化的计算资源池，用来容纳各种不同的工作模式，这些模式可以快速部署到物理设施上。

2）存储资源云服务。云存储将大量不同类型的存储设备通过软件集合起来协同工作，共同对外提供数据存储服务。数字化校园的云存储服务是用来最大限度地满足广大教师和学生的个性化的存储需求，用来建立个人空间和个人信息中心或库。

3）软件资源云服务。软件服务云是基于应用虚拟化技术的软件服务，是将云端应用虚拟化，引入个人用户领域，创造软件使用的崭新方式。"软件在云端"，用户不要担心经常要升级软件版本，因为软件在云端已自动升级，用户只需要通过云平台即可自动获取软件的新功能。

4）即时通信云服务。在数字化校园的云服务中，即时通信软件和服务，将为教师和学生进行协作教学、协作学习、协作科研、协作办公、协作医疗等各种交流提供更加便捷的服务。

5）翻译云服务。云翻译可以把用户的文本提交到云中搜索，并能通过智能计算返回给用户。由于翻译结果是从云中获取，这就使信息来源大大加强。无论是单词的翻译，还是句子的翻译，乃至文章的翻译，其准确性和质量都会显著提高，大大降低了用户阅读外文和把中文翻译成外文的难度。

6）科研云服务。广大教师在从事科研活动时，一方面需要获取各类科研信息，另一方面也需要通过云服务平台，把自己的科研成果信息放到云中进行发布和发表。在科研云服务方面，除信息的交换外，更重要的是要结合上文谈到的几种云服务。通过云服务，获取科研信息、计算资源、存储资源、软件资源、通信工具、翻译工具等互联网服务，并可实现协同科研，实现科学研究的"社会化"，也就是社会化研究。

7）教育技术云服务。基于 Web2.0 技术的互联网上的教学工具，已经在许多教师的教学和学生的学习中有所应用。在此基础上，通过云服务技术，可以构建一个全新的、基于Web2.0 的、倡导"按需索取，共同维护"高度协同和知识共享的教与学的网络学习平台、虚拟社区和知识云，为广大学生、校友和社会公众提供教育云服务。

8）安全云服务。数字化校园有较高的信息安全需求，这些需求可以通过安全云服务来实现。安全云服务是数字化校园信息安全服务的最新体现，它将融合并行处理、网格计算、未知病毒行为判断等新兴技术和概念，通过网状的大量客户端对网络中软件行为的异常监测，获取互联网中木马、恶意程序的最新信息，传送到 Server 端进行自动分析和处理，再把病毒和木马的解决方案分发到每一个客户端，以保障广大师生用户使用计算机的信息安全。

在"十二五"期间，中山大学重点建设第二代数字化校园。中山大学的第二代数字化校园将利用云计算相关技术，建设中山大学云服务体系，以实现"云中漫步"作为基本目标。图 11-7 所示为中山大学数字化校园从 EC1.0 到 EC2.0 的升级示意图。从图 11-7 中可以看出中山大学数字化校园 EC1.0 和 EC2.0 没有本质的区别，只是在 EC2.0 中实现了层次细分，并且在每一个细分后的层次中提炼出相关的服务和资源。中山大学数字化校园 EC1.0是一个以共享和消灭信息孤岛和应用孤岛为核心的信息系统，中山大学数字化校园 EC2.0是一个以整合校内外信息与服务资源，为用户提供云服务为宗旨的信息系统。

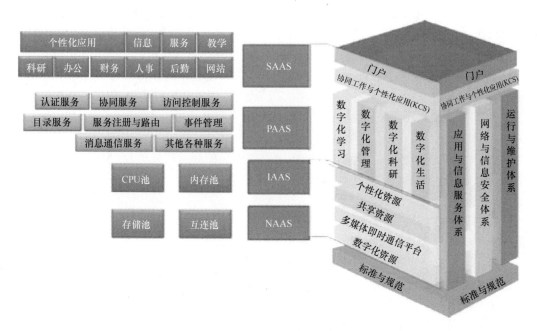

图 11-7 中山大学数字化校园从 EC1.0 到 EC2.0 的升级

第 12 章

云计算与大数据

谈及云计算，就不可避免地要提到大数据，二者有着千丝万缕、相辅相成的关系。在代表性的新一代数字技术 ABCDI，即人工智能、区块链、云计算、大数据及物联网这几项技术中，云计算和大数据均占据了重要的地位。云计算的发展历程更长，当前已经成为普及性的技术基础设施，得到了广泛的采纳和应用，云服务几乎是无处不在。而数据已经发展成为跟资本、劳动力、土地及自然资源等生产要素同等重要，甚至是更胜一筹的生产要素，在新经济和数字经济时代起着举足轻重的作用，对应的大数据相关技术和应用的重要性自然也是不言而喻的。

12.1 大数据概述

自 2011 年麦肯锡全球研究院发布题为《大数据：创新、竞争和生产力的下一个前沿领域》的报告正式提出"大数据"概念以来，经过近十年的发展，大数据不仅没有减低热度，反而更是如日中天，成为全球各个国家的重点发展战略和科技竞争高地。

大数据能够长时间霸占全球的热点榜，主要原因是随着互联网、移动通信和物联网的迅猛发展，无所不在的移动终端、传感器、智能设备和仪器每分每秒都在产生数据，面向全球数以亿计用户的互联网服务也在时时刻刻产生巨量的交互数据。这些数据也不再是以前单一的文本数据，而是视频、音频、图片、文本、数字、信号等各种不同格式和结构的组合；对数据的处理也不再是简单的查询和统计，而是要深度分析和挖掘数据的隐藏价值，进行复杂的数据处理，甚至是模拟人类的认知和思考的人工智能算法和模型。海量复杂的数据和人们对大数据价值的不断探索和渴求的矛盾，造成了大数据问题的持续和猛烈的爆发。

12.1.1 什么是大数据

自大数据概念的提出，一直到现在，对大数据的定义还是众说纷纭，莫衷一是，每个人都有自己的看法和理解。有的人简单地把它理解为海量的数据，也有的人认为就是把传统统计学应用于更大量、更复杂的数据。当然也有人认为，只有经过复杂和深度的挖掘和分析，从海量数据中得出非常有洞见性的结论，才能称之为大数据。下面把业界主流的一些大数据的定义罗列一下，至于大家认可和喜欢哪一种定义，就仁者见仁，智者见智。

"大数据是指无法在一定时间内用传统数据库软件工具对其内容进行抓取、管理和处理的数据集合。"——麦肯锡

"大数据是指无法在一定时间内用常规软件工具对其内容进行抓取、管理和处理的数据集。"——维基百科

麦肯锡的定义注重在对数据的结构化和标准化的处理方式，即数据库技术方面，维基百科则做了扩展，也就是说，只要用现有常规的技术处理手段却没有办法处理的数据，就是大数据。按照这个定义，大数据的问题将永远存在，永不过时，因为数据增长的速度太快。这也反映了为什么大数据能够经久不衰，越来越火。

"大数据是需要新处理模式才能具有更强的决策力、洞察发现力和流程优化能力的海量、高增长率和多样化的信息资产。"——Gartner

全球知名咨询机构 Gartner 的这个定义，把大数据的概念和内涵又做了更深入的扩展，加入了技术化和商业化的元素。数据确实已经是当今时代最具价值的资产，而大数据处理需要超出常规的新的处理模式，处理的结果是为了指导生产、管理和决策等方面。

"大数据是大交易数据、大交互数据和大数据处理的总称。"——Informatica

Informatica 认为商业、互动、技术方面都是大数据面临的挑战。

12.1.2 大数据的特点

与其纠结于大数据究竟如何定义，还不如分析和总结一下大数据的特点，这样更有利于理解大数据。从不同角度和侧面来摸一摸这头"大象"，来形成对它的完整印象。需要澄清的是，大数据并不仅仅是数量巨大，它还需要具备其他的一些特征，才能被称为大数据。

大数据具备 Volume、Velocity、Variety 和 Value 四个基本特征（简称为"4V"），即数据体量巨大、数据产生速度快、数据类型繁多和价值密度稀疏。

Volume：表示大数据的数据体量巨大。数据集合的规模不断扩大，已从 GB 到 TB 再到 PB 级，甚至开始以 EB 和 ZB 来计数。

Velocity：数据产生、处理和分析的速度在持续加快，数据流量大。加速的原因是数据产生和创建的实时性，以及需要将流数据结合到业务流程和决策过程中的要求。大数据需要具备快速处理的能力，体现出它与传统的数据统计和挖掘技术有着本质的区别。

Variety：表示大数据的类型复杂。以往产生或者处理的数据类型较为单一，大部分是结构化数据。而如今，物联网、移动计算、社交网络、在线直播、网络课程等新的渠道和技术不断涌现，产生大量半结构化或者非结构化数据，如 XML、即时消息、短视频等，导致了新数据类型的剧增，结构也越来越多样和复杂。

Value：大数据由于体量不断加大，单位数据的价值密度在不断降低，然而数据的整体价值在提高。大数据分析和挖掘也类似于"去其糟粕，取其精华"的过程。大数据当中蕴含了无限的商业和应用价值，有待于去发掘和利用。

12.1.3　大数据的作用及价值

大数据由于本身所附带或隐含的巨大价值，除了被类比为新时代的石油、黄金、钻石之外，甚至被视为"一种与资本、劳动力并列的新经济元素"，也就是说大数据不仅对生产过程中形成产品和产生价值起着重要的作用，其本身更是作为像资本和劳动力这样的生产要素，是产品生产中不可或缺的元素，也是最终产品中不可分割的一部分。正是大数据的生产要素功能，使其具备了变革生产力，改造所有行业的作用。简单来说，大数据作为生产要素，可以完全替代或是部分替代原有的劳动力、资本、土地及自然资源等生产要素，带来行业的变革。例如，现在全球最关注的自动驾驶汽车，就是用数据和算法替代司机这一最关键的劳动力，从而彻底变革汽车驾驶这一产业。

大数据从其本身的作用，从宏观、中观和微观三个层面可以类比为望远镜、放大镜和显微镜。宏观层面来说，大数据具备望远镜的特性，可以帮助政府、企业及个人依据过去的数据及历史经验，来制定未来的战略和决策。从中观来说，大数据起到放大镜的作用，能够让用户更近距离、更深入地盘点数据资产，发挥数据的价值和作用，发现存在的问题和不足。例如，阿里巴巴就成功地由电商公司转型成为金融服务公司，通过把原有的销售数据和消费数据转化为信贷数据，打造了一系列金融科技产品及公司。从微观来说，大数据起到的是显微镜的作用，能够让企业自身和用户纤毫毕现，掌握一举一动，从而做好精益管理和精准服务。现在几乎所有大型互联网公司都在深入分析用户的行为、兴趣和爱好，并为用户推荐最贴心的产品和服务。

从产业角度，大数据有以下三个重要作用：

1）大数据为新一代信息技术产业提供核心支撑。大数据是云计算、物联网、移动通信等信息技术和社会发展的产物，而大数据问题的解决又会促进云计算、5G、物联网等新兴信息技术的真正落地和应用，大数据正成为新一代信息技术融合应用的核心。

2）大数据正成为社会发展和经济增长的高速引擎。大数据蕴含着巨大的社会、经济和商业价值。大数据市场的井喷会催生一大批面向大数据市场的新模式、新技术、新产品和新服务，促进信息产业的高速增长。大到国家发展战略、区域经济发展以及企业运营决策，小到个人每天的生活，都与大数据息息相关。当今因为中国在科技和信息技术领域的崛起，美国又把芯片、5G通信、大数据作为战略竞争的重点，上升到国家安全的等级，对中国进行打压，实施"净网"行动，封杀华为和抖音、微信等。未来在这方面的竞争会更加激烈，大数据及相关新一代信息技术已经成为全球经济与社会发展的战略制高点和兵家必争之地。

3）大数据将成为科技创新的新动力。从各行业的大数据需求中能够孵化和衍生出一大批新技术和新产品，来解决实际的大数据问题，促进科技创新。同时，对于数据的深度利用以及"数据驱动"的应用和管理模式，将能够从数据中挖掘出潜在的应用需求、商业模式、管理模式和服务模式，这些模式的应用将成为开发新产品和新服务的驱动力。数据的开放和共享，将促进大数据的创新动能的释放，造就大量的创新应用。但在开放的前提下，还需保障数据的安全和隐私。国家在大力推动数据资源的共享交换平台、数据资产交易平台的同时，又制定了数据安全法，推动数字身份和区块链"数权"的建设，就是在激励创新的同时，又做好安全保障。

12.2　大数据的关键技术

整个大数据的处理流程可以定义为：在合适工具的辅助下，对广泛异构的数据源进行抽取和集成，结果按照一定的标准进行统一存储，并利用合适的数据分析技术对存储的数据进行分析，从中提取有益的知识并利用恰当的方式将结果展现给终端用户。

依据以上的大数据处理流程，本节总结梳理出大数据的技术栈，见表 12-1。

表 12-1　大数据的技术栈

大数据技术分类	大数据技术与工具
基础架构支持	云计算平台
	云存储
	虚拟化
	网络
	资源监控
数据采集	数据总线
	流式采集工具
	ETL 工具
数据存储	分布式文件系统
	SQL 关系型数据库
	NoSQL 非结构化数据库
	NewSQL 关系型数据库与非关系型数据库融合
	内存数据库
数据计算	查询与统计
	分析与挖掘
	图谱处理
	BI（商业智能）
	深度学习
展现与交互	图形与报表
	可视化工具
	虚拟现实/增强现实技术

大数据处理首先在底层基础设施方面，需要拥有大规模物理资源的云数据中心和具备高效的调度管理功能的云计算平台的支撑。云计算管理平台能为大型数据中心及企业提供灵活

高效的部署、运行和管理环境，通过虚拟化技术支持异构的底层硬件及操作系统，为应用提供安全、高性能、高可扩展、高可靠和高伸缩性的云资源管理解决方案，降低应用系统开发、部署、运行和维护的成本，提高资源使用效率。此外还需要相应的网络、存储设备及所有这些资源的监控、管理和运维。

另外，大数据技术还包括数据采集、数据存储、数据计算、数据可视化及交互等关键技术，下面简要描述这些版块。

12.2.1　大数据采集、预处理与存储管理

在对数据进行计算之前，首先是要能够获取到数据，足够的数据量是大数据战略建设的基础，因此数据采集是大数据价值挖掘中重要的一环。大数据具备多源异构的特征，因此数据的采集涉及从不同的数据源，用不同的采集手段，来获取种类和结构都不同的数据。

数据的采集有基于仪器和设备的采集、基于物联网传感器的采集，也有基于网络信息的数据采集等多种采集方式。例如在智能交通中，数据的采集有基于 GPS 的定位信息采集、基于交通摄像头的视频采集、基于交通卡口的图像采集、基于路口的线圈信号采集等，这类数据的采集都需要与相应的设备和传感器的特定接口打交道。而在互联网上的数据采集是对各类网络媒介，如搜索引擎、新闻网站、论坛、微博、电商网站、直播平台等的各种页面信息和用户访问信息进行采集，采集的内容主要有文本信息、URL、访问日志、日期、图片、视频等。之后还需要把采集到的各类数据进行清洗、过滤、去重等各项预处理并分类归纳存储。

在分布式系统中，经常需要采集各个节点的日志，然后进行分析。数据采集过程中的 ETL（抽取、转换、加载）工具将分布的、异构数据源中的不同种类和结构的数据抽取到临时中间层后进行清洗、转换、分类、集成，最后加载到对应的数据存储系统，如数据仓库或数据集市中，成为联机分析处理、数据挖掘的基础。因为与传统的数据相比，大数据的体量巨大，产生速度非常快，对数据的预处理需要实时快速，因此在 ETL 的架构和工具选择上，也需要采用分布式内存数据、实时流处理系统等现代信息技术。

数据经过采集和预加工之后，就需要依据其类型及体量，以及需要被访问的方式及频次等要求，保存到对应的分布式存储体系中。前面已经详细地介绍了云存储的体系，大数据的存储技术在很大程度上与云计算中的数据存储技术是一致的。大数据的存储更多的是关心从数据层面能够高效安全地存储和访问，以方便后续的大数据分析和挖掘，而不会注重于具体的存储设备和网络的组合和实现方式。大数据所使用的最基本、最广泛的存储系统是分布式文件系统。大数据的另一种常见的存储方式是数据库存储，对应的数据库存储方案有 SQL、NoSQL 和 NewSQL。

传统的 SQL 关系型数据库能够较好地保证事务的 ACID 特性，但在可扩展性、可用性等方面表现出较大的不足，并且只能处理结构化的数据，面对数据的多样性、处理数据的实时性等方面，都不能满足大数据时代环境下数据处理的需要。NoSQL 数据库在设计时，为了满足可扩展性，经常会保证分区容错性，而牺牲一致性和可用性，因而 NoSQL 的应用范围

也受到了很大的限制。如何构建具有高可扩展性、高可用性、高性能的，同时还能保证 ACID 事务特性的数据库就成了新的发展方向。NewSQL 是为解决上述数据库存在的不足，顺应大数据发展的融合性技术。该类数据库要求，不仅要具有 NoSQL 对海量数据的存储管理能力，还要保持对传统数据库支持 ACID 和 SQL 等特性。

12.2.2　大数据分析与挖掘

在大数据的环境下，数据计算除了标准的查询、统计之外，还需要对数据进行复杂和深入的分析和挖掘，以找到埋藏在数据深层的核心模式和价值。

数据挖掘又称从数据库中发现知识（KDD）、数据分析、数据融合以及决策支持。其发展趋势是数据挖掘研究和应用更加"大数据化"和"社会化"。在用户层面，移动计算设备的普及与大数据革命带来的机遇，使得互联网应用对用户所处的上下文环境具有了前所未有的深刻认识，需要将认识上的深入转化为对用户精准化的服务和推荐。除此之外，社交网络服务的兴起对互联网数据环境和用户群体均将形成关键性的影响，如何更好地结合社交网络数据环境和被社交关系组织起来的用户群体，也是数据挖掘面临的机遇与挑战。

另一个迅速崛起的领域是对于人类学习和认知模式的模拟，人工智能、机器人、自动驾驶等这些炙手可热的新概念背后，都是对人类行为和认知的探索。深度学习是机器学习研究中的一个新的领域。它在于建立模拟人脑进行分析学习的神经网络，模仿人脑机制来解释一些特定类别的数据，例如视频、图像、语音和文本。它是无监督学习的一种。深度学习的主要思想是增加神经网络中隐藏层的数量，使用大量的隐藏层来增强神经网络对特征筛选的能力，以增加网络层数的方式来取代之前依赖人工技巧的参数调优，从而能够用较少的参数表达出复杂的模型函数，逼近机器学习的终极目标——知识的自动学习和发现。谷歌的 Alpha-Go、百度的小度、特斯拉的自动驾驶以及遍布各处的人脸识别，这些都是深度学习在各个领域取得核心突破的典型案例。

12.2.3　数据可视化及交互

大数据的计算结果需要以简单直观的方式展现出来，才能最终为用户所理解和使用，形成有效的统计、分析、预测及决策，应用到生产实践和企业运营中，才能真正发挥大数据的价值。因此大数据的展现技术，以及数据的交互技术在大数据技术全局中也占据着重要的位置。

Excel 形式的表格和图形化展示方式是人们熟知和使用已久的数据展示方式，也为日常的简单数据应用提供了极大的方便，但是不能满足大规模的数据呈现。随着大数据的兴起，也涌现了很多新型的数据展现和交互方式。这些新型方式包括交互式图表，可以在网页上呈现，并支持交互，可以操作、控制图标，进行动画演示。另外交互式地图应用，如百度地图，可以动态标记、生成路线、叠加全景航拍图等，由于其开放的 API 接口，可以与很多用户地图和基于位置的服务应用结合，因而获得了广泛的应用。

还有能够将数据所蕴含的信息与可视化展示有机地结合起来的"信息图"方式，目前大行其道。诞生于斯坦福大学的大数据公司 Tableau 能够将数据运算与美观的图表完美地结合在一起。其设计与实现理念是：界面上的数据越容易操控，公司对自己所在业务领域里的所作所为到底是正确还是错误，就能了解得越透彻。

此外，3D 数字化渲染技术也被广泛地应用在很多领域，如数字城市、数字园区、模拟与仿真、设计制造等，具备很高的直观操作性。现代的增强现实 AR 技术通过电脑技术，将虚拟的信息应用到真实世界，二者实时地叠加到同一个画面或空间同时存在，提供了更好的现场感和互动性。

现代的体感技术，如微软的 Kinect，能够检测和感知到人体的动作及手势，进而将动作转化为对电脑及系统的控制，使人们摆脱了键盘、鼠标、遥控器等传统交互设备的束缚，直接用身体和手势来与电脑和数据交互。当今热门的可穿戴式技术，如谷歌眼镜，则有机地结合了大数据技术、增强现实及体感技术。随着数据的完善和技术的成熟，我们可以实时地感知我们周围的现实环境，并且通过大数据搜索、计算，实现对周围的建筑、商家、人群、物体的实时识别和数据获取，并叠加投射在我们的视网膜上，这样可以实时地帮助我们工作、购物、休闲等，提供极大的便利。当然这种新型设备和技术的弊端也显而易见，我们处在一个随时被监控，隐私被刺探、侵犯的状态，所以大数据技术所带来的安全和隐私性问题也不容忽视。

12.3　云计算与大数据的关系

云计算与大数据是相辅相成、相互促进的关系。物联网和云计算技术的广泛应用是我们的愿景，这样我们能够无时无刻地感知世界、服务世界，而大数据的爆发则是这些技术和服务发展导致的必然问题。云计算是产业发展趋势，大数据是现代信息社会飞速发展的必然现象。解决大数据问题，需要以现代云计算技术为基础支撑；而大数据的发展不仅解决了产业和经济的现实困难，同时也会促使云计算、物联网的深入应用和推广，进而又形成更大规模的大数据挑战。

12.3.1　云计算在大数据中的作用

大数据的爆发是产业和经济信息化发展中遇到的棘手问题。由于数据流量和体量增长迅速，数据格式存在多源异构的特点，而我们对数据处理又要求能够准确实时，帮助我们发掘出大数据中潜在的价值，促进经济发展和社会进步。由于物联网、互联网、移动通信网络技术在近些年来的迅猛发展，造成数据产生和传输的频度和速度都大大加快，催生了大数据问题，而数据的二次开发、深度循环利用则让大数据问题日益突出。

大数据问题的解决，首先要从大数据的源头开始梳理。既然大数据源于云计算等新兴IT 技术，就必然有新兴 IT 技术的基因继承下来。按需分配、弹性扩展、安全、开源、泛在化等特点是云计算的基因，这些基因也需要体现在大数据上。"云"的理念、原则和手段，也是理解大数据、克服大数据、应用大数据的制胜法宝和核心关键。大数据在系统及网络结构、资源调度管理、数据存储、计算框架等领域都是源自于云计算，也依托于云计算。云计算为大数据提供了坚实的基础设施支撑及保障。

12.3.2 云计算与大数据的融合发展

从技术角度来说，云计算和大数据在很大程度上已经形成融合发展的态势。当前的很多云计算服务，由于其规模的扩展，后台都集成了大数据的存储和处理。比如很多的企业云存储服务商，因为要服务视频、社交网络等各种互联网及社交网络的企业应用，在基础的数据存储功能上，都增加了相应的数据处理算法及系统，以提供更加便捷、更加一体化的云服务，满足企业用户不断发展的需求。同样地，各行业的大数据处理系统，很多也不是采取自建自营的方式，因为这会带来很大的管理和运营成本。他们选择将大数据系统架构在公共云服务平台之上，与云服务进行集成，再以云服务的形式提供给行业使用。在将来，这种趋势会更加明显，会看到更广泛的云计算与大数据的融合服务和应用，它们之间的界限也会变得越来越模糊。

从产业角度来看，云计算及大数据都已上升为中国的国家战略，相关的技术和应用已经渗透到各个传统行业及新兴产业，国家的政策、资金引导力度不断加大。在这一大背景下，传统行业的云计算应用将面临更加蓬勃的发展，但我们也看到，还有很多行业仍着眼于基础硬件的建设和投入，以及在资源服务的层面（如智慧城市中的宽带建设、数据中心项目等），在核心软件和关键技术方面，还缺乏战略投入，真正规模化的云计算和大数据应用也不多见。同时，由于大数据处理还面临着数据共享、数据融合和交换、数据确权、数据安全和隐私保障等多项挑战，因此单纯发展云计算和云服务还不能解决根本问题，还需要将与之关联的大数据挑战一并解决，才能起到融合发展、共同促进的效果。

目前云计算和大数据融合发展最大的机遇还在于基础软件的突破。由于近些年云计算和大数据技术的蓬勃发展，整个软件基础设施栈，包括操作系统、存储、数据库、安全及备份，以及各种中间件都遇到了转型升级的压力和瓶颈。随着中美在贸易和技术创新领域竞争的加剧，美国单方面实施了对中国硬件厂商及互联网企业的打压，并实施"净网"行动，封杀中国的一些国际化的互联网应用，在科技和经济全球化的浪潮中带来了一股"逆流"和"寒流"。因此，我们也不能再寄希望于国外的基础技术的"拿来主义"，走原来购买、租借、二次开发的老路子，而是要抓住机遇，迎头赶上，发展自主知识产权的创新和研究，才能减少绑架和依赖，实现弯道追赶和超越。

12.3.3 大数据上云

大数据上云其实有多种含义和选择。由于大数据的特征，企业要自己搭建大数据的存储及处理平台，其投入和挑战都是巨大的。因此，企业可以选择将大数据存储在云端。现在很多的云服务商都提供云存储服务。然而，大数据的存储和分析挖掘是紧密关联的，如果仅仅大数据上云，而大数据处理留在本地的话，那还得每次把数据从云中取回来，计算完了再存回去，这显然不是很好的选择。因此，还需要把大数据的计算和处理也上云，这样的话，整个企业的大数据系统就变成云服务了。这样的选择企业也还是不放心，万一企业的核心和敏感数据丢了怎么办？有很多实时的数据处理场景如何应付？等把数据存到云上再处理，可能就耽搁时间了等。这其中也可以选择混合架构，那就是同时也构建本地的大数据存储和处理平台，核心和机密的数据可以保存在本地，一些关键的实时处理场景也可以在本地优先处理，其他的则选择放在云上处理。

当前，随着物联网技术的普及，很多边缘设备也都具备了比较强的存储和计算能力，因此出现了"云计算＋边缘计算"的创新模式。在这种场景下的大数据解决方案，也可以采用数据存储和分析构建在公有云平台，采用离线训练模型；再结合边缘存储和计算，在生产现场利用实时数据和已经训练好的模型或实时模型进行关键业务处理的两级架构，以满足不断变化的应用需求。用这种结合的模式，可以降低成本、实现弹性扩展、提高容灾性，同时也使得数据共享更便利。

12.4　云计算与大数据的应用场景

12.4.1　在互联网金融证券业的应用

在大数据时代，大量的金融产品和服务都通过网络和云服务的方式来提供和展示。移动网络将逐渐成为大数据金融服务的一个主要渠道。随着法律、监管政策的完善和技术的发展，支付结算、网贷、P2P、众筹融资、资产管理、现金管理、产品销售、金融咨询等都将以云服务的方式提供，金融实体店将受到冲击，功能也将弱化转型，逐步向社区和体验模式过渡。

大数据带来的变化，首先是风险管理的理念和工具的调整。风险定价和客户评价理念将会以真实、高效、自动、准确为基础，形成客户的精准画像。基于数据挖掘的客户识别和分类将成为风险管理的主要手段，动态、实时的监测而非事后的回顾式评价将成为风险管理的主要手段。

其次，大数据能大大降低金融产品和服务的消费者与提供者之间的信息不对称。对某项金融产品或服务的支持和评价，消费者可实时获知该信息。基于此可以逐步实现业务流程的自主信息化，结合时间、人物、产品路径精准推送给精准人群，数据挖掘能力将金融业务做到高效率、低成本。

第三，大数据使得产品更加安全可控和令人满意。精准数据定位模式，对消费者而言，是安全可控、可受的。可控，是指双方的风险可控；可受，是指双方的收益（或成本）和流动性是可接受的。同时高效贴心的服务还能提升用户满意度。

最后，大数据将促进行业的泛化。金融供给将不再是传统金融业者的专属领地，许多具备大数据技术应用能力的企业都会涉足、介入金融行业。有趋势表明，银行与非银行间、证券公司与非证券公司间、保险公司与非保险公司间的界限会非常模糊，金融企业与非金融企业间的跨界融合将成为常态。

12.4.2 在通信运营领域的应用

通信运营商正面临着 5G 时代的全面到来，5G 提供了更大的带宽、更快的速度和更低的延迟，其技术将有助于运营商掌握全量的客户的移动数据。手机购物、视频直播、移动电影/音乐下载、手机游戏、即时通信、移动搜索、移动支付等移动业务及云服务将会有更大的爆发式增长。这些技术及服务在为我们创造了前所未有的新体验的同时，也为通信运营商挖掘用户数据价值提供了大数据的视角。数据共享、数据分析、数据挖掘、数据应用已经成为通信运营商的发展新模式，基于移动数据的商业洞察力和价值发掘是未来通信运营的竞争核心。

据统计，全球百余家电信运营商和近万家关联企业有一半以上都在制定大数据战略和实施大数据业务转型，这是一个必然的发展方向。通过提高数据收集、数据分析和利用的能力，打造全新的产业链和商业生态圈，以摆脱管道的传统经营模式，将收取管道的建设费和过路费弱化，对管道内容进行粗加工和深加工，转而销售价值密度高的数据成品和数据半成品。依托数据服务将已经松散和疏远的客户关系重新变得紧密，维护客户的黏性和忠诚度，提升客户满意度，才能实现从通信运营商到数据服务商的转型升级。

通信运营商必须在技术上将通信和信息技术进一步紧密结合，发展自己的核心技术和基础技术，摒弃原有的经营理念，凭借数据分析和挖掘，来了解客户流量业务的消费习惯，识别客户消费的地理位置，洞察客户接触不同信息的渠道，打造基于大数据的数据服务模式，以全新的商业理念，服务于所有同移动和通信相关的行业和领域，确保所提供的数据服务内容是其他行业升级的要素组成部分。只有这样才能真正地走出来，实现可持续的发展。

12.4.3 在物流行业的应用

物流运输业是现代的驿站系统，承载着全国经济流通的重大任务。在移动互联网和国际贸易、电商、网购充分发展的现代社会，物流更是与生产和生活息息相关，需要保障安全、快捷、高效，同时又需要降低成本。这其中，物流的运载类型、监控调度、路径规划、油耗乃至于司机的配属、相关的仓储配送等都影响着行业的效率和成本。在"互联网＋"的大环境下，智慧物流成为业界一致的追求，以大数据为基础的智慧物流，在效率、成本、用户体验等方面将具有极大的优势，也将从根本上改变目前物流运行的模式。

在美国，运输业是高度分散的行业，没有哪一家运输企业的市场份额会超过 3%。可见，如何从竞争对手中脱颖而出，比拼的不仅是效率，而且是较低的运营成本，通过切实有效的方法实现单位货运的利益最大化。美国的物流运输公司 US Xpress 通过引入大数据技术，掀起了货运行业的革新。

随着传感器越来越廉价，GPS 定位越来越准确，社交网络的急速发展，US Xpress 期望掌握货运卡车的所有信息。US Xpress 通过一系列技术手段实现了油耗、胎压、引擎运行状况、当前位置信息，甚至司机的博客抱怨等相关数据的收集，并进行整合分析，来提早发现货车故障进行及时维护，同时全面掌握所有车辆的位置信息，合理地进行调度。最终通过大数据分析，US Xpress 实现了美国一流的车队管理体系，提高了生产力、降低油耗，实现每年至少百万美元的运营成本缩减。

在国内，京东在智慧物流领域也率先进行了探索和实践。京东在 B2C 自营和电商平台上采集和积累了大量的用户数据、商品数据和供应商数据，此外还有其物流大数据系统——青龙系统所积累的仓储和物流以及用户的地理数据和习惯数据，这些数据可以很好地支持一些精准的模型。京东智慧物流包括四个层面，具体见表 12-2。

表 12-2 京东智慧物流

功能	说 明
数据展示	大数据结合青龙系统，展示整体运行状况，及时掌握物流运营情况
时效评估	通过数据和建模，判断机构、片区、分拣中心站点的健康度，KPI 数据也非常可靠
预测	通过利用历史消费、浏览数据和仓储、物流数据建模，对单量进行预测，可以进行设备、人员调配、适时预警等
决策	智能选址建站、路由优化

京东作为一家具有电商、供应商、物流等能力的综合性平台，有综合的数据，把这些结合起来，并在可控的前提下进行决策，除了效率提升和成本的节约，还能够给消费者提供更好的体验。

12.4.4 在公安系统的应用

大数据的应用和发展可以帮助公共服务更好地优化模式，提升社会安全保障能力和面对突发情况的应急能力。作为大数据方面的开拓者——美国，在应用大数据来治理社会和稳定社会这方面的成绩显著。

美国国家安全局（NSA）建立了全球最大规模的数据监测和分析网络，对用户通话记录进行分析，监控可能产生的恐怖事件。NSA 通过对美国电信运营商 Verizon 提供的通话数据进行图谱分析，研究用户之间的关系，完成了包含 4.4 万亿个节点，70 万亿个关联的图谱。通过强大的数据采集和分析能力，综合利用各种信息，包括通话、交通、购物、交友、电子邮件、聊天记录、视频等，可以识别恐怖分子和在恐怖行为发生前进行预警和事后进行分析排查。

同时，利用大数据也可预防犯罪案件的发生。美国加利福尼亚州圣克鲁兹市使用犯罪预测系统，对可能出现犯罪的重点区域、重要时段进行预测，并安排巡警巡逻。在所预测的犯罪事件中，有 2/3 真的发生。系统投入使用一年后，该市入室行窃减少了 11%，偷车减少了 8%，抓捕率上升了 56%。美国纽约市的警察局也推出了基于大数据的犯罪预防与反恐技术——领域感知系统，能快速混合与分析从数千台闭路摄像机、911 呼叫记录、车牌识别器、辐射传感器及历史犯罪记录中获取的实时数据。

在我国，大数据也逐步应用到人脸识别、行为识别、安全及突发事件预警、跨省协同等领域。2019 年，在北京市西城区街头，智能机器人警察开始执勤，这些机器人警察配备有摄像头、扬声器、报警灯等，科技感十足，也加强了市民的安全感。

12.4.5 在互联网行业的应用

互联网和现代 IT 企业已经将数据有意识、无意识地作为生产要素投入了生产实践中，而数据生产要素的替代性和成长性远远超出预期，致使互联网行业呈现出了前所未有的变革和发展的速度和维度。

大数据背景下的新型互联网，以及新型互联网形势下的大数据，正向社会的各个角落渗透，对国计民生、社会发展和全球的经济运行产生了深刻的影响和变革，而其核心是大数据价值的深入挖掘和大数据价值的全面应用。互联网 + 政务，能够让市民和企业办事只跑一次，后面打通了各个政府部门的数据和业务流程。互联网 + 金融，如前所述，已经变革了金融的运行方式和服务方式。互联网 + 民生，能够让老百姓随时随地享受到医疗健康、保险、教育、旅游、文化娱乐等的好处。而面向大众的互联网应用和云计算、大数据的结合，更是渗透到了我们生活和工作的方方面面。

在互联网搜索引擎领域，云计算和大数据的核心技术的发源地就是谷歌、Yahoo、微软这些企业。正是为了方便处理其后台海量的网页文档及索引，才诞生了 GFS、Hadoop、MapReduce 这样的系统。随着互联网门户网站的崛起，也诞生了互联网广告这一吸金利器。微软自 2007 年就开始了精准广告平台及算法的研发，针对微软全球 30 多亿的用户，建立用户的行为、兴趣、爱好、情绪等各方面的画像，然后再根据用户浏览和搜索的上下文，进行精准的广告推送和服务推荐，取得了良好的广告投放效果。

领英作为互联网人力资源的龙头企业，大约 90% 的 Top 100 企业都在使用其服务。领英在 2010 年成立了独立的数据分析部门，由此部门进行的深度数据分析最后成为推动其产品、营销、服务等各部门的创新动力。数据分析推动了用户的增长、用户的体验和数据的增长之间的良性循环，进而又形成新的解决方案和产品，也因此带动了领英好几倍的业务规模增长。

在互联网短视频领域，之前处于风口浪尖的抖音及其海外版 TikTok 是如何征服全球的用户的呢？这也是大数据的功劳。抖音主要以 PGC + UGC 为运营模式，依靠精确的算法，取得完美的平衡与流量的持续性，提升用户的参与度，打造出抖音短视频的影响力。抖音有个人界面、关注区域和推荐区域三个部分，用户可以从这三部分里寻找到自己的兴趣点，通过个人界面录制独具特色的专属小视频，然后进行发布。各个区域的用户之间都是网状连接，用以增强用户互动和黏性。抖音后台独特的分析、推荐、传播算法，可以让优质和特色内容迅速形成一种病毒式传播。一系列抖音神曲迅速走红，带动了全球的抖音热潮。

通过以上案例可以看到，互联网应用几乎都是以云服务的模式，结合多种大数据的存储、处理和计算模式，而其中推荐算法起到了比较大的作用。在信息越来越碎片化、消费节奏越来越快的时代，服务的快捷、精准对于互联网企业维持竞争力，扩大规模和影响力起着至关重要的作用，这也是云计算和大数据发挥其核心价值的主战场。

第 13 章

云计算与人工智能

　　人工智能一词已经成为当今的热点。正如字面意思，人工智能是集多项技术于一身的智慧集合体。目前，人工智能正处在成长期，现有的人工智能被应用在社会的各个角落，例如机场、超市等，具备感知、理解、学习、行动的能力帮助人类完成高精度、长时间的劳动作业。人工智能正在人们的簇拥下不断地成长，云计算与人工智能的完美结合将会是信息技术的又一个高峰，融合大数据带来参照性、人工智能的学习能力等会使得未来的人工智能有可能取代目前的许多人力岗位。社会秩序与人工智能、企业运营与人工智能、个人生活与人工智能等的发展让人工智能融入整个社会的运营体系中发挥其相应的特性，将引导整个智能领域的发展，并不断带动社会的进步。然而，人工智能对普通人而言仍然是很陌生的词汇，关于人工智能的正确定义、人工智能的发展历程等、人工智能是如何组成、如何学习等依旧非常神秘。因此，本章将为读者围绕人工智能的概念、核心技术，以及云计算与人工智能的关系、应用展开介绍。

13.1　人工智能概述

　　人工智能是当前的热潮，是一门正在不断涌入各界新兴力量的综合性学科。人工智能是从计算机科学中分出的支路，建立在心理学、信息科学、计算机学、控制学、数学等众多学科上，不断地渗透、融合而演化出的能改变未来时代、符合未来时代诉求的一个发展方向。

　　对于人工智能的理解众说纷纭。许多人认为人工智能是人通过系统逻辑的编写赋予非生物系统演算或执行任务的能力后去实施智能行为的表述。因此，这部分人认为，人工智能被赋予智能后与人类智能实现的机制是可以不相交的两条平行线。然而另一部分人认为，人工智能系统的构建必须以人类智能为基础构建相似的智能形态。总体来讲，对人工智能的概述为"可以拥有类似与人一样的思考、与人一样类似的行为，并拥有理性的思考、拥有理性的行为"。所有对人工智能所称的行为应该是广义上理解的行动或行动决策，而不是所直译的肢体动作。人工智能的研究不仅面临着认知框架、开拓方法、科研导向等的技术性问题，还面临着诸多哲学难题。例如，人工智能的发展是否是改变社会结构的因素，是否是威胁人类的存在等。因此，人工智能的研究应该建立在以人为本的原则基础上开发，换言之就是基于技术服务于人、为人所用，而不危害人类自然发展及长远利益的前提下发展。

人工智能目前在许多领域已经被广泛应用，例如专业系统、智能搜索、航空航天等，最常见的是指纹以及人脸识别的应用。一切人工智能使用的便利都促使着人类对其进行着进一步的探索。

13.1.1 人工智能的定义

人工智能的定义可以通过拆分再结合来说。首先是"人工"一词。人工产物在生活中比比皆是，通常其性能或表现优于自然产物。举例来说：古时候，人们用木头制造房子其耐久性、抗震性等方面都逊色于如今的钢筋混凝土结构。然后是关于"智能"，这就牵涉多方多面了，比如形态意识、思维逻辑（包括无意识思维）、哲学理论等问题。

目前，人类了解的唯一智能是拥有智慧的人类本身，这是一个学界普遍承认的观点。但就目前而言，人类对自身的智能了解也是有限的。因此，人工智能的研究往往专注于对人自身智能的研究，其他涉及有关人造系统或动物的智能探索也被普遍划分为人工智能相关的研究课题。最基本的定义认为人工智能是非自然产物。然而要识别人工智能的优点和缺点，必须先理解和定义智能。

13.1.2 人工智能的发展

1. 人工智能的起源

人工智能的概念在20世纪50年代时正式被提出。1950年，"人工智能之父"马文·明斯基与邓恩·埃德蒙一同在大四那年提出了此概念，他们制造了世界上第一台神经网络计算机。在同年，被誉为"计算机之父"的阿兰·图灵也提出了一个备受关注的图灵测试。依据图灵对计算机拥有智能的看法来说，他认为当计算机可以和人进行对话，并且当不被识别出计算机身份时，计算机就算拥有了智能。1956年，达特茅斯学的会议上，一名叫作约翰·麦卡西的人提出了"人工智能"这一词，这时可视为人工智能的正式诞生。自茅斯会议正式确立人工智能（Artificial Intelligence，AI），人类开启了对人工智能的研究之路。

2. 第一次高峰

在茅斯会议之后的十多年里，计算机被应用于自然语言领域和数学，用于解决几何、代数等问题，这树立了人们对人工智能发展的信心。

3. 第一次低谷

20世纪70年代的时候，人工智能的第一次低潮来临。由于科研人员在人工智能的研究中对项目难度预估不足，导致了与美国国防高级研究计划署的合作计划失败。就此，众多学者对人工智能的将来失去了信心。来自社会的舆论压力也让人工智能变得一无是处，研究项目的资金慢慢倒向其他领域。

4. 人工智能的崛起

1980年，一款名为"XCON的专家系统"由卡内基梅隆大学为数字设备公司而设计。这套程序采用了人工智能，是一套拥有专业知识和经验的智能系统，仅凭这套系统的运用每年能为公司省下四千多美元的经费。这种商业模式逐渐渗透。随着市场的广泛应用，这个时期专家系统的产业价值高达 5 亿元之多。

5. 人工智能的第二次低谷

仅仅过了 7 年，人工智能的辉煌就走到了尽头，宣告结束了历史阶段性使命。Symbolics 等智能系统生产商所生产的通用计算机性能已不再有优势，IBM 和苹果生产的台式机已逐步崭露头角。至此，专家系统宣告落幕，人们又一次开始忽视人工智能的发展。

6. 人工智能的再次崛起

20 世纪 90 年代中期，随着人们对人工智能技术理性客观的解读和认知的提升，人工智能逐渐再一次回到了大众的视线，进入了一个平稳发展期。当 1997 年 5 月 IBM 的计算机系统"深蓝"在国际象棋比赛中战胜了世界冠军卡斯帕罗夫后，人工智能又回到了评论的焦点，这也给人工智能的发展带来了重要的转折。2006 年，Hinton 在神经网络的领域获得了重大突破，这代表着人工智能有技术性的突破，同样也预示着人工智能的无限可能性。

近些年，许多互联网巨头企业，例如谷歌、微软、百度等，引领着市场风潮加入了人工智能的战场。许多企业每年花费巨资在研发人工智能领域。随着人们科学意识的提高以及基础设备对生活的改善，人们对人工智能的态度不再动摇。人工智能浪潮的回归很可能推动人类走向下一个纪元。

13.1.3　人工智能的分类

人工智能可以分为三类，即弱人工智能（Artificial Narrow Intelligence，ANI）、强人工智能（Artificial General Intelligence，AGI）以及超人工智能（Artificial Superintelligence，ASI）。

1. 弱人工智能

当前，人类在人工智能方面的主流研究关注在弱人工智能上，并且在该领域中取得了不俗的成就。弱人工智能是指可单方面执行所配置的逻辑功能，而不能做出真正地推理演算和处理问题的智能机器，这些机器将不会拥有自主意识。例如，人脸识别、人体分析、文本审核等。一个最近广泛应用的技术，新型冠状病毒肺炎疫情中许多公共场所的出入口设有智能音箱，每个通过出入口的人将会被识别体温并对异常体温做出警报，而无需通过人工去一个接一个地扫描告知。

2. 强人工智能

强人工智能指的是与人类拥有类似功能，在各方面都可以与人类比肩的人工智能。在技术层面上来说，强人工智能比弱人工智能的研发难度要高得多。目前，人类在强人工智能的领域中还处于摸索阶段，进展缓慢。那些强人工智能的坚持者们对于创造的目标是能够通过模拟人类身体的系统构造，比如肌肉、骨骼、经络等创造出行动能力，并且每个组成部件都在系统执行中扮演人类结构所承载的角色。

3. 超人工智能

来自牛津大学的哲学家 Nick Bostrom 认为超人工智能能够快速地吸收知识，是拥有自我意识远比人类大脑要聪明的人工智能，在几乎所有领域都能够超越人类的存在。他坦言一旦人类赋予人工智能思考能力、抽象能力等，世界的格局将迎来翻天覆地的改变；其将可以完成人力所不能及的任务，与此同时人类会面临意想不到的事情。这是对于未来的一种远瞻，也是一种预言。他的想法遭到了许多的质疑和抵制的声音，也同样得到了杰出科技人士的支持，包括埃隆·马斯克、史蒂芬·霍金、比尔·盖茨等支持。谷歌还特别成立了伦理委员会来监督人工智能技术的发展。

13.2 人工智能的核心技术

13.2.1 机器学习

机器学习研究的是一种特殊的算法，能够让计算机在数据学习的过程中，从大量的样本数据里面挖掘并找出数据中隐含的某种规律和共性。更简单地来说，机器学习是一个寻找函数的过程，这个函数输入的是样本数据，输出的是期望的数据结果，最终对未来进行数据的预测和分类。所以，人工智能是所需要实现的最终目标，机器学习是实现这一目标所使用的方法，深度学习只是众多机器学习方法的其中之一，即人工智能包含机器学习，而机器学习包含深度学习。

机器学习中大致可以分为监督学习和无监督学习两大类。

（1）监督学习

监督式机器学习比较适用于提前知道数据输入的情况。假设要创建一个基于图像分类识别的机器学习算法，该算法可以检测狮子和老虎的图像，那么需要训练人工智能模型，首先必须要搜集狮子和老虎照片的大型数据集合，并在这些数据集合输入机器学习算法之前对它们各自类的名称进行注释或者打标签，注释包括文件名称以及图像存放的目录。

标记数据后即是学习算法将处理样本数据，并开发可以将每个图像映射到正确类别的函数模型。如果对模型进行大量带有标签的样本数据的示例训练，那么在后续的图像数据检测中它就可以准确地检测包含狮子和老虎的图像类别。

一些比较常见的监督学习算法包括：线性和逻辑回归、朴素贝叶斯、决策树和随机森林。

（2）无监督学习

与监督学习相比，无监督学习输入的数据没有被分类和打标签，也没有确定的结果并且样本数据的类别也不清楚，需要根据众多样本数据之间的关联性和相似性进行数据分类。尽可能地使同一类别的数据差距最小，两类数据之间的差距最大，即类内差距最小化，类间差距最大化。

无监督学习的最终目的不是告诉计算机做什么，而是让计算机自己去学习怎么做事情。无监督学习是在指导代理时不为其制定明确的数据分类，而是在成功时采用激励制度，对其做出惩罚，而这类的训练通常会放在决策问题的框架里。

无监督学习的防范大致分为两大类：

1）基于概率密度函数估计的直接方法：设法找到各类别数据在特征空间数据的分布参数后再次进行数据分类。

2）基于样本数据之间相似性的聚类方法：设法找出不同类别数据的初始核心数据，然后依据样本数据与核心数据之间的相似性再将样本数据聚集成不同的类别。

利用数据聚类的结果可以从大量数据中提取隐藏的、有规律的或者有相似性的信息，并对未来的数据进行分类和预测，可以广泛应用于数据挖掘图像识别等。

一些比较常见的无监督学习算法包括：主成分分析、深度学习等。

13.2.2　知识图谱

知识图谱的本质是语义网络，其中本体论是语义网络一个最为重要的因素，也可以理解为一种基于图形的数据结构，由点和线组成，每个节点表示一个"实体"，线代表"实体"之间的关系。实体指的是现实中的一些事物，比如人、车、马路、公司等；关系则用来表示不同实体之间的联系。通俗地来说，知识图谱就是把不同种类的信息连接起来得到一个包含众多"实体"的关系网，所以知识图谱提供了从"关系"的角度去分析问题。

知识图谱的历程发展可以追溯到 20 世纪 70 年代，最初是一个专家系统，一个具有大量的专门知识与经验的程序系统，它应用人工智能技术和计算机技术，根据某领域一个或多个专家提供的知识和经验，进行推理和判断，模拟人类的思考和决策过程，便于解决那些需要人类专家才能处理的复杂问题。

构建知识图谱的过程中最重要的一个步骤就是把数据从不同的数据源中提取出来，然后按照一定的规则加入知识图谱的结构中。

1）获取数据：获取数据的途径有数据爬取、数据库读取。

2）数据预处理：数据的 ETL 和知识抽取。

3）导入数据到知识图谱结构：数据过滤筛选、知识图谱结构设计、批量导入和增量倒入。

4）应用服务层的搭建：模型搭建、sparkX 分布式处理、微服务。

在抽取数据做 ETL 的过程中通常会遇到两种数据源，即结构化数据和非结构化数据。结构化数据在处理的过程中会比较方便，而非结构化数据通常需要使用自然语言处理技术，如实体命名、实体统一、关系提取、指代消解等。

实体命名：比如在提取一段文字实体的过程中需要对每个实体进行分类或打标签，例如把"2020 年 4 月 12 日"记为"时间"类型，把"张晓明"和"zxm"记为"姓名"类型，这个过程就被称作对实体的命名。

实体统一：在文本处理的过程中可能同一个实体会有不同的写法，比如"zxm"就是"张晓明"的缩写，所以"zxm"和"张晓明"指的是同一实体，所以实体的统一处理就是类似这样问题的技术。

关系提取：是把实体之间的关系提取出来的一项技术，主要可以根据一些关键词，如"在""出生于"等，可以判断张晓明和地点实体"绍兴"之间的关系。

指代消解：也是实体统一的一部分，通常是把文本中的"你我他"这样的代词指定到对应的实体。

目前，知识图谱被广泛应用于以下方面：

1）反欺诈：知识图谱在反欺诈方面的应用非常广泛且意义重大，最终目的是识别"坏人"，把"坏人"和其他位置人群的关系找出来，从而确定其他未知群体是否也是"坏人"。

2）智能搜索：知识图谱在智能搜索中可以对每一个被搜索的关键词以知识图谱的形式返回更加丰富、更加全面的信息。

3）推荐引擎：使用知识图谱可以查询每个节点的支付情况，可以为用户推荐关联度更高的可能被购买的商品。

4）精准营销：在互联网的大环境里有着各种不同的营销方式，但是所有的营销都离不开一个核心，那就是对用户的理解。知识图谱可以通过结合不同的数据源去分析实体或者用户之间的关系，去发现多个用户或实体的共同喜好和习惯，从而针对特定的群体定制营销策略。

知识图谱已在多个不同的领域得到了广泛应用，主要集中在社交、金融、人力资源、保险、广告、物流、零售、医疗、电子商务等领域。

13.2.3　自然语言处理

自然语言处理（Natural Language Processing，NLP）技术是使用计算机处理自然语言相关的所有技术的统称，其目的是使计算机能够理解和接受人类用自然语言作为输入的指令，从而完成从一种语言到另一种语言的翻译功能（自然语言到机器语言）。自然语言处理技术的研究，不仅可以丰富计算机知识处理的研究内容，还能更大地推动人工智能技术的发展。

自然语言处理技术的核心就是语义分析。语义分析是一种基于自然语言进行语义信息分析的方法，不仅进行词法分析和句法分析这类语法水平上的分析，而且还涉及单词、词组、句子、段落所包含的意义，目的是用句子的语义结构来表示语言的结构。语义分析语句包括词法分析、句法分析、语用分析、语境分析。

1）词法分析：词法分析包括词形分析和词汇分析。通俗地来说，词形分析主要表现在对词的前后缀进行分析，而词汇分析则表现在整个词汇系统的控制，进而能够比较准确地分析用户输入信息的基本特征。

2）句法分析：句法分析是对用户输入的自然语言进行词汇和短句的分析，目的是识别所输入的短句的句法结构。

3）语用分析：语用分析增加了对上下文、语言背景和语境的分析。也就是从文章的结构中提取出意象、人际关系这类的附加信息，是一种比较高级的语言学的分析。它可以将语句中的内容与现实生活中的一些细节关联在一起，形成动态的表意结构。

4）语境分析：语境分析主要是将之前的查询语句之外的大量的没被分析到的一些因素与一些非语言因素纳入了语境的范畴，由此语境产生了狭义和广义两个含义的分析。

自然语言处理的步骤大致分为：获取语言资料、语言资料预处理、特征选择和特征提取、模型训练、评价指标和模型的上线应用。

（1）获取语言资料

语言资料是 NLP 任务所研究的内容，通常是一个文本的集合。作为一个语言资料库，主要的获取方式可以通过前期积累的文档或者通过爬虫获取的语言资料。

（2）语言资料预处理

语言资料的处理分为四步：语言资料的清洗、分词、词性标注和去停用词。

1）语言资料的清洗：留下有用的，删除噪声数据。常见的数据清洗方式有人工去重、对齐、删除和标注等，或者按照规则提取文本内容、正则表达式匹配、根据词性命名提取、编写脚本或者通过代码批处理。

2）分词：将文本分成词语或者短句，常见的分词算法有基于字符串的分词方法、基于理解的分词方法、基于统计的分词方法和基于规则的分词方法。

3）词性标注：给词语打上词类标签，如形容词、动词、名词等，在情感分析中尤为重要。常见的词性标注方法有基于规则和基于统计两种。

4）去停用词：去掉对文本特征没有任何贡献作用的词语或短句，比如标点符号、语气词、人称等。

（3）特征选择和特征提取

特征选择就是把分词标识成能够被计算的类型，一般为向量。常用的分词标识模型有词袋模型和词向量（One-hot、Word2Vec）。然后再选择合适的、表达能力强的特征，常见的特征选择方法有 DF、MI、IG、CHI、WFO 等。

（4）模型训练

在进行模型训练中，一般分为机器学习模型和深度学习模型。机器学习模型有 SNN、SVM、Navie Bayes、决策树、GBDT 等；深度学习模型有 CNN、RNN、LSTM、Seq2Seq、FastTest、TestCNN 等算法。

在进行模型训练中可能会出现过拟合和欠拟合的问题。过拟合是在训练集上表现很好，在测试集上表现很差。常见的解决方法有：增大数据的训练量；增加正则化项，如 L1 和 L2 正则；特征选取的不合理，人工筛选特征和使用特征选择算法；采用 Dropout 方法等。

欠拟合就是模型不能够很好地拟合数据。常见的解决办法有：添加其他特征项；增加模型复杂度，比如神经网络增加更多的层、线性模型通过添加多项式使模型泛化能力增强；减少正则化参数，正则化的目的是用来防止过拟合的，但是现在模型出现了欠拟合，则需要减少正则化参数。

（5）评价指标

一般对于模型训练结果的评价指标有：错误率、精度、准确率、精确度、召回率、F1 衡量以及 ROC 曲线和 AUC 曲线。

（6）模型的上线应用

关于模型的上线应用第一种就是线下训练模型，然后将模型做上线部署；第二种就是在线训练，在线训练完之后把模型 pickle 持久化。

13.2.4　计算机视觉

计算机视觉又称为机器视觉。与移动互联网的智能手机相比，机器视觉是智能感知的入口，现在65%的行业数据化信息来源于视频，机器视觉在生活、生产等领域借助高清高速摄像机和其他终端传感器的结合，为企业在数字化转型的道路上助力。

机器视觉的目的就是给机器或者自动生产线添加一套视觉系统，其原理是由计算机或者图像处理器以及其他相关智能设备来模拟人类的视觉行为，完成得到人类视觉系统所得到的信息。传统的计算机视觉在处理问题时的基本流程都是遵循：图像预处理→提取特征→建立模型（分类器/回归器）→输出的流程。而在深度学习中，大多问题都会采用端到端的解决思路，也就是从输入到输出一气呵成。而现在计算机的视觉系统是由图像采集系统、图像处理系统、信息综合分析系统构成。整套的机器视觉系统由照明光源、镜头和工业摄像机、图像采集/处理卡和图像处理系统几部分组成。

1）照明光源：对于同一物体在不同光线的照射下，人会感觉到不同的色彩，由此可见光源对于正确认知物体的颜色是至关重要的。照明光源在色彩检测的应用中应该选择与日光接近的光源，光源照射在物体上，物体所产生的颜色效果要客观真实，即光艳的显色性好。照明方式分为背向照明、前向照明、结构光和频闪照明。

2）镜头和工业摄像机：通过镜头和工业摄像机的组合可以捕捉到物体的高清图像来代替人类对物体的观察。

3）图像采集/处理卡：图像的采集卡主要包括：A/D转换、图像传输、图像采集控制和图像处理。

4）图像处理系统：根据监测功能所特殊设计的一系列图像处理及分析算法模块，对图像数据进行复杂的计算和处理，最终得到系统设计所需要。

计算机视觉的基本流程如图13-1所示。

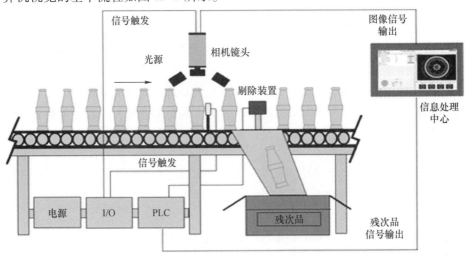

图13-1　计算机视觉的基本流程

机器视觉广泛应用于生产制造检测和工业领域，用来做智能缺陷检测从而保证产品质量、控制生产流程、感知生产环境等。机器视觉将被摄取到的目标信息转化为图像信息，传送给图像处理系统，系统根据像素的分布和亮度、色彩等信息，转变成数字化信号；图像系统对这些信号进行各种运算来抽取目标特征，进而根据判别的结果来控制现场设备的动作。

机器视觉具有显著的优势。机器视觉系统效率高、自动化、精度高、速度快，不用担心高温、高压、高危、高辐射、高污染的环境因素，可以代替人类完成产品质量和缺陷的检测工作。

13.3　云计算与人工智能的融合应用

近年来，互联网技术得到了突飞猛进的发展，科技浪潮为云计算与人工智能的融合使用提供了明确的发展方向。随着社会和经济市场的发展，二者在各企业和行业中的应用率日益提升。

13.3.1　智能机器人

随着人工智能第三次浪潮的兴起，SLAM、语音识别、图像识别、语义理解等人工智能技术迅速发展与应用，人工智能开启机器人新时代。中国机器人产业的发展受内在价值、技术创新、社会结构、经济环境及政策体系的共同驱动。机器人的内在价值就是解放生产力、提高效率及提升服务质量；人工智能技术和机器人制造技术是服务机器人产业颠覆性发展的根本动力；人口老龄化趋势、劳动力供给不断减少以及劳动力成本的不断提高给社会发展及企业用工等均带来了严峻挑战，共同推动机器替代人力及服务人类的需求加速；中国居民人均可支配收入持续不断上升，居民生活质量提高，购买力与消费水平的攀升带来消费观念的变化，消费升级宏观背景下服务机器人市场空间的开拓将更容易实现；2006 年至今，中国政府持续出台一系列政策，明确支持服务机器人的相关产业发展，注重推动相关研发技术及产业应用的发展。同时全国各省市也积极配合国家政策的大力推动，纷纷发布一系列扶持和引导政策，形成了自上而下的政策支持体系，产生了一系列区域集群效应，有效地推动了行业的快速发展。

我国业内将机器人分为工业机器人、服务机器人和特种机器人三类。

工业机器人是应用于生产过程与环境的机器人。如焊接机器人、搬运机器人、码垛机器人、包装机器人、涂料机器人、切割机器人等。

服务机器人则指除工业机器人之外服务于人类的各种机器人，主要包括家用服务机器人、医疗服务机器人和公共服务机器人。其中，公共服务机器人指在农业、金融、物流等除医学领域外的公共场合为人类提供一般服务的机器人。

特种机器人在应对地震、洪涝灾害和极端天气，以及矿难、火灾、安防等公共安全事件中有着突出的需求。如军事应用机器人、极限作业机器人、应急救援机器人。

机器人的相关技术包括感知和传感、运动控制、人机交互。

借助传感器，机器人能够及时地感知自身和外部环境的参数变化，为控制和决策系统做出适当的响应并提供数据参考。强抗干扰能力、高精度以及高可靠性是机器人对传感器的最基本要求。目前机器人对环境的感知大多通过激光雷达、摄像头、毫米波雷达、超声波传感器、GPS 这五类传感器及其之间的组合来实现自主移动功能。

运动控制指机器人为完成各种任务和动作所执行的各种控制手段，既包括各种硬件系统，又包括各种软件系统。控制系统是提高机器人性能的关键因素，主要包含位置控制、速度控制、加速度控制、转矩或力矩控制几种控制类型。

即时定位与地图构建（Simultaneous Localization and Mapping，SLAM）是机器人通过对各种传感器数据进行采集和计算，生成对其自身位置姿态的定位和场景地图信息的系统。SLAM 技术对于机器人的运动和交互能力十分关键。

人机交互（Human-Computer Interaction）是指借助计算机外接硬件设备，以有效的方式实现人与计算机对话的技术。在人机交互中，人通过输入设备给机器输入相关信号，这些信号包括语音、文本、图像、触控等的一种或多种模态，机器通过输出或显示设备给人提供相关反馈信号。

基于语音的人机交互是当前人机交互技术中最主要的表现形式之一。它以语音为主要信息载体，使机器具有像人一样的"能听会说、自然交互、有问必答"的能力，其主要优势在于使用门槛低、信息传递效率高，且能够解放双手双眼。

交互形式的合理性、交互行为的简洁性、交互意图的准确性以及交互反馈的即时性是发展体感交互技术过程中的四大重要因素。体感交互技术早期以图像识别设备为实现载体，但随着体感交互技术的成熟发展，机器人未来有望成为高层次体感交互的载体。

机器人在定位导航、视觉识别、处理传输、规划执行等环节都需要用到不同类型的芯片，因此芯片对于机器人有至关重要的作用。中国的通用芯片技术发展水平与外国相比仍然存在很长的路要走，短期内无法完全扭转落后的格局。

机器人的价值除替代人和协助人完成工作，还可在未来与其他终端设备互联互通，实现数字化。以人工智能、云计算、物联网等为代表的技术将带动服务机器人产业向智能化、创新化、数字化方向迅速迈进。机器人未来有望成为场景数据的入口和连接者，成为实现全场景数字化和云边端协同一体化的重要环节。

13.3.2　智能驾驶

智能驾驶是一个以车机系统为基础，融合车辆感知、车联网等传感系统和数据处理系统的集合，既拓展了传统车机功能，又融合后台的人工智能算力输出。

以 5G 和 C-V2X 为代表的车联网技术正逐渐渗透到交通运输行业中，促进行业变革和产业升级，实现智慧交通，满足人们对于安全出行、高效出行以及绿色出行的美好愿望。

智能驾驶具有广阔的应用场景：在复杂环境下，驾驶员远程代替无人驾驶车做出决策，可以提高无人驾驶的安全性和可靠性，实现复杂路况下的行驶通过引入人为决策，减少了交通事故和人员伤亡，在灾区、高危路段的远程驾驶，可以提高营救效率和通行效率；在矿山、油田等生产区域，远程智能驾驶代替工人完成作业，减少人员伤亡，甚至在无人驾驶车辆出现问题时，驾驶员及时接管，可以消除车辆异常，改变车辆失控状态，避免车辆伤害到行人和其他车辆。

在过去的二十多年里，智能驾驶被认为是科技史上的革新，是借助于 IT 基础设施完成的科技，且其应用市场范围大。如果融合 5G 技术，全球的市场规模将达到 5 万亿美元之多。

智能驾驶最重要的三个技术环节是环境感知、中央决策和底层控制。环境感知包括视觉（单目、双目、环视）、雷达（毫米波雷达、激光雷达、超声波雷达）和高精度地图。中央决策就是将感知信息进行融合并判断，决策行驶路线。它建立在足够智能的算法，以及能够执行这些算法的计算平台上，通常称之为"汽车大脑"，就像计算机一样有算法与芯片。底层控制包括方向盘转角、发动机功率和刹车等。将这些技术集成后，供应给整车厂，这就构成了智能驾驶的产业链生态。智能驾驶的三个技术环节如图 13-2 所示。

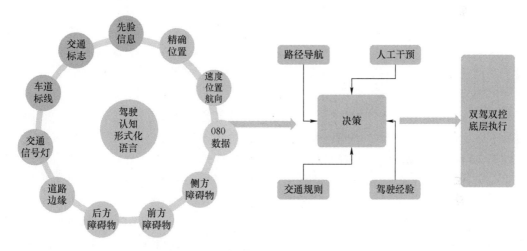

图 13-2　智能驾驶的三个技术环节

智能驾驶系统架构从三个层次进行构建，提供"车端、立体网络、云平台"协同的一体化远程智能驾驶服务。

车端包括车型和车载设备，其中车型包括矿卡、宽体车、挖掘机等不同类型；车载设备包括摄像头、毫米波雷达、激光雷达、定位、车载控制器等基础设施，基础设施实现环境感知和信息传输等，例如毫米波雷达、激光雷达、摄像头等传感设备，进行环境感知实现信息融合来完成障碍物的检测。

立体网络是基于 V2X 和 5G 系统构建车与车、车与调度中心的信息传输，作为信息处理的主要节点。5G 系统包括基站、核心网、MEC 等实现控制数据、状态数据的传输；V2X 主要实现车与车之间、车与路之间感知信息的传输。车与路的信息传输有两种模式，即 V2I 与 V2N2I。V2I 依赖 RSU 的部署；V2N2I 是基于已有的 5G 空口，由于 5G 空口性能大幅提升，而路侧网络存在建网模式不清晰的问题，V2N2I模式将成为主流。

云平台实现路侧感知信息的采集与融合分析，基于感知到的数据，构建虚拟模型，进行三维模拟仿真，同时面向不同的应用场景提供联合决策和协同控制，实现编队、远程驾驶、自动驾驶的业务管理；高精地图使得车辆的轨迹规划、车辆防碰撞、道路提前可行性分析等功能得以实现；车辆高精度定位需要采用融合的定位方法，以满足不同环境、不同场景以及不同业务的行为需求；云平台作为应用的总入口，承接各类信息回传和指令下发，需要对网络质量进行全方位监测，实时规划，为业务规划网络路径提供可靠的保障。

在整个智能驾驶产业链中，最核心、技术附加值最高的一部分——智能驾驶大脑，也就是接收感知信号，进行处理分析，然后输出执行命令的智能ECU。Waymo、百度Apollo，Cruise、pony. ai、roadstar. ai、驭势科技等，都属于智能驾驶大脑这个赛道的玩家。

13.3.3　智能人居

智能人居是通过线上+线下的融合，将生活与服务串联起来，使所有人居体验更加丰富、便捷、愉悦。智能人居主要包括智能社区、智能家居两大板块：以智能人居为基础打破传统社区建设中设备、数据、体验与服务的孤岛，并通过IoT实现真正意义上的人居体验。

（1）智能社区

传统社区面临的挑战和问题包括：网络局限，社区已建成系统仅限于局域网，无法支持智能化远程管理；智能不足，围绕视频的预测、预防的威胁高端应用缺乏，目前仅能人防为主、技防为辅；群众感受弱，传统社区应用场景服务功能少，社区居民感受弱，参与意愿低；系统割据，硬件厂家通过硬件与业务应用进行绑定，只用单一数据开展业务，导致能力单一。

智能社区基于人防、技防、物防三防合一的安防理念，打造平安社区解决方案，为智能社区提供"硬件+软件+平台+服务"全栈解决方案落地（见图13-3）。智能社区的功能包括但不限于：小区人口综合管控；远程查看和实况管理；公共区域安全管理；人员查找便民服务；出入口刷脸通行；社区便民服务；未授权人进入小区报警；非机动车辆管控等。

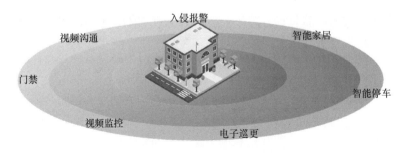

图13-3　智能社区示意图

以某小区改造为例，针对社区的实际情况进行整体布控，实现了人、车、房、物数据的实时采集和处理、重点人员动态跟踪、异常状态实时报警等能力，形成 IoT 神经末梢，不仅让社区物业的工作更具针对性，极大地提升了小区管理和安全预警工作的效率，也有效地提升了社区的安全度及便利度，提高居民的安全感和居住体验。

（2）智能家居

5G 时代，随着更多品类产品的成熟和市场的升级，智能家居正在向全宅智能升级与聚焦。《2020 中国智能家居生态发展白皮书》显示，2019 年底中国已成为全球最大的物联网市场。而在未来，中国也将成为全球最大的智能家居市场消费国，占据全球 50%～60% 的智能家居市场消费份额，利润占据全球市场的 20%～30%。

围绕着强大的交互及 IoT 链接能力，全宅智能家居生态系统可以实现灯光照明、暖通舒适、遮阳晾晒、安防传感等应用场景数百种产品生态的全宅控制（见图 13-4）。智能家居服务商通过其开放性与兼容性，可与众多智能生态系统实现互联互通。

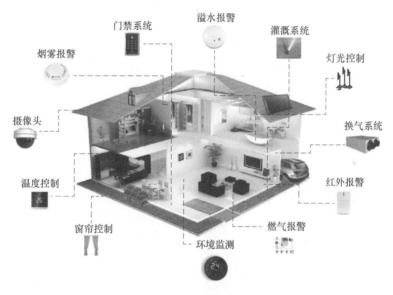

图 13-4　智能家居示意图

目前主流的智能家居产品包括不限于：Wifi-LED 智能灯，可实现手机控制、智能调色、语音控制、智能感应、光敏控制、智能延时等诸多功能；智能家居 APP，手机随时遥控家居设备，家中所有智能设备集中统一管理；智能温度调节器，可兼容多套相关设备，人工智能深度学习，掌握用户习惯，自动调节温度；安全智能服务，将智能手机转化成智能安全摄像头，利用云/app，实现智能家居的安全监控；智能门锁，开门方式更加多元化，可运用指纹、密码、手机等；家用智能机器人，讲故事、聊天和提供安慰，也可以拍照和做日程管理，甚至带孩子。智能家居将产品品类与语言边界打破，实现全产品链、多品牌之间的互联互通，不仅能给用户带来更好的使用体验，也将推动行业生态的健康发展。

13.3.4　智能搜索

人工智能所研究的问题大多是比较偏向于结构不良或非结构化。对于这些问题，一般很难获得其全部信息，更没有现成的算法可供使用。因此，只能依靠经验，利用已有的知识逐步搜索求解。这种根据问题的实际情况，不断寻求可用知识，从而构建一条代价最小的推理路线称为搜索，简而言之就是找到从初始事实到问题最终答案的一条路径，且这条路径在时间和空间上的复杂度最小。

根据真实的搜索场景中是否使用启发式信息可以将搜索分为盲目搜索、启发式搜索、局部搜索。

1）盲目搜索：也被称为无信息搜索，是指在搜索过程中，只按预定的搜索控制策略进行搜索，在搜索过程中获得的中间信息不用来改进控制策略。

2）启发式搜索：是指在搜索中加入了与问题有关的启发性信息，用于指导搜索朝着最有希望的方向进行，加速问题的求解过程并找到最优解。

3）局部搜索：采取局部算法来尝试解决问题。顾名思义，局部算法只需要局部的信息，就可以执行搜索操作。

第 14 章

云计算与区块链

云计算是一种按使用量付费、提供按需的计算资源服务，包括网络、服务器、存储、应用软件等；区块链的本质就是分布式账本和智能合约，构建了非中心的信任网路。二者好像并没有直接的关系。但是区块链本身就是一种资源，有按需供给的需求，是云计算的一个组成部分，云计算和区块链之间是可以相互融合的。区块链基于云计算基础设施构建可信网络，又可以作为云计算的计算资源的一部分提供对外区块链网络服务。

14.1 区块链概述

14.1.1 区块链的起源

化名中本聪（Satoshi Nakamoto）的学者在 2008 年 11 月最早提出比特币（Bitcoin）的概念，而比特币系统是根据其思路设计发布的开源软件及建构在软件基础上的点对点（Peer to Peer，P2P）网络。与现实货币不同，比特币的发行过程不依赖特定的类似中央银行的统一发行机构，而是依赖于分布式网络节点共同参与的一种称为工作量证明的共识过程，以完成比特币交易的验证与记录。POW 共识过程（俗称挖矿，每个节点称为矿工）通常是各节点贡献自己的计算资源来竞争解决一个难度可动态调整的数学问题。区块的记账权授予成功求解上述数学问题的网络节点，该节点获得记账权后将当前的所有比特币交易信息写入新的区块并将新区块链接到主链上。在比特币 P2P 网络系统中，通过由大量独立的节点所构成的分布式数据库来验证全部的交易，同时比特币流通环节的安全性依靠非对称加密等密码学手段来保证。

在没有任何中心化机构运营和管理的情况下，当比特币能够保持多年稳定运行时，逐步有人注意到，比特币底层技术也许有独特的机制，而且该机制不仅可以在比特币中使用，也许还可以在许多领域都能够开展应用。如今，把由比特币系统底层抽象剥离出来的技术称为区块链技术或分布式账本技术。因此，可以这样介绍区块链技术：区块链技术是为比特币设计的一种数据库技术，用于记录比特币交易的账目历史信息，是一种基于密码学中椭圆曲线数字签名算法来实现非中心化点对点网络分布式系统的技术方案。区块链技术造就了比特币，但区块链技术不仅仅限于比特币。区块链能够在分布式节点间建立信任、构建出第三方中介的非中心化系统的这一颠覆性创新是其最大的价值。

区块链是一种由多方共同维护，使用密码学保证传输和访问安全，能够实现数据一致性、防篡改、防抵赖的技术的新型信任网络模式。狭义来讲，区块链是一种按照时间顺序将数据区块以顺序相连的方式组合成的一种链式数据结构，并以密码学方式保证不可篡改的分布式账本。广义来讲，区块链技术是利用链式数据结构来验证与存储数据，利用密码学方式保证数据传输和访问的安全，并由链码来编程和操作数据的一种新型的分布式基础架构与计算范式。

14.1.2 区块链的特征

1. 自主共识——"链"出历史

区块链系统依靠底层的共识算法，促使系统内成员（各节点）在不需要领导节点或可信任第三方存在的条件下就可以将区块数据写入达成共识，同时辅以时间戳技术，所有的数据变更结果及时间都以"节点共识"的形式记录、维护在链。这意味着，区块链是一个记录系统全生命周期内所有交易数据的账本，反映系统的完整交易历史。区块链环环紧扣、一以贯之的数据历史一方面难以被单个或少数恶意节点篡改，另一方面可以保证数据的可追溯性，有助于日后查找和清算。

2. 难以篡改——"链"向安全

区块链系统通常没有在读取安全上做相应的限制，但可以通过采用把区块链上某些元素加密，之后把密钥交给相关参与者的方法在一定程度上控制信息读取。同时，系统内的数据在全网广播，配合复杂的共识协议能够使系统内的各个节点具有相同的账本。某一数据记录的真实性只有在全网大部分节点（或多个关键节点）都同时认为这个记录正确时才能得到全网的认可和记录。这就意味着，理论上只有集合了网络内大多数节点或过半算力才可能摧毁"共识机制"篡改历史数据，而这种攻击手段在现实中往往难以实现且代价高昂，因此区块链系统是极为安全的。

3. 鲁棒容错——"链"向可靠

区块链的分布式架构赋予其点对点、多冗余特性，不存在单点失效的问题，因此其应对拒绝服务攻击的方式比中心化系统要灵活得多。即使一个节点失效，其他节点也不受影响。与失效节点连接的用户无法连入系统，除非有支持他们连入其他节点的机制。区块链系统具有较强的鲁棒性，容错 1/3 左右节点的异常状态：假定整个网络包括 $3n+1$ 个节点，其中 n 个节点由于网络故障等外部物理故障导致无法参与系统共识过程，此时系统能够应对的最恶劣的情况是剩余 $2n+1$ 个节点中有 n 个恶意节点，但剩余的 $n+1$ 个诚实节点仍能以超过系统有效节点半数的优势推动整个系统达成共识。

4. 去中心化——"链"向信任

从本质上来说，区块链技术是用共信力助力公信力。系统的共信力通过利用分布式技术和共识算法来达成——系统中无需可信的第三方参与即可实现价值转移。在区块链技术下，由于每个数据节点都可以验证账本内容和账本，构造历史的真实性和完整性，确保交易历史是可靠的、没有被篡改的，相当于提高了系统的可追责性，降低了系统的信任风险。

14.2　区块链核心技术

14.2.1　共识机制

共识算法是驱动区块链系统运转的关键一环。在区块链系统中，共识是在组成网络的所有分布式节点中达成的。某个记账节点提议了一个区块应该包含哪些交易数据，然后把该区块广播给其他的参与节点，其他节点要就是否使用这个区块达成一致、形成共识。本质上，区块链系统的共识算法是数学算法，依靠各节点发挥机器算力来实现，从根本上摆脱了对第三方信任机构的依赖，单纯依靠系统内地位平等的节点来自主地建立信任。

目前，主流的共识算法有工作量证明（PoW）、权益证明（PoS）、股份授权证明（Delegated Proof of Stake，DPoS）以及拜占庭容错（Byzantine Fault Tolerance，BFT）算法。

（1）工作量证明

工作量证明依赖机器进行数学运算来获取记账权，资源消耗相比其他共识机制高、可监管性弱，同时每次达成共识需要全网共同参与运算，性能效率比较低，容错性方面允许全网50%的节点出错。

工作量证明机制就像乐透游戏，平均每10min有一个节点找到一个区块。如果两个节点在同一时间找到区块，那么网络将根据后续节点的决定来确定以哪个区块构建总账。从统计学角度讲，一笔交易在6个区块后被认为是明确确认且不可逆的。然而核心开发者认为，需要120个区块才能充分保护网络不受来自潜在的、更长的已将新产生的币花掉的攻击区块链的威胁。尽管出现更长的区块链会变得不太可能，但任何拥有巨大经济资源的人都仍有可能制造一个更长的区块链或者具备足够的哈希算力来冻结用户的账户。

（2）权益证明

PoS相对于PoW，一定程度减少了数学运算带来的资源消耗，性能也得到了相应的提升，但依然是基于哈希运算竞争获取记账权的方式，可监管性弱。该共识机制容错性和PoW相同。PoS就是直接证明所有者持有的份额，虽有很多不同的变种，但基本概念都是产生区块的难度应该与所有者在网络里所占的股权（所有权占比）成比例。

（3）股份授权证明

DPoS与PoS的主要区别在于节点选举若干代理人，由代理人验证和记账。其合规监管、性能、资源消耗和容错性与PoS相似。

通过引入代理人这个角色，DPoS可以降低中心化所带来的负面影响。代理人通过网络上的每个人经由每次交易投票产生，他们的工作是签署（生产）区块。通过去中心化的投票过程，DPoS 能让网络比别的系统更加民主。与其让我们完成在网络上信任所有人这个不可能完成的任务，不如让 DPoS 通过技术保护措施来确保那些代表网络来签署区块的人们（代理人）能够正确地工作。除此之外，在每个区块被签署之前，必须先验证前一个区块已经被受信任节点所签署。像 DPoS 这样的设计，实际上缩减了必须要等待相当数量的未授信节点进行验证后才能够确认交易的时间成本。

（4）拜占庭容错

拜占庭容错算法与 Paxos 类似，也是一种采用许可投票、少数服从多数来选举领导者进行记账的共识机制，但该共识机制允许拜占庭容错。该共识机制允许强监管节点参与，具备权限分级能力，性能更高，耗能更低。该算法每轮记账都会由全网节点共同选举领导者，允许 33% 的节点作恶，容错性为 33%。

联盟链采用传统的 BFT，以经典的 PBFT 算法及其变体最为常见。这是因为在恶意节点数不超限制的前提下，BFT 类算法可以支持较高的吞吐量和极短的终局时间，其正确性和活动性又可被严格证明，非常合乎大机构的需求。由于 BFT 算法为了达成单次共识一定需要借助消息的多轮组播，有些甚至是多对多的消息组播，比如在 PBFT 算法中需要 1 对 N 的 pre- prepare 消息组播、N 对 N 的 prepare 消息组播和 commit 消息组播，受互联带宽的限制一般不适用于共识节点数较大的情形，但对于成员节点数不大、对交易终局性要求较高的联盟链而言却正可扬长避短。

14.2.2 智能合约

智能合约可视作一段部署在区块链上可自动运行的程序，其涵盖的范围包括编程语言、编译器、虚拟机、事件、状态机、容错机制等。虚拟机是区块链中智能合约的运行环境。虚拟机不仅被沙箱封装起来，事实上它被完全隔离。也就是说，运行在虚拟机内部的代码不能接触到网络、文件系统或者其他进程，甚至智能合约之间也只能进行有限的调用。智能合约本质上是一段程序，存在出错的可能性，甚至会引发严重的问题或连锁反应。因此，需要做好充分的容错机制，通过系统化的手段，结合运行环境隔离，确保合约在有限时间内按预期执行。

1. 形式化安全验证

在进行智能合约形式化安全验证的过程中，由于形式化证明工具 Issbella 只识别数学语言，首先将传统语言编译的工程语言（实体类的字段和方法）通过数学建模的方式转写为数学表达形式，再利用 Issbella 进行形式化验证。形式化安全验证的流程如图 14-1 所示。

采用符号执行作为智能合约形式化安全验证的方法，包含两个阶段功能，即对 LLVM（Low Level Virtual Machine）编译中间语言设定检测策略和选取约束器进行形式化验证。首先要设定检测策略。针对智能合约存在的相关漏洞制定一系列的判定策略。当策略被满足，得知智能合约存在对应的漏洞。当前智能合约面临着许许多多的合约安全漏洞，针对这些漏洞的特性，可编写与漏洞类型相匹配的规则。在建立了相应的检测规则库后，将这些规则输入转换为 IR 语言的智能合约中，并最后输入 LLVM 中进行判断。

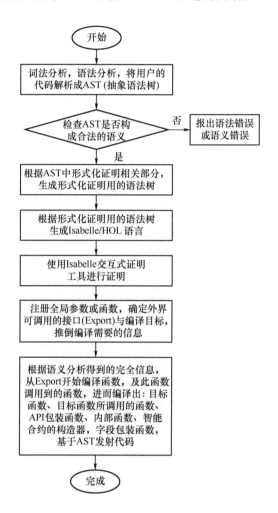

图 14-1　形式化安全验证的流程

2. 合约漏洞检测

针对可重入安全漏洞，采用基于图神经网络的智能分析方法。该方法的核心步骤包括：首先，通过扫描智能合约找出其中与 call. value（值传递函数）语句相关的函数，逐行分析已扫描出的相关函数的代码段，找出条件控制语句，比如 if- throw/require/assert 等生成语义边和内部状态变量的数据依赖关系，生成符号执行图；其次，将符号执行图中的节点划分为三类核心节点和一类非核心节点，通过消融处理模块将非核心节点消融到核心节点上，形成由三类核心节点矢量表达式组成的 gcn 输入信息；最后，利用智能合约核心节点的输入特征完成对 gcn 模型的学习训练。具体样例分别如图 14-2 和图 14-3 所示。

```
contract safeSend {
    bool private txMutex3847834;

    function doSafeSend(address toAddr, uint amount) internal {
        doSafeSendWData(toAddr, "", amount);
    }

    function doSafeSendWData(address toAddr, bytes data, uint amount) internal {
        require(txMutex3847834 == false, "ss-guard");
        txMutex3847834 = true;
        require(toAddr.call.value(amount)(data), "ss-failed");
        txMutex3847834 = false;
    }
}
```

图 14-2　合约代码样例

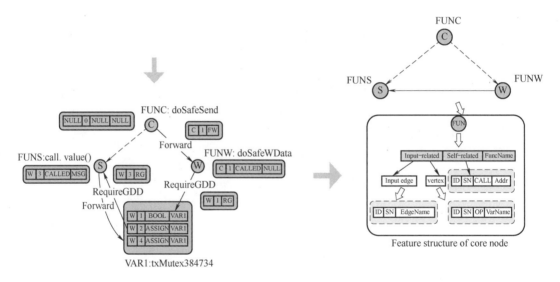

图 14-3　合约生成的符号执行图（消融前）以及核心节点结构图（消融后）

14.2.3　跨链通信

随着各行各业区块链应用之间的业务协同需求与交易规模的不断增长，引来不同链之间巨大的数据/价值流通需求。然而，不同行业的区块链系统选择的区块链技术平台各异，平台在数据结构、共识机制、通信协议等方面千差万别。由于缺乏有效的跨链技术，不同链间无法互通，导致"区块链孤岛"显现，行业生态割裂，网络碎片化严重，链间协同治理与监管无法实现，这将制约着区块链在全社会的大规模应用。

跨链是指不同区块链系统实例之间进行信息交换，主要表现在不同区块链系统实例之间进行信息交换的过程，包括同构跨链和异构跨链。

具体跨链技术架构如图 14-4 所示。

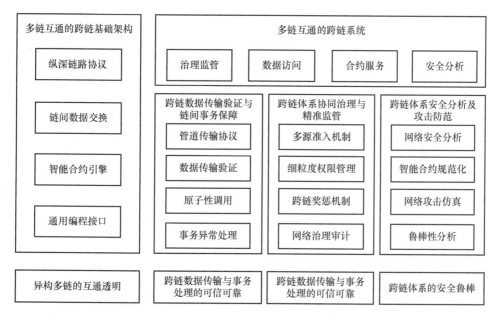

图 14-4 跨链技术架构

1. 多链互通的跨链基础架构

针对不同服务形态、不同区块链平台之间的可信连接与交互，为了解决区块链之间因底层架构、数据结构、合约调用、接口规范等多维异构性而导致的多链隔离问题，需要实现互联互通的跨链基础架构。

1）面向动态非平衡自适应的底层跨链协同，基于数据协同技术、异构数据计算存储范式等，实现自适应共识协议、多层次纵深链路协议、多边跨域访问协议，构建协议互通、数据协同的底层架构。

2）面向多链结构兼容技术，基于哈希锁定、分区分层模式、自适应分布式动态网络，通过同构链间数据交换、异构链间数据交换，构建兼容多链的跨链基础架构。

3）基于智能网关和合约引擎的合约调用技术，基于事件流触发器、跨域连接技术，实现不同异构区块链之间的合约调用。

4）面向跨链应用快速构建的通用编程接口技术，通过权限管理、JWT 验签机制，基于分层治理运作模式，进行区块链网络准入验证、监管，屏蔽底层各条区块链的技术细节，支持跨链应用快速构建，同时保证接入的可信安全。

2. 跨链体系关键保障技术

1）跨链数据传输验证与链间事务保障方法。面向大规模跨链数据的高效传输机制，通过建立基于领域特定语言 SDL 的异构数据形式化模板技术、基于异步缓冲管道的消息应答传输协议，为实现低负担、健壮的链间数据传输提供支撑；基于分片共识的跨链事务处理原子性技术，通过分片共享链、两阶段提交协议以及序列化并发锁，实现分布式智能合约交易调用。

2）跨链体系协同治理与精准监管技术。利用不同跨链对象细粒度分类算法与多源身份认证技术，对跨链网络中的不同对象进行认证与标记，实现统一的适配机制与准入范式；利用多中心属性控制模型，协同多种属性权限关联机制与加密算法，实现不同跨链对象访问与读写等权限控制；利用基于贡献算法的跨链对象评估机制以及基于 K- 匿名算法与哈希时间锁的奖惩机制，实现对跨链网络中不同对象安全高效的奖惩。

3）跨链体系安全分析与攻击防范机制。利用基于硬件安全 SGX 的数据保护方法、信息匹配方法，对跨链网络中的数据膨胀与恶意信息等进行监测和拦截；利用基于跨链分区与路由的网络通信方法以及 P2P 网络拓扑的跨链网络监控方法，配置 TCP 长连接、自适应路由，监控网络中阻塞和负载情况；通过对跨链系统数据层、网络层、共识层、合约层等不同层面的攻击进行仿真与分析，构建相应的安全保障机制。

14.3　云计算与区块链的融合

云计算技术具有成本低、可靠性高、调整速度快、资源能够弹性收缩等优秀特质，充分利用云计算技术能够在一定程度上解决区块链技术在开发、研究及测试工作中的高物理资源需求困境，能够降低区块链系统开发的门槛，帮助中小企业或创业团队以较低的成本快速布局区块链系统开发。同时，区块链技术的发展也会促进云计算技术的进步，可以在区块链的基础设施中进行虚拟云计算，不需要架设任何服务器，可以显著地降低运行成本。

14.3.1　区块链信任网路

基于云计算基础设施以及区块链网络架构，引入参与方，共同建设区块链信任网路。参与方可以以共识节点、轻节点或代理节点方式接入该网络。

比较典型的是由国家信息中心、中国移动、中国银联等机构发起的区块链服务网络。区块链服务网络由公共城市节点组成，其目标是建立一个对标互联网的区块链公共基础环境，并提供整合了云资源、底层框架、运行环境、密钥管理、开发 SDK 和网关 API 的一站式区块链部署和运行服务。在公共城市节点上，应用发布方和使用方可以使用统一的身份证书发布、管理和加入不限数量的区块链应用，不再需要建设独立的区块链运行环境。

另外，由中国信息通信研究院推动的区块链新型基础设施——星火链网，包括监管节点、超级节点及服务节点，如图 14-5 所示。其中监管节点可参加投票决定节点入链许可，可审查数据内容合规性，但不提供数据查询等服务；超级节点可参加共识来完成数据变更记账等操作，提供数据查询服务；服务节点可以从服务型节点同步数据，可提供数据查询服务，但不能主动变更数据。

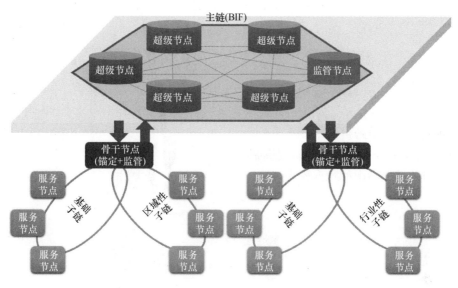

图 14-5　星火链网架构

14.3.2　区块链分布式存储

传统的云存储模式以集中存储方式运行，因此存在单点故障等可能导致系统崩溃的问题，同时数据集中式存储还可能带来数据的丢失、被篡改、泄露等风险。随着区块链技术的发展，去中心化存储模式已进入公众视野。去中心化存储方法可以解决传统云存储系统中单点故障的问题。基于区块链的分布式文件存储系统构建了一个点对点的存储网络作为数据存储服务，实现用户数据分布式存储，同时结合区块链技术，将文件的关键信息存储到区块链中，进而实现用户数据存储的安全可靠、不可篡改等功能。

比较典型的是星际文件系统（InterPlanetary File System，IPFS），一个旨在创建持久且分布式存储和共享文件的网络传输协议。它是一种内容可寻址的对等超媒体分发协议。IPFS是一个对等的分布式文件系统，它尝试为所有计算设备连接同一个文件系统。在某些方面，IPFS 类似于万维网，但它也可以被视作一个独立的 BitTorrent 群、在同一个 Git 仓库中交换对象。IPFS 提供了一个高吞吐量、按内容寻址的块存储模型与内容相关超链接，形成了一个广义的 Merkle 有向无环图。IPFS 结合了分布式散列表、鼓励块交换和一个自我认证的名字空间。IPFS 没有单点故障，并且节点不需要相互信任。分布式内容传递可以节约带宽，并防止 HTTP 方案可能遇到的 DDoS 攻击。

14.3.3　区块链即服务

区块链即服务（Blockchain as a Service，BaaS）是指将区块链嵌入云计算平台，利用云服务基础设施的部署和管理优势，为开发者提供便捷、可扩展的区块链应用环境，支持开发者的区块链应用拓展以及运营支撑的区块链开放服务平台。BaaS 管理系统如图 14-6 所示。

图 14-6　BaaS 管理系统

BaaS 平台提供的业务能力通常包括：用户按需申请区块链网络以及所需的计算、存储与带宽资源等；用户对申请到的区块链网络进行生命周期管理，支持灵活弹性的配置管理；提供区块链可视化监控与操作界面，将应用与平台进行无缝对接；提供简单易用的合约开发与测试环境。

14.4　云计算与区块链的应用场景

在产业区块链领域，区块链技术的核心作用是协作、存证、监管。区块链技术通过分布式账本、智能合约等方式，帮助机构之间互相协作，提升服务效率和提高业务间透明性。通过对称/非对称加密、零知识证明、私密通道等方式，在现有的网络设施基础上，对用户身份信息、交易敏感信息进行隐私保护，可在保证数据唯一性、不可篡改以及隐私安全的前提下进行数据存证，实现多方信息共享。另外通过支持节点快速部署、多种接入方式选择等功能，实现区块链网络快速拓展；并提供全网可视化监控，金融监管机构可通过监管节点身份接入区块链网络，对交易的全流程进行实时监控。

14.4.1　银行间区块链福费廷交易平台

区块链福费廷交易平台最早由中国民生银行、中国银行、中信银行等共同参与设计开发的，采用联盟链的形式建设，其中区块链基础设施由云象承建。该平台是中国商业银行首个跨机构区块链基础设施，以福费廷业务为应用场景，充分发挥区块链技术去中心化、不可篡改、高透明度、强安全性等特点，从真正意义上实现了多节点、分布记账的联盟链模式（见图 14-7）。

图 14-7　福费廷业务

该平台依据银行间的交易业务场景，自主研发区块链应用层功能，使业务环节全上链，系统衔接全自动。平台功能覆盖询价报价、资产发布、资金发布、交易撮合等全部环节；依据银行间的交易业务场景，独创 Business Point 管理端，有效便利衔接银行多层级组织管理架构。系统为福费廷业务量身打造预询价、资产发布后询价、资金报价多场景业务并发、逻辑串行的应用服务流程，保障了系统的兼容性、通行性、灵活性和拓展性。

区块链福费廷交易平台通过融联易云云计算基础设施，部署各银行机构节点，节点角色包括共识节点、轻节点、代理节点。2018 年 9 月系统上线后，中国光大银行、平安银行积极响应，参与平台共建；截至 2020 年 7 月，该平台联盟成员已发展至 44 家，累计办理业务超过 3000 亿人民币。

14.4.2　区块链供应链金融云服务平台

通过区块链技术构建产业链信任基础，实现产业链中无隐私泄露的可信数据交换。围绕核心企业对上下游企业的信用传递，支持资金方穿透式监管，进而解决中小企业融资难的问题。帮助更多产业链上的中小企业享受普惠金融服务，助力整个生态圈的健康发展（见图 14-8）。

供应商节点上链信息包括采购信息、发货信息等；采购方节点上链信息包括采购信息、订单信息、融资信息、还款信息等；银行节点上链信息包括融资信息、放款信息、还款信息等；担保节点上链信息包括采购信息、订单信息、担保信息等（见图 14-9）。

通过云计算基础设施，部署银行节点、担保节点、采购方节点、供应商节点等，形成供应链金融区块链网络。供应链金融业务层通过 SDK 与区块链服务层进行交互，实现业务数据上链；还需跟第三方外部系统对接，包括核心系统、ERP 系统、企业服务总线、网银系统、安全系统等。

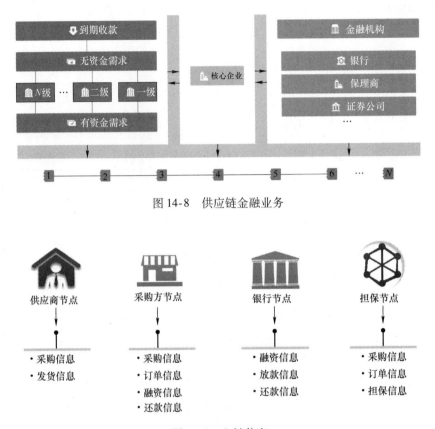

图 14-8　供应链金融业务

图 14-9　上链信息

14.4.3　区块链电子存证公共服务平台

传统司法体系是线下的，法院、仲裁、公证等的业务都需要线下办理。在信息化的时代，线上化已经成为趋势。而司法线上化，其电子数据的法律效力是关键。2012 年新修订的《民事诉讼法》正式将"电子数据"规定为法定证据种类之一，电子证据在诉讼中取得了合法地位，意味着聊天记录、电子邮件、网页截图、微博私信等都可以作为证据使用。如何将电子数据确权、加密固定成电子证据，证明电子证据的有效性成了关键问题。

在司法领域，运用区块链技术构建的公开透明的网络系统与司法追求公平、公正的价值观相契合，在提高司法效率、体现司法程序正义等方面，具有独特的价值。区块链的不可篡改贴合司法存证需求，有助于实现电子证据的固化，从技术层面提升了电子证据的法律效力。司法注重程序正义，是司法领域应用区块链的重要需求，区块链的自治性能有效预防规范和协议的人为干预，维护法制秩序。将区块链应用于司法领域，将有助于完善社会治安防控体系，增强社会治安防控的整体性、协同性、精准性，推进国家治理体系和治理能力现代化。

通过联合司法鉴定、审计、公证等权威机构发起电子存证联盟链，每个单位成为链上节点；用户通过实名认证获取证书，将合同、交易记录、账目等电子证据记录在存证平台，通过区块链网络向其他节点广播存证信息，实现电子存证；当发生诉讼事件时，用户可以从联盟链中的司法鉴定、审计、公证、仲裁机构随时取证，一键调取原存储的哈希摘要值进行一致性验证（见图 14-10）。

图 14-10　电子存证系统架构

14.5　云链与产业链平台

14.5.1　宏观背景：新时代、新方向、新机会

国家高度重视并大力支持数字经济发展，先后出台包括实施"互联网＋"行动和大数据战略等一系列重大举措，加快数字产业化、产业数字化发展，推动经济社会数字化转型。特别在抗击新型冠状病毒肺炎疫情中，数字经济发挥了不可替代的积极作用，成为推动我国经济社会发展的新引擎。

2020 年 4 月，国家发改委等 13 个部委联合发布了《关于支持新业态新模式健康发展激活消费市场带动扩大就业的意见》（发改高技〔2020〕1157 号），支持数字经济新业态、新模式的健康发展，明确提出"深入推进各行业各领域数字化转型，培育数字化新生态""促进生产资料共享，促进数据要素流通""以供给侧结构性改革为主线，深入实施数字经济战略"和大力推进打造跨越物理边界的"虚拟"产业园和产业集群建设。

数字经济和供应链变革已经成为国家战略；产业互联网是供应链变革的基础设施；区块链＋产业将引领新技术、新产业变革；通证经济将引领新经济、新产业、新业态。

14.5.2　产业链整合平台模式

供给侧改革和供应链重构已经成为重大的国家战略，各地纷纷建立起主要领导挂帅的"链长制"，产业链、供应链、价值链、创新链、人才链、资本链等"链经济"得到了前所未有的重视。但目前各地的地方领导对如何发展"链经济"缺乏手段和模式，对如何当好"链长"缺乏方法和工具，于是产业链整合平台模式应运而出。

2018年起，消费互联网领军巨头与传统领军企业纷纷提出要打造产业互联网平台，国家也出台一系列的供应链创新与产业互联网平台等国家政策支持。其中，蓝源产城集团作为打造产业互联网平台的典型机构，在产业互联网领域深入布局，与细分产业链上下游产业有效地绑定形成产业命运共同体。

蓝源产城集团（以下简称蓝源）于2013年开始布局产业互联网，全面集成研发产业互联网新技术，打造产业、技术、金融、资本等领域高端创新组合式团队，聚焦集中研发细分特色产业链，深度耕耘产业互联网平台型总部经济，以"特色产业链＋产业互联网＋产业金融＋人才资本化＋政策引导"五位一体模式，打造细分产业链上下游同行业产业命运共同体，减少产业恶性竞争、互相残杀、单打独斗、产业链高度分散、缺乏产业集中度等核心问题，创建了国内为数不多的产业链组织者这类新型平台型组织机构，取得了巨大成效和全国的独特影响力。

蓝源与上海市、广东省、黑龙江省、广西壮族自治区、云南省、河南省等省市政企合作，通过资本的力量让行业抱团，推动打造的十几个"众字辈"产业平台涵盖了第一、二、三产业，均成为所在行业创新发展与供给侧改革的标杆案例。

2014年3月，蓝源牵头在上海打造了中国最大的餐饮饭店供应链互联网平台，系统解决餐饮饭店采购成本融资成本不断上升、利润不断下滑、经营日益困难的核心痛点，通过产业互联网与金融资本的双轮驱动，引领着中国餐饮饭店行业降低成本、提高效率、增加利润，一年半时间成长为美国纳斯达克的上市公司。

2016年，在佛山市委书记的鼎力支持下，蓝源依托佛山陶瓷传统陶瓷产业集聚区，打造了中国最大的陶瓷产业互联网平台，降低陶瓷行业的采购成本、物流成本、人工成本10%以上，降低能耗达到80%，帮助陶瓷产业链创造了流量经济、数据经济、区块链通证价值和金融资本的新价值链，成为党的十九大《将改革进行到底》的大型政论片供给侧改革的经典案例。到目前，众陶联形成了600多亿的新增交易流量，市值估值超100亿元。

2017年打造了以"农业产业链＋产业互联网＋多重赋能"三位一体为核心模式的中国农业产业互联网平台型总部经济体"众农联"，推进农业产业数字化，实现新时代农业转型升级提质增效发展，旗下众粮联子平台成立2年多的时间已经创造了197.78亿的流量经济与数据资产（截至2020年7月15日）。

2018 年，蓝源参与打造的"众车联"被评为"2018 宁波产业互联网先锋企业"称号，列入"2018 年度中国产业互联网 TOP100"。截至 2020 年 7 月，上线仅一年半平台已完成了交易额 140.39 亿元，会员用户已达 972 家。

利用互联网与金融资本的工具和方法对细分产业链进行垂直整合，可以有效地解决政府、产业、企业三个层面的痛点与需求，帮助地方政府打造产业链平台型数字经济总部，创造新税源，帮助产业上下游降低成本、提高效率、增加新的利润点，帮助企业数字化系统转型，实现政府、产业、企业三个层面的共赢。

现代化产业体系的建设迫切需要打造类似蓝源产城集团的一批产业链新型平台型组织，这类新组织具备链式思维，能够运用技术链、人才链和金融链，打通产业链和供应链，构建创新链，创造新价值链。这类产业链新型平台型组织目前在国内非常稀缺。云计算和区块链等新技术正好可以赋能这类"链组织"。

14.5.3　云链 + 平台经济模式

在云计算和区块链的赋能下，产业链整合平台将更加强大，云计算 + 区块链 + 平台模式将使得"链经济"如虎添翼。云计算和区块链技术是实现产业链整合平台四流合一的有效手段，如图 14-11 所示。

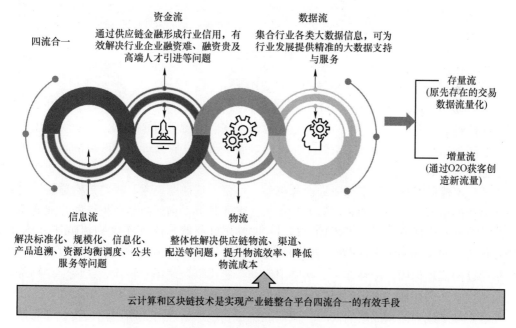

图 14-11　产业链整合平台四流合一

（1）产业链整合平台构造

以蓝源产城集团将要打造的"众酒联"为例，云计算和区块链是平台强大的底层支撑技术，通过区块链通证的激励，平台创建健康的交易生态环境。通过区块链溯源，可以有效地重构行业公信力，有效破解贵州茅台酒行业"假冒伪劣盛行，对茅台酒的品牌公信力造成重大冲击，市场竞争无序，消费者对假酒缺乏辨识能力影响消费信心，酒业的利税极大地流失"等痛点。众酒联如图 14-12 所示。

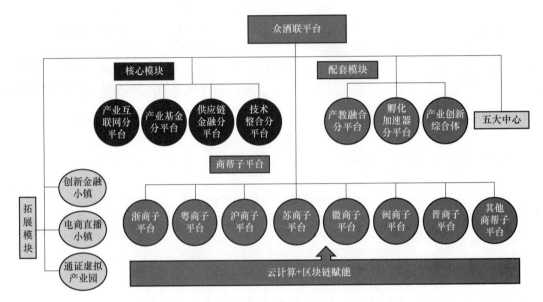

图 14-12　众酒联

（2）平台通证是云计算和区块链的最好应用

自 2019 年 10 月 24 日中共中央政治局关于区块链技术发展现状和趋势学习以来，各级政府把区块链的产业应用作为了一项核心技术自主创新的重要内容来抓，各地纷纷出现了区块链产业园。通证这一区块链应用的战斗机应运而生，建立在云计算和区块链底层技术基础上的通证具有广泛的前景。

通证是可流通的加密数字凭证，包含权益、加密、流通三要素。权益是指通证需要具有固有或内在的价值，是价值的载体和形态。它既可能是看得见的商品，也可能是没有实体形态的股权，甚至可能是一种信用或者权利。它来源于社会对其价值背书方信用的认可。加密是指其具有以区块链技术为支持的加密学加持，具有真实、可识别、无法被篡改的特性。流通是指通证的流动作用，能够在一个网络中流动。它可以被使用、转让、兑换、交易等。具有流通和权益两大属性，通证的好处是不可篡改、无限分割、高速流转、智能分账。

在数字经济成为国家战略的同时，通证经济正在引领新经济、新产业、新业态。区块链经济的通证不应该是比特币，也不应该是以太坊，而是主权货币。

通证应用主要体现在以下两个方面：

1）各参与主体之间商品与服务交换、各类价值流通的结算工具。

2）实现经济激励的主要方式，大家均以贡献的数据作为激励的依据，按照数据量的大小获得经济激励，即获得通证的多少。

通证的应用不是加密数字代币的炒作，而是基于其内含价值的应用，即通证价值是基于经济体所产生的数据价值的体现。若当国家具备数字资产交易平台时，通证可作为数字资产在国家的交易平台进行合法交易。

作为通证经济的先行者，蓝源产城集团在成功打造了 19 个众字辈产业互联网平台的基础上，又成功研发了全球旅游通证（GTT），成功推出了运用区块链技术搭建的旅游产业 G 生态系统，推出了 G 生态订单宝 APP。2020 年 9 月 12 日，蓝源产城和国家级宁波保税区在宁波打造了全国第一个区块链通证产业园，计划率先孵化一批企业赴海南数字资产交易所实现数字通证上市。2020 年 10 月 10 日正式开园即有六家企业签约入驻，为云计算和区块链应用和数字经济的实践起了极好的示范性效应。

第 15 章

云计算的未来

云计算经过十余年的迅猛发展，实现了信息通信技术（Information and Communications Technology，ICT）的融合，完成了从概念到应用的转变。如今，云计算已经成为当前的信息基础设施，并正加速向各行各业渗透拓展。"云优先"策略已经成为各国政府的选择，在我国，工业和信息化部、国家发改委、国家网信办等也先后发文，鼓励云计算与大数据、人工智能、5G 等新兴技术融合，实现企业信息系统架构和运营管理模式的数字化转型。如图 15-1 所示，2019 年全球云计算市场规模达到 1883 亿美元，预计未来几年市场平均增长率在 18% 左右，到 2023 年市场规模将超过 3500 亿美元。今后的十年将是云计算进入全新发展阶段的十年。如火如荼的"新基建"、稳步推进的企业数字化转型以及突如其来的新型冠状病毒肺炎疫情都将云计算发展推向了一个新的高度。

图 15-1　全球云计算市场规模及增速

15.1　云计算的新挑战与新机遇

15.1.1　云计算的新挑战

1. 技术挑战

（1）云计算安全

云计算发展到今天，已经成为集传统互联网和计算技术于一身的庞大系统，安全问题已不可忽视。虽然在过去几十年的发展中，计算安全和网络安全已经有了长足的进步，但是传统信息安全技术并不能满足云计算安全的需求。云计算安全是一个综合性的问题，面临着计算、网络和信息多方面的挑战。云计算应用场景中存在的安全问题远比传统信息技术时代更复杂、更多变，更需要完备和系统的安全技术体系来保证。

云计算的核心是通过网络实现资源共享，因此网络安全对于云计算安全至关重要。传统网络面临的攻击，在云计算环境中都存在，并且可能造成更严重的损失。云计算必须保证用户随时可以通过网络接入使用计算资源，因此更容易遭受网络攻击。对于云计算基础设施，分布式拒绝服务（DDoS）攻击不仅可能来自外部网络，也可能来自内部网络，比如隔离措施不当造成的用户数据泄露、用户遭受相同物理环境下其他恶意用户攻击等。所以云计算网络环境必须定制专门的安全防护方案。

数据安全对云计算用户来说是最直观的安全挑战。数据在云计算环境中进行传输和存储时，用户对自己存放在云中的数据并没有实际的控制能力，其安全完全依赖于服务商。云计算中分布式计算协同工作需要通过网络来传输大量的数据，并在不同的计算服务器上进行处理，此过程中，数据私密性与完整性受到的影响远超过传统互联网。并且云计算本身缺乏对数据内容的辨识能力，无效或伪造数据的存在、客户数据的泄露所造成的影响也远大于传统互联网。

资源虚拟化是云计算最显著的特点，虚拟化技术是云计算得以实现的核心能力。但虚拟化技术将系统暴露于外界，也放大了安全威胁。虚拟机可以动态地被创建、被迁移，所以很难针对虚拟机做安全防护。虚拟机在没有安全措施或安全措施没有自动创建时，容易导致密钥被盗、服务遭受攻击、账号被盗用等。简单来说，虚拟化增大了安全威胁，且没有很好的防护手段。

近年来，容器技术已经成为云计算的又一个核心能力。传统部署、虚拟化部署与容器部署的构架对比，如图 15-2 所示。容器技术作为云原生的重要的基础架构，也面临着越来越多的安全隐患。容器的基本结构，使得容器对于平台安全团队近乎黑盒；安全团队对容器内部配置、依赖的基础镜像以及容器通信无法施加有效的干预。当前，通过负责容器部署的编排器结合入侵检测系统，容器安全已经开始被业界重视。

云计算日益普及，人们已经不再满足于传统云计算的体验。对实时性、高质量云服务的需求，正推动边缘计算等新分布式云架构的快速发展。当前产业界及学术界已经开始认识到边缘安全的重要性和价值，并开展了积极有益的探索，但关于边缘安全的探索仍处于发展初期，缺乏系统性的研究。边缘计算面临的安全挑战可总结概括为三个方面：边缘接入、边缘服务器、边缘管理。在边缘接入方面，不安全的通信协议、恶意的边缘节点和设备的接入都对边缘计算系统形成挑战。而边缘节点的繁杂应用场景，对边缘服务器提出了比云服务器更高的要求，边缘节点数据易被损毁、隐私数据保护不足、不安全的系统与组件、易发起分布式拒绝服务、易蔓延 APT 攻击等都是边缘服务所面临的挑战。在边缘管理方面，边缘计算面临着更复杂的场景，除了传统云计算中已经存在的身份安全外，边缘侧身份、凭证和访问管理不足，账号信息易被劫持、不安全的接口和 API、难监管的恶意管理员等都对边缘管理

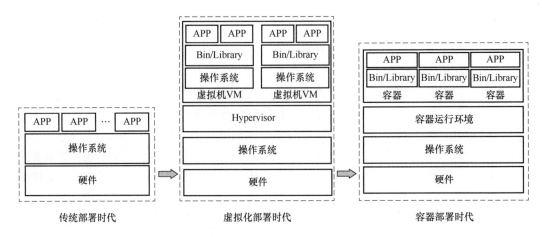

图 15-2　传统部署、虚拟化部署与容器部署的构架对比

带来了挑战。边缘计算的安全挑战见表 15-1。

表 15-1　边缘计算的安全挑战

攻击面	挑　　战
边缘接入	不安全的通信协议；恶意的边缘节点
边缘服务器	边缘阶段数据被损毁；隐私数据保护不足；不安全的系统与组件；易发起分布式拒绝服务；易蔓延 APT 攻击；硬件安全支持不足
边缘管理	身份、凭证和访问管理不足；账号信息易被劫持；不安全的接口和 API；难监管的恶意管理员

（2）多云管理、互通和迁移

随着云计算的发展，行业内已经有多个公有云平台，而企业内部的私有云平台更是种类繁多。各类云平台采用的技术架构互不相同，给云管理、互通和整合均带来了严峻的挑战。如今，云计算已逐步将"多云"作为默认方案，企业可采用"多云"战略选择各领域最优的服务，形成最佳组合来满足自身业务需求；也可以灵活调度不同云服务商的全球资源，拓展自身全球业务。在涉及数据敏感地区，可通过使用当地合规的云服务商来降低法律遵从风险；采用多云还可以避免被特定供应商绑定，在享受最佳云服务的同时，仍保留自由选择的权力。但迁移到多云环境是一个非常复杂的过程，用户要在多个云服务提供商之间统一配置和维护工作负载、流量和安全策略。不同云服务商采用的底层架构不同，其用于创建和监控云环境的配置管理工具、用于配置和维护内部数据中心的工具都大不相同。因此，当一个环境上的策略和配置发生任何修改或更新，在其他环境都必须同步更新一次。

对于大中型企业，其 IT 系统复杂、耦合度高且分布地域广，在 IT 上云的过程中往往需要分模块、分路径和分阶段，云化过程时日漫长。如何在加速云化的过程中同时将对业务的影响及风险最小化、实现企业应用"平滑上云"，是大中型企业 IT 云化的一大难题。云计算运维是一项复杂的工作，涉及硬件、网络和软件等多个领域。尤其在多云架构下，应用的部署、运维、标准化管理成为难点，如何使用统一平台进行运维管理，成为企业关注的问题。随着人工智能技术的应用，运维的自动化和可视化也成为云计算运维系统发展的方向。

（3）数据计算能力

大数据计算是云计算服务的主要能力之一。随着云化和智能化的加深，传统云计算正日益面临着算力瓶颈的挑战，计算能力亟需突破。依靠堆积硬件的方式已经无法满足飞速增长的数据量和智能化处理的算力需求。大量非结构化数据的人工智能处理带动了数据中心规模的急剧增长，数据中心使用的设备日渐增多，业务模式以数据为重，必须不断提高数据中心的资源利用率，充分降低整体成本，提升管理效率，通过伸缩自如的软硬件重定义来应对业务的快速变化。这意味着，计算架构已经成为未来云计算发展面临的关键挑战。随着边缘计算、5G 等新计算和新网络架构的出现，各类非冯诺依曼计算芯片的涌现，GPU、NPU 等各类异构资源的虚拟化和池化技术的发展，云计算已经来到资源和数据双丰盛的时代。如何组织和使用好各类异构的资源，成为实现云计算下一步大发展的重要一环。

（4）网络时延

工业物联网、虚拟现实、自动驾驶、远程医疗等新兴应用的出现，对云服务的响应速度要求越来越高，"低时延"成为云计算的一个刚性需求。为此，云计算架构正在从集中再一次走向分散，边缘计算等新计算架构得以快速的发展，将算力动态分配到更靠近数据和应用的地方，以满足用户对云计算时延的要求，同时也减轻了海量数据对网络带宽的压力。然而，基于 TCP/IP 协议的传统互联网无法满足云服务广泛实时性的需求，基于 UDP 的低时延的互联网传输层协议（Quick UDP Internet Connection，QUIC）、时间敏感网络（Time Scalar Network，TSN）等新的网络协议正推动云计算走向实时化网络。此外，多云趋势下，跨云平台的网络连接也将造成时延问题，云平台之间的网络连接可能成为多云体系结构的严重时延瓶颈。所以，网络时延也是云计算面临的主要挑战之一。

2. 产业挑战

（1）公共标准的开放问题

当前，各云服务商的技术互不兼容，给用户业务部署带来了极大的困难。随着各行业为适应新时代、新科技的转型升级需求快速增加，打破闭关自守、各自为政的"围墙"，建立开放、统一的数据和业务支撑平台的需求日益迫切。

现阶段我国在云计算服务安全、服务质量等相关技术和标准以及法律法规和监管政策方面还有待完善，用户在选择云计算服务时会产生一定的顾虑和担忧。2015 年工业和信息化部印发了《云计算综合标准化体系建设指南》，从"云基础""云资源""云服务"和"云安全"四个部分构建云计算综合标准化体系框架，明确云计算标准化研究方向。随着国家发改委、中央网信办联合印发的《关于推进"上云用数赋智"行动培育新经济发展实施方案》的发布，将云计算作为重点之一的新基建不断推进，未来监管机构及自律组织应该在现有云计算标准体系的基础上，进一步完善云计算的标准体系，保障云服务平台安全可信，提升云服务质量。

（2）传统业务上云的难度

多数企业的应用系统都是历经多年积累构建，业务软件和数据通常以传统架构来进行设计，向云端迁移势必导致业务架构的大幅度改变，需要对自身业务系统进行重新梳理，并协调其中的利益关系。企业的单体架构向微服务架构的重构过程耗时耗力且技术难度系数也较大，企业原有 IT 开发和管理人员可能难以胜任。

企业应用上云后，面对海量基础设施资源和应用服务，传统运营管理方式极其吃力。企业需要高效的运营管理平台，进行基础设施资源全生命周期的管理、容器资源编排调度、业务系统容量管理、平台可用性管理及快速弹性扩缩容等，提升资源利用率，降低云上运营管理复杂度。而当前云服务商提供的应用解决方案不够丰富，尚不能满足企业多样化、个性化需求。如何帮助企业上云和构建高效便捷的运维体系成为云计算产业发展的重要方向。

（3）成本控制：公有云、私有云间成本优化

近年来，企业纷纷转向了基于云的存储和计算。在 AWS、微软 Azure 和谷歌云的竞争中，客户是获利方，但是云也成为了客户的支出大项。根据中国信息通信研究院《2020 年云计算发展白皮书》数据显示，2019 年我国云计算整体市场规模达 1334 亿元，增速为 38.6%。其中，公有云市场规模达到 689.3 亿元，相比 2018 年增长 57.6%，预计 2020～2022 年仍将处于快速增长阶段，到 2023 年市场规模将超过 2300 亿元，如图 15-3 所示；私有云市场规模达 645.2 亿元，较 2018 年增长 22.8%，预计未来几年将保持稳定增长，到 2023 年市场规模将接近 1500 亿元，如图 15-4 所示。随着多云部署成为新的常态，云计算的成本管理成为有一种严峻的挑战。当前，企业大多通过多个供应商来控制云计算的开销。

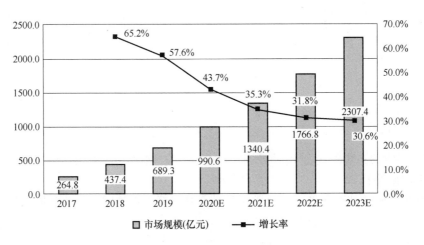

图 15-3　中国公有云市场规模及增速

在具体的使用中，不同的企业工作负载差异巨大。甚至同一个公司的不同项目，同一个项目不同的时间段里，工作负载也存在巨大的差异。如果根据业务工作负载，选择匹配的规格进行优化，将大大节省用云成本。从云服务提供商角度来说，优化资源使用的效率，针对不同类型的用户需求，提供相应的资源供给，从供给侧改变当前从消费侧出发的成本控制，

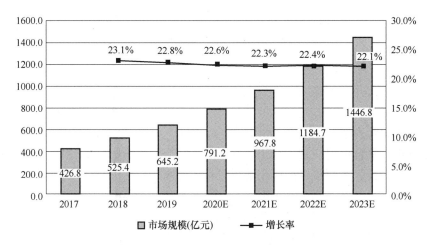

图 15-4　中国私有云市场规模及增速

将是云计算发展的新动力。

（4）"自主可控"发展需求

安全可控已经成为中国政企用户应用上云需要考虑的一个重要问题。全球技术格局变化风云莫测，而云计算承载的业务重要性日益增强，政府和大型企业用户对云计算技术的自主、安全、可控要求随之提升，特别是对运行着政府和企业的核心应用与数据的关键信息系统，其自主可控的要求会更高，甚至需要包括芯片、IT 基础设备以及生态系统等各环节全流程全部实现自主可控，才能保证业务的稳定发展。因此，全栈自主可控的云计算平台将成为政府和大型政企的主流 IT 基础设施的重要评估标准。

尽管我国云计算产业作为企业数字化转型的核心基础设施地位至关重要，但由于该产业多数核心技术并未掌握在中国公司手中，随着国际形势发生变化，我国云计算产业出现受制于人的情况并非不会发生。因此，从国家安全、产业健康可持续发展的角度来看，自主可控的核心技术研发成为我国云计算产业发展必须要解决的问题。

如图 15-5 所示，云计算的产业结构划分为：上游核心硬件（芯片，含 CPU、闪存、存储芯片等）；中游 IT 基础设备（服务器、存储设备、网络设备等）；下游云生态（基础平台、云原生应用等）。

从上游到下游的整个链条中，最关键的核心技术几乎都被国外企业掌握。从芯片产业到高性能交换和路由技术，从云操作系统到各类虚拟和容器化工具，都受制于国外厂商。虽然近年来，我国企业在专用芯片领域、服务器和存储领域以及基于开源生态的云软件领域获得了长足的进步，但仍然没有摆脱核心技术受制于人的局面。因此，发展自主可控的核心技术、推动自主可控的计算和网络架构，是中国云计算产业发展，以至于整个信息产业发展最长远、最重要的发展任务，也是国家安全的要求。

（5）混合云基础设施平台建设

云计算基础设施层的构成形态，直接决定了云计算的架构和形态，随着云计算产业的发

上游核心硬件
芯片：CPU、内存
内存
中游IT基础设备
服务器
存储
交换机
路由器
网关
防火墙
下游云生态
云集成服务
运营服务
云外包/IT咨询
IaaS运营
云解决方案
PaaS运营
云服务/平台
SaaS运营
产业结构
用户
政府云、交通云、金融云…
设备
智能手机、计算机、物联网感知终端…

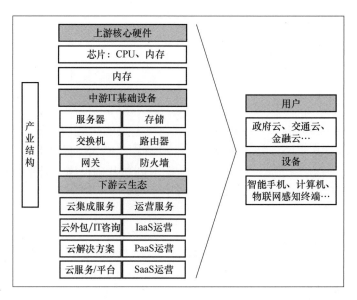

图 15-5　云计算的产业结构

展，融合公有云和私有云的混合云架构日益成为主流。然而，无论从公有云走向混合云，还是从私有云走向混合云，对于企业来说，都是一个解决方案越来越复杂、面临的技术挑战越来越多的过程。企业在混合云应用过程中面临着网络连接不稳定、基础功能不完善等挑战。

企业在混合云与分布式边缘云的落地实践中，首先要面临基础设施平台建设的挑战。根据公有云、私有云之间在基础设施层面的协同深度，可以将混合云基础设施的应用阶段分为三个层次：多云网络互通、多云管理与协同、多云资源一致，如图 15-6 所示。混合云基础设施平台的建设已经成为云计算产业发展的重要挑战之一。

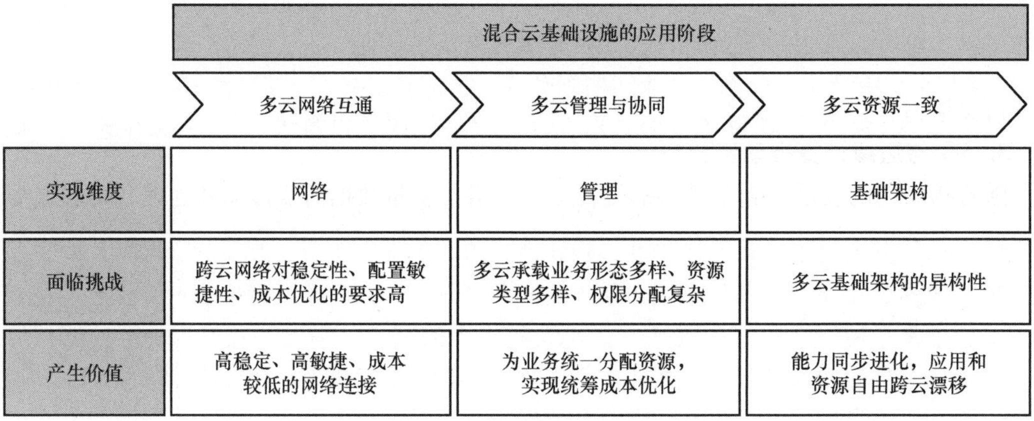

混合云基础设施的应用阶段
多云网络互通
多云管理与协同
多云资源一致
实现维度
网络
管理
基础架构
面临挑战
跨云网络对稳定性、配置敏捷性、成本优化的要求高
多云承载业务形态多样、资源类型多样、权限分配复杂
多云基础架构的异构性
产生价值
高稳定、高敏捷、成本较低的网络连接
为业务统一分配资源，实现统筹成本优化
能力同步进化，应用和资源自由跨云漂移

图 15-6　混合云基础设施的应用阶段

15.1.2　云计算的新机遇

1. 云计算是"新基建"的重要组成和发展依托

云计算纵贯基础软硬件到应用服务的整个体系，通过提供资源衔接、优化和拓展能力，促进各环节技术协同和构建产业生态"主干"，可以说是"新基建"的"中台"。云计算是算力基础设施，通过虚拟化、容器技术实现数据中心计算、存储、网络等资源的池化管理，以提供算力资源的角度助力"新基建"相关数字化、智能化应用建设。云计算也是网络基础设施，与 5G、工业互联网、物联网形成"云网融合"模式，提供"云边协同"服务，支持"新基建"的相关网络化应用。云计算更是技术创新基础设施，云平台承载起信息系统、数据资源和软件开发部署工作，加速大数据、人工智能、区块链等新技术的创新效率，推动新技术在各类智能新领域的创新应用。

为落实中央部署，我国许多地方和众多企业正大力推进云计算和 5G、人工智能、数据中心、工业互联网等新型基础设施的建设应用。许多地方将云计算和工业互联网统筹推进，以云计算搭载各类工业 App，发展工业互联网平台，培育产业数字化解决方案，推动企业"数字化上云"。各电信运营商也在积极探索利用 5G 实现生产设备上云，促进制造业领域的云边协同。各大型云服务商基于云的人工智能开放平台，推出"人工智能即服务""区块链即服务"等新业态，培育了诸多新模式和新业态。

2. IoT + 人工智能进一步释放云市场潜力

物联网带来的科技革命席卷全球，数以百亿级设备连接网络，这一转变将为全球带来数十万亿美元的市场机遇，各个行业都在积极地向物联网转型。云计算为物联网所产生的海量数据提供了强大计算处理的平台，是物联网发展的关键。近年来，以深度学习为代表的人工智能技术也日趋成熟，在算法、芯片和应用领域都获得了广泛的使用。人工智能技术已经在安防行业、交通、水务、医疗等各个领域快速渗透，主要的公有云服务商纷纷聚焦人工智能云产品和解决方案的研发。"云 + 人工智能"正在为科技巨头们带来强劲的增长动力，打破原有天花板，赋予他们更为广阔的发展空间。物联网和人工智能的融合为整个行业带来新气象，能充分利用物联网和人工智能的企业将会成为这个时代的赢家。这也必将进一步释放云服务市场潜力，智能云计算将成为各大厂商争相抢夺的市场机遇。

3. 5G 与边缘计算推动新业态

随着物联网的发展，越来越多的设备接入网络，海量数据需要传输和处理。终端侧受制于处理能力，尤其是电池能力，无法满足大量实时计算的要求；而传统云计算的数据在集中式的大型数据中心处理，网络时延又无法得到保障。因此，靠近数据源头的边缘计算是减轻网络压力、提高云计算效率的必然选择。随着 5G 网络在未来几年的扩展，诸如自动驾驶、体育赛事和云游戏等边缘用例将得以实现。据 ECC 称，目前在中国 40 个城市的各个行业中有超过 100 个边缘计算项目正在上马，涉及智慧园区、智能制造、增强现实/虚拟现实、云游戏、智慧港口、智能采矿和智能交通等领域。

5G 解决了终端用户在接入网络的时延问题，边缘计算使得低时延服务成为常态，边缘计算发挥了 5G 优势，是企业数字化转型的下一个市场机会。如图 15-7 所示，预计到 2025 年，中国将拥有全球最大的 5G 消费用户市场，5G 用户数将接近 8 亿，占全国移动连接数的 50%。为满足 5G 业务对网络的需求，2018～2025 年中国运营商将投资 2500 亿美元用于移动网络资本支出，其中 1800 亿美元将用于 5G 网络。中国将占全球近 20% 的 5G 网络投资。从云服务提供商的角度看，边缘计算是对其云能力和云服务产品的扩展。云服务从资源集中模式走向了分布式计算的模式，从传统的以实现功能为主的云服务走向了追求体验性能的新一代云服务架构。

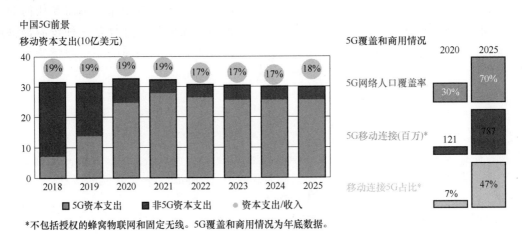

图 15-7　中国 5G 市场前景

15.2　云计算的未来发展趋势

15.2.1　技术发展趋势

1. 云原生硬件

云原生硬件（Cloud Native Hardware）即软硬件一体化技术，通过把软件放在硬件里面，既提供了软件各种各样的灵活性，同时又将硬件发挥到极致，最终达到软硬一体化协同的最佳效果。这种技术也推进了云厂商与硬件厂商的合作越来越深入，一方面云厂商将会积极参与到从系统到芯片层面的深度定制；另一方面硬件厂商则会投入更大的热情去理解云计算，并根据软件的需求不断演进。

云原生对硬件的影响，在早几年就已经开始。腾讯云就推出了"为云而生"的星星海服务器。在设计过程中，星星海服务器充分地结合数据中心实际部署环境要求，针对云端的计算、存储、网络等场景做了重点优化，能够有效地满足腾讯云 98% 的应用场景需求。同时，深度定制的 CPU，能够实现行业最优单核性能和最优单核总体拥有成本。

其实在云计算之前，超融合一体机就已经流行。传统的超融合停留在硬件的抽象，而管理和构建应用的效率低，在架构上很难进化到云架构，用户难以从传统的超融合中获取云的价值。云计算时代的超融合产品，不仅提供完整的云平台，同时提供多云支撑能力，提供以支撑应用为核心的软件基础设施，全新的设计融入了下一代分布式微服务架构。超融合正在成为多云世界的基石，越来越多的企业客户核心业务上云，传统的平台升级会影响业务连续性，而微服务粒度的升级方式将最大限度地降低这种风险。

2. Serverless（无服务器）

在云计算加快"去基础架构"的过程中，Serverless（无服务器）将是云计算的终极形态，这种形态能把开发者从繁琐、冗杂的开发配置工作中解放出来，不需要任何的基础设施建设、管理与运维，只需编写前端的业务逻辑。无服务器计算是一种按需提供后端服务的方法，改变了云计算的商业模式，不再以物力资源的租赁为主，而转变为以虚拟能力或者说服务的租赁为主。合理规划物力资源，不仅节省了用户的成本，也驱动传统云厂商去探索新的计算架构和资源使用方案，最终提高整体云计算效率。基于无服务器思想，FaaS 等新的云计算形式推动着网络架构的变化，协同计算、资源调度成为云计算技术发展的趋势。

3. 人工智能

智能化是云计算发展的趋势，包括智能化的业务、运维管理和资源调度。云计算与人工智能的结合则能够帮助开发者更快速地开发，并让开发更智能。

人工智能让云计算更强。人工智能技术的应用使得云计算的算力不再通过"堆砌硬件"来提升，而是通过人工智能来提升。例如阿里基于人工智能芯片强化云服务器的计算力，依托达摩院研发人工智能底层算法，通过 ET 大脑去满足各行各业的智慧计算需求。云计算同样也在赋能人工智能，无论是边缘云还是中心云，大量数据的汇聚、计算资源的整合都是人工智能技术所必须的。简而言之，云计算不仅是人工智能的基础计算平台，也是人工智能集成到千万应用中的便捷途径；人工智能则不仅丰富了云计算服务的特性，更让云计算服务更加符合业务场景的需求，并进一步解放人力。云计算与人工智能是相辅相成、相互促进的关系。

数字化时代，企业上云的目的将不再只是节省计算成本，而是要实现数字化和智能化转型。云平台厂商的核心业务将不再是提供基础算力，而是提供各种人工智能解决方案。未来云计算平台的核心价值一定不会是"云服务器"的计算资源本身，而是"云 + 人工智能"的综合能力，云计算巨头从不同点出发，终将来到"云 + 人工智能"这一共同点上。

4. 边缘计算，云边协同

边缘计算是在数据源头的网络边缘侧，融合网络、计算、存储、应用核心能力的分布式开放平台，就近提供边缘智能服务，满足行业数字化在敏捷联接、实时业务、数据优化、应用智能、安全与隐私保护等方面的关键需求。边缘计算与云计算各有所长，云计算擅长全局性、非实时、长周期的大数据处理与分析，能够在长周期维护、业务决策支撑等领域发挥优势；边缘计算更适用于局部性、实时、短周期数据的处理与分析，能更好地支撑本地业务的实时智能化决策与执行。

边缘计算与云计算之间不是替代关系，而是互补协同关系。边缘计算既靠近执行单元，又是云端所需高价值数据的采集和初步处理单元，可以更好地支撑云端应用；反之，云计算通过大数据分析优化输出的业务规则或模型可以下发到边缘侧，边缘计算基于新的业务规则或模型运行。边缘计算与云计算的紧密协同，更好地满足各种需求场景的匹配，终将成为云计算发展的新趋势。

5. 云计算成体系，催生新一代网络计算架构

新一代信息技术逐渐成为"直接生产力"，云计算、移动互联网、大数据、物联网等新一代信息技术本质上是以"云"为核心的一个体系。从某种意义上说，这场全局性的融合和变革，其归宿就是"云体系"，即成为有内在规律的一个整体。"云体系"具体包括云平台、云网络、云终端、云服务和云安全五大主题。云平台是云体系的信息中枢，其根本任务是构造云存储和云计算，完成超大规模和超高复杂度的云端任务。云网络是决定云模式普及程度的重要基础设施，是连接云平台和用户的管道，直接决定了云服务的深度和广度。云终端是云信息中枢与物理世界的交互窗口，是基于云计算的终端设备和终端平台的总称。云服务是云和端之间的形形色色的应用服务的总称，这些云服务包括现有的信息服务，也包括伴随云计算的发展才出现的全新服务。云安全则是云时代面临的最严峻的挑战，保障云安全是云计算体系健康发展的前提。

云平台和云网络是云体系的核心能力，分别提供超强算力支撑和海量数据传输能力，共同决定了整个云体系的运作效率。而随着非结构化数据的数据量激增和人工智能应用的普及，传统的冯诺依曼计算架构已经不能支撑庞大的计算需求，现有的 TCP/IP 网络的"细腰"结构也无法支持海量数据的传输，探索新的计算架构和网络架构，成为云计算发展的又一重要议题。实现算力革命性提升的最好方式，就是扬弃冯诺依曼结构，从通用计算走向异构计算，研究非冯诺依曼计算体系。实现网络传输效率提升的最好方式，就是挣脱 TCP/IP 结构的束缚，探索适应人工智能时代需求的未来网络结构。非冯诺依曼计算体系并非否定冯诺依曼结构，而是要跳出惯性思维的束缚，放弃从单一角度优化架构的历史做法，从计算和网络融合的角度，从体系生态的角度，探索全新的计算机体系结构。

6. 开源化，生态建设

我们正迈入一个全新的开源时代。开源软件在不断开拓新的市场，并创造出全新的生态系统，通过建立互操作性标准，助力云技术的成长。开源软件已经逐渐得到了行业的认可，能够创造出全新的机会，云的未来发展将由开源软件来提供动力。

目前云计算市场已进入全面爆发的阶段，云计算的未来是生态，云生态的爆发将成为云计算爆发的重要表现。而云生态的核心是共享和合作，开源成为其中的主要手段。就像互联网不仅仅是互联互通，更重要的是信息的共享。互联网的发展带来了人类社会认知的平衡，而云生态的发展将带来能力的平衡。一个开放合作的云生态将进一步推动全球最领先的云计算理念、技术和商业模式在中国市场的落地。

15.2.2　产业发展趋势

1. 产业规模增长提速

2019 年，我国公有云 IaaS 市场规模达到 453 亿元，较 2018 年增长了 67.4%，预计受新基建等政策的影响，IaaS 市场会持续攀高；公有云 PaaS 市场规模为 42 亿元，与 2018 年相比提升了 92.2%，在企业数字化转型需求的拉动下，未来几年企业对数据库、中间件、微服务等 PaaS 服务的需求将持续增长，预计仍将保持较高的增速；公有云 SaaS 市场规模达到 194 亿元，比 2018 年增长了 34.2%，增速较稳定，与全球整体市场（1095 亿美元）的成熟度差距明显，发展空间大，2020 年受新型冠状病毒肺炎疫情的影响，预计未来市场的接受周期会缩短，将加速 SaaS 的发展。

　　未来，数字经济将是引领我国云计算产业快速发展的重要推手。随着我国政府和企业业务创新、流程重构、管理变革的不断深化，同时伴随数字化、网络化、智能化转型需求的提升，政府和大型企业将加速上云，进入上云常规化阶段。综合中国信息通信研究院、IDC 等研究机构的数据，预计到 2023 年，中国云计算产业规模将超过 3000 亿元人民币，政府和企业的上云率将超过 60%，上云深度将有较大的提升。

2. 企业级云计算形态向混合云与边缘云演进

　　随着我国企业数字化进程的进一步推进，云计算技术的实践者逐步从新兴的互联网行业拓宽到金融、零售、政府、能源、交通、制造业、医疗、教育等传统行业，从而进一步带动了云计算应用场景的不断进化，也反向推动了云计算的技术、产品与服务形态不断演进。为了适应企业的业务创新、技术创新带来的敏捷性需求，同时满足企业在效率、成本、安全等方面的需求，云计算的形态从最初的公有云、私有云，逐步发展出混合云与分布式边缘云等多种云计算形态，如图 15-8 所示。

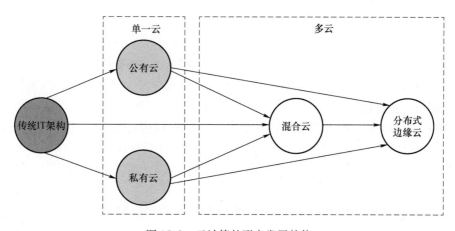

图 15-8　云计算的形态发展趋势

随着企业数字化转型的深入，传统型企业、互联网和创新型企业的业务需求都发生了变化，如图 15-9 所示。传统型企业、互联网创新型企业的两种业务边界拓展方式，使得原来它们与私有云、公有云的紧密绑定关系被打破，由公有云、私有云共同提供服务成为越来越明显的趋势。因此，探索能够融合公有云、私有云两种云形态优势的混合云架构，同时实现良好的协同管理，成为未来企业级云计算的必然趋势。

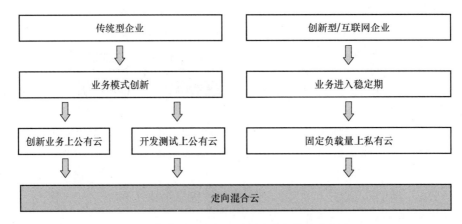

图 15-9 传统型企业与互联网企业都将走向混合云

未来，中国的混合边缘云市场将有极大的发展动力与潜力，而率先实现边缘应用的混合云的企业在相当长的时间内将代表企业数字化转型的最先进力量，在企业效能的竞争中将占据领先地位。

3. 资源融合进一步加深

云网融合是基于业务需求和技术创新并行驱动带来的网络架构深刻变革，使得云和网高度协同、互为支撑、互为借鉴的一种概念模式，其核心特征体现在：云服务与网络的敏捷打通、按需开放的网络能力，最终服务于企业上云。

云网融合的服务能力是基于云服务商的云专网提供云接入与基础连接能力，基于云服务商的云平台对外提供云专线、软件定义广域网（Software- Defined WAN，SD- WAN）等云网产品，并与计算、存储、安全类云服务深度结合，最终延伸至具体的行业应用场景。如图 15-10 所示，上层行业应用场景基于云专网与和云网产品的连接能力，并结合其他类型的云服务，带有明显的行业属性，体现出"一行业一网络"，甚至"一场景一网络"的特点。中间层云网产品基于底层云专网的资源池互联能力，为云网融合的各种连接场景提供互联互通服务。底层云专网为企业上云、各类云互联提供高质量、高可靠的承载能力，是云网融合服务能力的核心。

资源的融合已经成为信息技术发展的最大趋势，随着物联网、人工智能、5G 等技术的发展，计算、传输、存储三大基础资源的融合的生态模式必将依托于云服务商本身的能力，将不同的第三方优质云资源接入自身网络之中，最终形成一种多种资源互相补充的合作伙伴模式。随着云网产品的成熟以及上云逐渐转变为刚性需求，会逐步产生"资源市场"整合

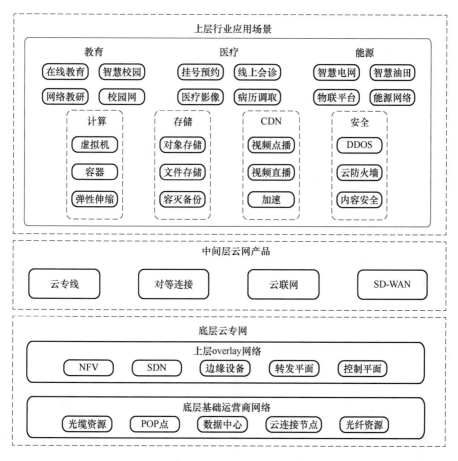

图 15-10 云网融合整体架构

的概念，即通过云管平台实现"一个平台统一服务"的概念，企业选择某几个云服务的同时，可即时享受融合资源的高效服务。

15.2.3 云计算的未来十年

20 世纪 90 年代，通过引进西方的芯片和操作系统，快速使全国人民用到了高性能的个人计算机。当时不盲目选择、坚持发展自主技术的"民族精神"，促使众多有识之士投入芯片和操作系统的研发中来，换来了 21 世纪我国成功将人口红利转化为人才红利（尤其是工程师红利）的基础。人口红利与人才红利的共同作用让中国在计算机软件、互联网和移动通信领域的基础设施建设高速发展，迅速跻身世界前列，进一步为大数据、人工智能这些信息技术明珠的璀璨埋下伏笔，同时更造就了托起这些明珠的皇冠——云计算，这个世界级的新的信息基础设施。今天，对于率先迈入云计算时代的中国，从云原生硬件到云操作系统，从单一管理平台到混合云资源管理，从计算架构到网络架构，实现这条产业链上底层技术的自主可控势在必行。

　　未来十年，云计算将进入全新发展阶段。突破冯诺依曼计算瓶颈，提供丰富、实时、安全的广泛云计算服务将是未来云计算发展的总体方向。业务应用将更快速地被构建和部署到与硬件解耦的平台上，日益丰富的计算、存储和带宽资源将催生全新的网络和计算架构，调度更加细致、管理更为方便、效率大幅提高。随着新基建的不断落地，构建端到端的云、网、边一体化架构将是实现全域数据高速互联、应用整合调度分发以及计算力全覆盖的重要途径。随着原生云安全理念的兴起，安全与云将实现深度融合，推动云服务商提供更安全的云服务，帮助云计算客户放心上云。结合5G、人工智能、大数据等技术，云计算将为传统企业架起更坚实的数字化阶梯，推动企业重新定位和改进核心业务模式，完成数字化转型。随着万物智慧互联时代的到来，日益强烈的对高并发、低延时的需求，将推动计算、存储和网络这三大基础性资源的深度融合，催生新的计算架构、网络架构，从底层计算架构革新的角度进一步支撑云计算的发展，推动新基建赋能产业结构不断升级。作为新型基础设施建设的中坚力量，云计算将成为第四次工业革命的重要推动力量，成为提高生产力、重构生产关系的关键一环，云计算的发展必将助力国民经济开创新的天地。

跋

目前，人工智能（AI）、大数据（Big Data）和云计算（Cloud Computing）正在出现"三位一体"式的深度融合，构成"ABC 金三角"。三者既相互独立，又相辅相成，相互促进。云计算已不再仅仅是简单对于存储能力和计算能力的需求，随着人工智能与万物互联的普及，接入网络的设备越来越多，数据计算量也越来越大，云服务已经慢慢变成智能时代的下层建筑，成为如供水、供电、网络通信等人们日常生活中不可或缺的基础设施。人工智能的实现，需要大数据作为人工智能对行为智能判断的依据，云计算运用大数据运行出运算的结果并保存在云上，为人工智能提供强大的支撑。而人工智能的突飞猛进、海量数据的积累，也为云计算带来了新挑战和新的发展空间。未来的云计算将向人工智能全面进化，进入全新的智能领域。

2020 年一年间，云计算产业发展称得上"风起云涌"：新型冠状病毒肺炎疫情的突袭，使得云计算在政务、医疗、办公、教育、零售等行业发挥了重要作用；云技术从粗放向精细转型，技术体系日臻成熟；后疫情时代，企业上云和数字化转型进程加快，云需求激增；企业级 SaaS 服务向行业化、平台化、智能化发展；云应用日趋广泛，正在从消费互联网向产业互联网渗透；新基建正在促使云的定位从基础资源向基建操作系统扩展，云计算越来越多扮演基建管理调度的角色，是承上启下的重要平台，全面提升网络和算力的能力，势必为云计算产业带来新机遇和新格局，迎来下一个黄金十年，进入普惠发展期。

为此，由科技智库 SXR（上袭公司）牵头发起，SXR 上袭研究院推动执行，我们组织了活跃在云计算业内第一线的精英人士，特邀了云计算领域的院士与专家团队指导，精心策划编写出版这本《云图·云途：云计算技术演进与应用》，作为清华大学数据科学研究院、清华大学数据治理中心支持的"大数据与'智能＋'产教融合丛书"之一，以更好地推进云计算与大数据、人工智能等新兴技术的融合应用发展，满足数字经济时代企业数字化转型与企业上云及其人才培养的需求。本书注重全球云计算研究前沿与中国应用落地情景相结合，兼顾前瞻性与通俗性，融入了国内外许多云计算最新的研究成果，并引入大量行业应用案例，便于阅读理解和参照应用。期望本书在云计算普惠发展期中发挥积极作用，也期待广大读者提出宝贵意见，我们将与时俱进，不断改进完善。衷心感谢大家的厚爱和支持！

中国云计算应用联盟主席团主席

东华大学/滇西应用技术大学教授（博士生导师）

2021 年 6 月